Rare — 36 f.

AF330340

530

DE

LA HOUILLE

TRAITÉ

THÉORIQUE ET PRATIQUE

DES COMBUSTIBLES MINÉRAUX

Paris. — Imprimerie de GUSTAVE GRATIOT, 14, rue de la Monnaie.

DE
LA HOUILLE

TRAITÉ

THÉORIQUE ET PRATIQUE

DES

COMBUSTIBLES MINÉRAUX

(HOUILLE, ANTHRACITE, LIGNITE, ETC.)

PAR

M. A. BURAT

Ingénieur, Professeur de Géologie et d'exploitation des Mines
à l'École centrale des Arts et Manufactures, etc

Ancien Comptoir
DES IMPRIMEURS-UNIS.

PARIS,

Ancienne Maison
L. MATHIAS (Augustin

Librairie Scientifique-Industrielle et Agricole

DE LACROIX-COMON,

15, Quai Malaquais.

1851

BIBLIOTHÈQUE NATIONALE — R.F. — IMPRIMÉS.

ACQUISITION N.º 67,852

A MESSIEURS :

JULES CHAGOT, directeur gérant des houillères de Blanzy.
SIRAUDIN, ingénieur des houillères de Blanzy.
MEYNIER, ingénieur, directeur des houillères de Brassac et de
    Longpendu.
HARMET, ingénieur à Saint-Étienne.
DE BRACQUEMONT, ingénieur, directeur des houillères de Vi-
    coigne.
MEHU, ingénieur, directeur à Anzin.
RAIMBAULT, directeur propriétaire des houillères du grand
    Hornu.
GILON, ingénieur à Charleroi.
MALISSART, ingénieur des houillères de Stolberg.
COMMUNEAU, ingénieur, fondateur des usines d'Alais.
VIRLOY, ingénieur, directeur des houillères de Bezenet et des
    forges de Commentry.
GRAFFT, ingénieur des houillères de Roujan.
RACT-MADOUX, ingénieur des houillères de Saint-Chamond.
BROCHIN, ingénieur des houillères de la Péronnière.

Vous m'avez mis à même de parcourir vos travaux, d'en étudier les plans et de profiter des observations que vous avez recueillies, veuillez agréer mes remerciements et l'hommage d'un travail que je n'aurais pu entreprendre sans votre concours.

Amédée BURAT.

EXPLICATION DES PLANCHES.

TABLE DES MATIÈRES.

DE

LA HOUILLE

TRAITÉ

THÉORIQUE ET PRATIQUE

DES COMBUSTIBLES MINÉRAUX

CHAPITRE PREMIER

HISTORIQUE ET STATISTIQUE DES HOUILLÈRES.

Marche suivie dans l'étude des combustibles minéraux. On les trouve presque tous concentrés dans un terrain spécial dit terrain houiller. Ce terrain existe principalement dans l'hémisphère boréal. — Terrains houillers du continent européen. Divers groupes géographiques formés par les bassins houillers subordonnés aux massifs de transition. — Historique des exploitations dans l'Europe occidentale. Elles commencent à se développer dans les Flandres, en Belgique et dans le nord de la France. Fondation des houillères d'Anzin, Denain, etc. — Exploitations dans le bassin de la Loire, dans celui de Saône-et-Loire, dans ceux du Gard et de l'Aveyron. — Historique des exploitations en Angleterre. — Houillères de l'Europe orientale. Leur développement tardif mais rapide en Allemagne, en Silésie, en Saxe et en Bohême. — Avenir des exploitations houillères dans l'Amérique du Nord. — Production et consommation de la houille en Europe. — L'impulsion donnée aux exploitations depuis le commencement du dix-neuvième siècle pourra-t-elle être soutenue.

L'étude des combustibles minéraux a eu deux périodes distinctes. Dans la première, on s'occupa exclusivement de caractériser ces minéraux, de les comparer entre eux, de définir les formes des gîtes, de faire ce que l'on appelait alors la *lithologie* des contrées qui les possédaient. On arriva ainsi à démontrer qu'il y avait analogie complète entre la plupart des combustibles minéraux de l'Angleterre, de la Belgique, de la France et de l'Allemagne, et que cette analogie s'étendait aux roches qui les accompagnaient immédiatement et qui étaient stratifiées avec eux.

Cette première période de l'étude des combustibles minéraux fut longue et pénible à cause du peu d'avancement de la science minéralogique, et de la difficulté des voyages qui ne permettait qu'à un petit nombre d'observateurs d'embrasser à la fois plusieurs contrées; elle se prolongea jusqu'à la fin du siècle dernier et se termina par la distinction du *terrain carbonifère*, terrain dans lequel se trouvaient réunis la presque totalité des combustibles minéraux, et qui était composé de grès et de schistes spéciaux, partout identiques. Ce terrain carbonifère fut nettement séparé des *morts terrains*, dépôts stériles qui le recouvraient.

Dans la seconde période, qui date des travaux de Verner, en Allemagne, et, en France, de ceux de MM. Daubuisson, Brochant de Villiers, etc., l'échelle géognostique de tous les terrains fut établie; le terrain houiller y fut placé à son rang, et l'on reconnut, en outre, que d'autres combustibles minéraux, moins développés, existaient dans la série des dépôts supérieurs ou inférieurs. On parvint à définir d'une manière de plus en plus exacte les limites de chacun des bassins où s'étaient effectués les dépôts carbonifères, à en faire les cartes, à préciser enfin, par des coupes géologiques, le nombre, la puissance et l'allure des couches combustibles.

Lorsqu'on étudie, sur une carte de France, les bassins houillers, dont l'ensemble occupe une surface de plus de 300,000 hectares, on voit qu'ils sont au nombre d'environ cinquante, de grandeur variable depuis 300 hectares jusqu'à 50,000, et qu'ils sont principalement distribués vers les lisières des massifs de transition. Ces dépôts ont donc pour caractère leur dispersion en bassins isolés et circonscrits, et leurs positions sur les régions littorales des terrains de transition, dont ils forment le dernier terme dans la série géognostique.

Cette dispersion du terrain houiller n'est pas un caractère général. En Angleterre, par exemple, nous voyons 1,500,000 hectares de ces terrains répartis en une vingtaine de bassins seulement; en Amérique, la concentration est encore plus complète, et des surfaces houillères, supérieures en étendue à toutes celles de l'Europe, se trouvent rassemblées en quatre bassins principaux.

Un fait assez frappant, dans la distribution des terrains houillers, est leur accumulation dans l'hémisphère boréal. Les plus étendus sont, en effet, concentrés vers le nord-ouest de l'Europe entre les 49 et 56 parallèles, dans lesquels se trouvent compris les grands dépôts marins des Iles Britanniques, de la Belgique, du nord de la France et de l'Allemagne. A mesure que l'on s'avance du nord de cette zone vers le sud, il y a une sorte de décroissance dans l'importance des bassins; ils sont à la fois plus circonscrits et

1.

plus clairsemés. Les petits bassins de l'Andalousie sont les derniers dans cette direction méridionale, car l'on n'en connaît pas un seul dans toute l'Afrique ; il semblerait donc qu'il y a incompatibilité entre les régions australes et le terrain houiller, si l'on n'avait signalé son existence dans l'Australie.

La même loi se remarque dans le Nouveau-Monde : l'Amérique du Nord nous offre l'exemple du plus grand développement des terrains houillers en étendue et en puissance, tandis qu'on n'en a pas encore constaté l'existence d'un seul lambeau dans toute l'Amérique du Sud.

Tous les dépôts houillers ne sont pas de même nature, il y en a de marins et de lacustres ; l'observation a conduit à faire cette distinction. Les grands bassins de la Belgique et du nord de la France, par exemple, sont composés de sédiments déposés dans des eaux marines, et, sans invoquer, pour le démontrer, des fossiles, très rares dans les grès et schistes houillers, le fait est suffisamment prouvé par l'alternance des premières couches combustibles avec les calcaires carbonifères qui sont à la base des grès et schistes. Les calcaires carbonifères abondent en coquilles et polypiers marins, leurs couches sont généralement concordantes avec celles du système houiller proprement dit ; ceux qui existent dans le nord de la France, en Belgique et en Angleterre, peuvent donc être considérés comme une sorte d'appendice inférieur qui caractérise les dépôts houillers marins.

Les dépôts lacustres sont exclusivement composés de

conglomérats, grès et schistes formés aux dépens des terrains qui les encaissent, ce qui a fait dire qu'ils sont composés des débris du vase qui les contient. Ces dépôts forment, dans le centre et le midi de la France, des bassins bien plus circonscrits que les bassins marins, et la houille, moins divisée en petites alternances, y affecte souvent des formes remarquables par la puissance des gîtes.

L'étude des dépôts inférieurs et supérieurs a démontré que les terrains houillers, marins ou lacustres, pouvaient être considérés comme contemporains, et produits sous les mêmes influences géologiques. Ces terrains sont classés, tantôt en tête des formations secondaires, tantôt à la partie supérieure des terrains de transition, auxquels ils se lient, en effet, mieux qu'aux terrains secondaires, par leurs roches, par leur accidentation, enfin par les détails de leur composition, qui semblent les désigner comme résultant de phénomènes locaux et très prolongés, exercés pendant une longue période de repos géologique.

Divers groupes formés par les bassins houillers.

Si l'on cherche à définir les conditions de distribution géographique et commerciale des terrains houillers, on voit que l'on peut distinguer quatre groupes principaux.

1° Le groupe de l'Europe occidentale, dont le marché principal est la France, et qui, outre les terrains du sol français, comprend encore ceux de la Belgique et des vallées prussiennes de la Sarre et de la Glane;

2° Le groupe des Iles Britanniques;

3° Le groupe de l'Europe orientale, composé des bassins de la Westphalie, de la Saxe, de la Bohême, de la Silésie, etc...;

4° Le groupe des bassins de l'Amérique du Nord.

Nous jetterons successivement un coup d'œil sur les principaux bassins qui forment ces quatre groupes, en suivant dans chacun d'eux, l'historique du développement des exploitations.

Groupe de l'Europe occidentale.

Nous avons dit que le terrain houiller, superposé aux derniers dépôts de transition, se trouvait en bassins d'étendue très variable, situés le plus souvent vers les lisières des massifs anciens qui dominent les dépôts secondaires ou tertiaires. Or, dans la partie occidentale du continent européen, il existe cinq régions formées par les terrains de transition ; et nous trouvons les bassins houillers groupés autour de ces régions avec des dispositions en quelque sorte subordonnées à leurs contours.

En effet, nous trouvons d'abord dans la partie septentrionale de ce groupe le bassin belge et celui de Sarrebruck, appuyés sur les relèvements du massif de transition qui constitue les provinces des Ardennes, de l'Eiffel et du Hundsruck.

Le bassin belge forme une zone étroite, qui s'appuie sur la lisière septentrionale du massif, et disparaît, en France, sous les terrains crétacés des Flandres. Depuis Duren, on peut le suivre par Eschweiler, Liége, Charleroy, Mons,

Valenciennes et Douay, sur une longueur de plus de deux
cents kilomètres. Ce bassin, dont la surface connue s'étend
sur 250,000 hectares, est, à la fois, le plus vaste et le plus
riche du continent; il forme, le long des terrains de transition, une bordure, remarquable par sa disposition littorale,
et dont la largeur moyenne est de 8 à 12,000 mètres; il
est composé de dépôts marins d'une grande homogénéité
dans toute leur épaisseur et dans toute leur étendue.

Les phénomènes qui ont accidenté ce vaste bassin en ont
relevé et comprimé les couches, de manière à déterminer
plusieurs divisions naturelles. Ainsi, on distingue en Belgique deux bassins principaux qui commencent, l'un au
levant, l'autre au couchant d'une gorge étroite et profonde,
dans laquelle coule le ruisseau le Samson (province de
Namur). Le bassin occidental, qui présente une largeur
d'environ huit kilomètres à Mons, s'élargit à Charleroi, où
il atteint son plus grand développement, et se continue
ensuite, en se rétrécissant, par la vallée de la Sambre et par
Namur. Le bassin oriental, qui forme avec le précédent un
angle d'environ 25 degrés, suit la vallée de la Meuse, en
s'élargissant de plus en plus jusqu'au-delà de Liége. Il est
fractionné, aux environs d'Aix-la-Chapelle, par les relèvements des terrains de transition inférieur, puis il disparaît,
vers Duren, sous les terrains modernes de la vallée du Rhin.

Des deux bassins belges, le premier, c'est-à-dire le bassin
occidental, qui embrasse la province du Hainaut, est, sans
contredit, le plus important. Il comprend une étendue de
100,000 hectares, et fournit à lui seul les trois quarts de

la production de la Belgique ; le second ne présente que 50,000 hectares.

Le bassin de Sarrebruck, situé sur le revers méridional du même massif de transition, est un bassin lacustre d'une grande étendue, mais dont la richesse est très variable et presque entièrement concentrée dans la partie de l'ouest, notamment dans la vallée de la Sarre. Aussi, une grande partie de ses produits est-elle versée en France, dans les départements de l'est. Après avoir traversé la Sarre, le terrain houiller s'enfonce sous le territoire français ; on a constaté son existence sous les grès rouges de Stiring, Schœnecken, etc., mais on ne l'a pas encore exploité. Cette condition d'enfouissement du terrain houiller sous les terrains secondaires de l'ouest, et de situation littorale sur le revers du massif de transition, établit une symétrie remarquable entre la position géographique de ce bassin et celle du bassin belge.

Lorsqu'on étudie, sur une carte géologique, la position de ces deux bassins houillers, on est frappé de l'absence totale de tout autre bassin, sur des surfaces très considérables formées par le terrain de transition. Ainsi, la surface du Taunus, du Westerwald, de l'Eiffel, du Hundsdruck et des Ardennes, ne nous offre aucun bassin intérieur, c'est-à-dire situé en dedans des zones littorales où nous avons signalé l'existence des bassins du nord et de Sarrebruck. Le même caractère se présente sur les vastes surfaces de transition qui forment la Bretagne ; aucun bassin houiller n'existe à l'intérieur du massif, et c'est seulement vers les zones limites

que nous trouvons : le petit bassin de Littry, dans le Cal-
vados ; les petits bassins de Quimper, dans la partie sud
de la Pointe-du-Finistère ; les bassins de Chantonnay et de
Vouvant, dans la Vendée ; enfin, une zone étroite et très
allongée, qui forme le bassin anthraxifère de la Basse-Loire :
cette zone, longue de plus de 60,000 mètres, large de deux
à trois mille seulement, commence vers Doué, coupe la
vallée de la Loire, à Chalonnes, sous un angle de 15°, et
se prolonge jusqu'à Nort, au-delà de Nantes.

C'est encore autour du massif de transition, connu sous
la dénomination de plateau central de la France, que nous
trouvons les bassins houillers qui constituent sa principale richesse. Les plus importants par leur étendue, et par
la puissance des couches combustibles, sont alignés sur la
lisière orientale du plateau. Ainsi, les bassins d'Épinac et
celui de Blanzy, dans Saône-et-Loire, sont en tête, au nord
de la série, qui se continue, par le bassin de Saint-Étienne
et Rive-de-Gier dans le département de la Loire, par celui
d'Alais et de la Grand'-Combe dans le Gard, et, jusque dans
l'Hérault, par les bassins de Roujan et de Greissessac. Sur le
littoral ouest du massif, on trouve le bassin de l'Aveyron,
et ceux de Brives et de Juillac.

Outre ces bassins littoraux, le centre même du plateau
central présente des bassins sporadiques intérieurs, formant
des alignements dans certaines vallées. Depuis Mauriac et
Bort dans le Cantal, jusqu'à Montluçon dans l'Allier, nous
voyons une de ces lignes formée par une douzaine de bassins circonscrits, mais importants par leur richesse en com-

bustibles ; nous citerons principalement les bassins de Commentry et de Bezenet. La vallée de l'Allier, depuis Brioude jusqu'à son confluent avec l'Alagnon, est occupée par le bassin de Brassac, en partie recouvert par les terrains tertiaires, mais important par son étendue, ainsi que par le nombre et la puissance des couches combustibles.

Les terrains de transition des Pyrénées et des Alpes ne présentent aucun dépôt houiller de quelque importance.

En résumé, si nous laissons de côté les petits bassins dont la production est faible et l'influence très circonscrite, nous voyons que la consommation des combustibles en France est alimentée par quelques bassins seulement, que nous pouvons appeler les bassins commerciaux. Ce sont : 1° le grand bassin belge et sa prolongation souterraine sous les dépôts secondaires du département du Nord ; 2° les bassins de Saône-et-Loire ; 3° celui de Saint-Étienne et Rive-de-Gier ; 4° le bassin de la Grand'-Combe. Puis viennent, et en seconde ligne, les bassins intérieurs de l'Aveyron, de l'Allier et de la Haute-Loire, dont le développement est aujourd'hui entravé par la difficulté des voies de transport, mais que leur richesse peut faire considérer comme une importante réserve pour l'avenir.

Si nous cherchons à apprécier la puissance de production de ce premier groupe, formé par les bassins houillers de l'Europe occidentale, nous la trouvons ainsi répartie : la France, avec une richesse de 58 bassins, dont les surfaces réunies représentent plus de 300,000 hectares de terrains houillers, produit annuellement cinq millions de tonnes de houille; la Belgique en produit autant avec une superficie houillère de 150,000 hectares seulement; enfin, le bassin de Sarrebruck fournit environ 500,000 tonnes.

Cette production est en partie absorbée par la France, et cependant elle ne suffit pas à sa consommation qui est d'environ sept millions de tonnes, réparties ainsi qu'il suit :

Production de la France.	5,000,000 tonnes.
Importations de la Belgique.	1,350,000
Importations de l'Angleterre.	612.000
Importations de Sarrebruck. . · . .	230,000

Décomposons maintenant la production de la France, et nous trouverons que le bassin du Nord, prolongement de la zone belge, figure pour 1,200,000 tonnes; celui de la Loire pour 1,600,800; celui du Gard pour 500,000; et ceux de Saône-et-Loire pour 500,000. Après ces quatre bassins, viennent ceux de l'Aveyron et de l'Allier qui produisent chacun 200,000 tonnes; dans tous les autres, la production tombe au-dessous de 100,000 tonnes.

Ces chiffres donnent l'importance relative des divers bassins houillers qui jouent un rôle important dans la production de la France; or, comme cette production a suivi constamment une marche ascendante, il est intéressant de suivre, dans chacun de ces bassins, l'historique des travaux d'exploitation.

Dans les diverses contrées où les combustibles minéraux viennent affleurer au jour, comme dans le pays de Liége, les bassins de la Loire, de la Grand'-Combe, on peut admettre que la connaissance de la houille et de ses propriétés date de l'existence même de la population. La seule vue d'un morceau de houille éveille l'idée d'un combustible, et il n'est pas douteux que les premiers habitants connurent l'emploi de ces minéraux. Mais leur mise en valeur, même pour des usages locaux et très bornés, ne fut probablement pas la conséquence immédiate de cette connaissance; à quoi bon, en effet, s'occuper de brûler les combustibles minéraux tant que les forêts purent fournir à profusion le bois et le charbon végétal, d'un emploi plus facile et plus agréable. Aujourd'hui même, ne voyons-nous pas les habitants de certaines contrées, où le bois est abondant, négliger complétement les combustibles minéraux qu'ils possèdent [1].

Des exploitations organisées et réglementées, et par cela même laissant quelques traces dans la tradition et l'histoire, supposent le commerce qui exporte, ou des industries qui consomment; elles supposent une population qui, après avoir avancé le défrichement du sol qu'elle habite, commence à apprécier les avantages des combustibles minéraux; aussi, voyons-nous les traditions placer les premières mines de houille exploitées, dans le premier pays qui fut industriel, dans les *Flandres*.

Ces traditions, les plus reculées des exploitations belges, font remonter au douzième siècle les premières tentatives d'exploitation. C'est, par exemple, vers 1190, que dans le pays de Liége, on suppose l'existence du premier mineur,

---

[1] Je me bornerai à citer une petite contrée de la Toscane, dont le chef-lieu est Rocca-Strada. On y connaît des couches d'un très beau lignite, et pourtant on en a toujours négligé l'usage.

que la tradition appelle encore le *prudhomme houilleux*, le *vieillard charbonnier*, ou le *forgeron de Plenevaux*, nom d'un petit village situé aux environs de Liége. Ce fut dans les quinzième et seizième siècles que les exploitations s'étendirent du pays de Liége au pays de Mons, et donnèrent lieu à un commerce notable : ce commerce se développa dans le courant du dix-septième et du dix-huitième siècle, de manière à appeler l'attention des économistes et des minéralogistes sur l'importance de la houille. Ceux qui étudièrent la matière de 1750 à 1780, Buache, Morand, etc., ne signalaient cependant les combustibles minéraux que comme devant se substituer, dans les consommations domestiques, aux combustibles végétaux, qui devenaient de plus en plus chers, mais ils étaient bien loin de prévoir toute la puissance que la houille devait donner un jour à l'industrie.

M. Bidault, dans son ouvrage sur les houillères de Charleroy, cite un acte de l'an 1297, portant donation faite, par le comte de Namur au sieur de Resves, des territoires de Billy et Charleroy, en y comprenant les houillères, « les-« quelles, est-il dit, le sieur de Resves, et ses hoirs, peut « faire prendre, lever et poursuivre aux cas, droits et cou-« tumes que notre très amé père et sire les y avait et avoir « povait. » Cet acte de donation fait voir que les houillères existaient avant cette époque; mais elles devaient être de bien peu d'importance, car, plus de trois siècles après, un acte de 1665, réglant les droits des exploitants, atteste que les exploitations avaient toujours lieu à ciel ouvert;

or, de pareilles excavations devaient donner très peu de charbon, eu égard au peu de puissance des couches du pays de Charleroy et aux restrictions apportées à l'exploitation, qui, était-il dit, ne pouvait excaver qu'une taille de toise et demie.

Le puissant développement de l'industrie houillère est donc tout à fait moderne. Nous en trouverons encore la preuve dans un écrit, qui date du dix-septième siècle, et qui pourra faire apprécier l'état des exploitations dont la propriété et la direction étaient abandonnées à des paysans :

« Les paysans aux houilles, écrivait l'intendant de la « province du Hainaut, en 1697, ne sont pas assez riches « pour faire les frais de l'épuisement des eaux, cela fait « qu'ils ne travaillent que sur la première superficie. Il « serait à désirer que des personnes plus riches et plus in- « telligentes s'appliquassent, par des machines pareilles à « celles dont on se sert dans le pays de Liége, à tirer du « même fossé tout ce qu'il peut y avoir de charbon. Il s'est « fait, depuis deux ans, une société d'ouvriers et de mar- « chands, qui ont établi le travail sur ce pied, dans le « territoire de Wasmes, à deux lieues de Mons ; l'entre- « prise a nécessité une avance de vingt-cinq mille écus ; « le charbon est à soixante-quinze toises de profondeur ; « ils ont une machine, pour tirer l'eau, faite en petit comme « celle de Marly. »

C'est de 1803 à 1805 que les houillères belges se déve- loppèrent avec le plus d'activité, alors que le séjour des armées françaises sur les côtes du Nord imprimait une grande activité à la production. Enfin c'est depuis 1815 que l'industrie du fer prit les proportions les plus vastes aux environs de Liége et de Charleroy, pendant que les environs de Mons s'ouvraient, en France, de nombreux débouchés.

Si la Belgique fut le premier producteur de houille, on peut dire que la France en fut le premier consommateur. C'est, en effet, pour envoyer des houilles à Rouen et à Pontoise que les premiers exploitants de l'Angleterre donnèrent signe d'existence commerciale ; et l'activité industrielle des Flandres avait aussi, pour débouché principal, Paris et le nord de la France. Le commerce était assez important, en 1692, sur les ports Saint-Paul et de l'École, à Paris, pour qu'un édit fût rendu, qui imposait les houilles indigènes de 6 sous le baril, et les houilles étrangères de 30 sous. Cependant ce commerce n'était guère fait qu'au profit des basses classes ; car on lit dans Savary ·

« Le bois étant devenu très rare et très cher à Paris, en
« 1774, on amena quelques bateaux de charbon de pierre,
« qui se débitèrent d'abord assez bien aux ports de Saint-
« Paul et de l'École. Le peuple y courut en foule, et même
« plusieurs bonnes maisons voulurent en essayer dans les
« poëles et cheminées des antichambres ; mais la malignité
« de ses vapeurs et son odeur de soufre en dégoûtèrent
« bientôt ; et la vente des premiers bateaux n'ayant pas
« réussi, les nouveaux marchands de charbon de pierre
« cessèrent bientôt d'en faire venir pour la consommation
« de Paris »

Cette opposition à l'emploi des houilles dans les foyers

domestiques est en quelque sorte restée dans nos mœurs, et nos exploitations se seraient développées bien lentement si elles n'avaient eu pour stimulant l'industrie du fer et les consommations manufacturières.

Ainsi, le premier historique des consommations houillères de la France n'est autre que celui des premières exploitations du bassin belge.

Quant à l'exploitation des combustibles en France, il faut en suivre l'histoire, isolément, dans les principaux bassins. On voit chacun d'eux s'individualiser par les événements spéciaux qui y développèrent la production, tels que : les découvertes successives de la richesse minérale, la création des voies de transports, la fondation d'établissements métallurgiques destinés à consommer les produits sur place.

Bassin de Valenciennes. Dans aucune contrée houillère l'industrie des mines ne se présente aujourd'hui d'une manière aussi imposante que dans le département du Nord, à Anzin, Denain, Lourches, etc. : ces foyers de production souterraine sont indiqués, à la surface, par les hautes cheminées des machines d'épuisement et d'extraction que l'on découvre dans toutes les directions; par de vastes haldes incessamment encombrées de houille dont le triage, le mesurage et le transport, occupent de nombreux ouvriers; par les bois amoncelés qui vont soutenir les excavations, et y remplacer la houille incessamment dirigée vers les ports de chargement, ou les nombreux ateliers groupés autour des centres d'extraction. C'est surtout à Denain que cette activité de l'extérieur donne une grande idée des travaux du fond ; de longues lignes de fours à coke, de vastes embarcadères sur les bassins du canal, des réseaux ramifiés de chemins de fer, des usines nombreuses. et jusqu'aux lignes régulières de cette ville industrielle construite et alignée comme un camp, tout révèle une des créations les plus vastes et les plus originales de l'industrie houillère.

La compagnie d'Anzin représente, en effet, dans cette industrie, l'exemple de l'entreprise la plus grande et la plus heureuse ; seule, elle produit près du quart de l'extraction totale des houilles en France, et pourtant, dans aucun autre bassin, l'exploitation ne se trouve dans des conditions aussi difficiles et aussi compliquées. C'est que ce pays, comparé aux régions houillères, généralement accidentées et peu fertiles, est, au contraire, l'un des plus féconds du globe ; les richesses agricoles en avaient déjà fait l'une des contrées les plus peuplées avant que l'industrie y eût ajouté la prodigieuse activité des mines et des usines de toute nature.

Les concessions houillères, accordées sur le bassin de Valenciennes, présentent une surface de 54,243 hectares. Dans toute cette étendue, le terrain houiller est recouvert par le terrain crétacé, surmonté quelquefois lui-même par des dépôts tertiaires. L'ensemble des couches superposées, dites morts terrains, a une épaisseur très variable ; elle est à peine de trente à quarante mètres vers la frontière belge, mais elle augmente vers l'ouest jusqu'au-delà de cent mètres ;

de telle sorte qu'on a pu constater, en suivant ainsi de l'est à l'ouest la direction du bassin, que le terrain houiller s'enfonçait de plus en plus sous les dépôts postérieurs.

Telle est la pensée qui a guidé les premières recherches faites par le comte Desandrouin. Cet homme, auquel le département du Nord doit une grande partie de sa prospérité industrielle, avait constaté la direction E.-O. du terrain houiller et son enfoncement progressif sous les morts terrains; fort de ces premières connaissances et de l'identité des conditions extérieures, il commença, en 1716, les premiers travaux de recherche, et, en 1717, il avait découvert la houille sous le territoire de Fresne. Mais la présence de nappes d'eaux souterraines, très difficiles à contenir, opposait à ces recherches d'immenses difficultés; le premier puits de Fresne fut envahi par l'irruption d'une de ces nappes, et force fut de l'abandonner; ce fut seulement en 1723 que l'on parvint à organiser, par de nouveaux travaux, l'exploitation de ces couches.

Cette première conquête était déjà immense, et pourtant ce n'était pas encore le succès, car la houille de ce territoire était maigre et ne convenait qu'à des usages de chaufournerie. Or on avait déjà distingué, en Belgique, la position relative des houilles maigres et des houilles grasses; on savait que les dernières étaient supérieures aux autres, et que, vu l'inclinaison de celles-ci, il fallait les chercher plus au sud. De nouvelles tentatives furent faites, et, en 1734, c'est-à-dire après dix-sept années d'efforts, après le foncement d'un nombre égal d'avaleresses ou puits de recherche, dans les territoires d'Etrœux, Quarouble, Bruay, etc., on arriva enfin à découvrir les houillères d'Anzin près de la porte de Valenciennes dite porte de Tournay. Il était temps, car le comte Desandrouin était ruiné, après avoir dépensé un capital de près de trois millions.

La houille une fois découverte, il restait à constater le nombre et l'allure des couches, et à tracer les limites du terrain carbonifère. Cette tâche était difficile, non seulement parce qu'on se trouvait séparé de ce terrain par une épaisseur moyenne de 50 à 100 mètres de terrains morts, mais surtout par la présence des nappes d'eau ascendantes que nous avons déjà signalées.

L'exploration du territoire de Valenciennes fut d'abord faite uniquement par la compagnie d'Anzin, laquelle étendit ses exploitations sous les concessions de Raisme, Fresne, Vieux-Condé, Abscon; en 1832 elle développa, sur une échelle puissante, celles de la concession de Denain, aujourd'hui le point de plus grande production. En 1835, plusieurs compagnies nouvelles, stimulées par l'immense succès dont elles étaient témoins, se mirent à l'œuvre et découvrirent la houille à Lourches près Douchy, à Bruille près Saint-Amand-les-eaux, et, depuis, à Vicoigne.

C'est dans la même période qu'avait lieu l'exploration du terrain houiller aux environs de Douai; l'établissement des mines d'Aniche suivait donc de près celui des mines d'Anzin, mais avec des circonstances bien différentes. Ouvertes d'abord sur des couches peu puissantes et d'un charbon médiocre, ces mines restaient limitées à une très faible production, lorsque, il y a quelques années, de nouvelles recherches déterminèrent le déplacement des travaux; ceux-ci furent établis dans de meilleures couches, et s'étendirent jusque vers le village d'Azincourt. Le développement des travaux d'Aniche ayant appelé l'attention sur le prolongement probable du terrain houiller à l'ouest de Douai, des recherches furent entreprises, et un puits, situé à l'escarpelle, a récemment rencontré ce terrain à 154 mètres de profondeur; dix mètres plus bas, on a recoupé une couche de charbon demi-gras, de plus d'un mètre d'épaisseur.

Cet heureux résultat démontre d'abord la continuité du bassin sous un territoire de deux lieues de longueur, compris entre l'escarpelle et les dernières exploitations d'Aniche; il indique, en outre, la probabilité d'une extension prolongée vers le nord-ouest, dans la direction des houillères du Boulonnais. Déjà, plusieurs recherches sont entreprises entre Lens et Carvin, de manière à décider la question; de telle sorte que ce bassin du Nord, malgré les difficultés qui entravent l'exploitation, malgré la grande étendue des terrains déjà concédés et occupés par de puissantes compagnies, est encore celui qui ouvre le plus vaste champ aux travaux d'exploration.

Bassin de la Loire. Le bassin de la Loire, bien qu'en première ligne dans la production de la France, présente peu de souvenirs historiques. On ne sait qui commença ces importantes exploitations, et les documents positifs sur leur existence ne remontent guère qu'au dix-septième siècle. Saint-Étienne n'était alors qu'un village, habité par quelques centaines d'ouvriers habiles dans la fabrication des armes; la première manufacture avait été établie par l'ingénieur Georges Virgile, sous le règne de François Ier. Rive-de-Gier n'existait pas, et Saint-Chamond, la plus ancienne ville du bassin, célèbre par l'immense château dont les ruines dominent encore la ville, était la principauté du pays.

La houille dut être connue et employée par les premiers habitants du bassin de la Loire, car elle affleure partout, et présente cette particularité remarquable que les affleurements sont déjà, eux-mêmes, d'une excellente qualité. Les Romains ont laissé quelques souvenirs dans le pays, par les aqueducs qu'ils ont construits, et les souterrains qu'ils ont percés pour recueillir les eaux du Gier et du Janon, et les conduire à Lyon; les mines des environs de Saint-Chamond ont retrouvé, en plusieurs points, l'aqueduc principal, dirigé pendant quelque temps, suivant la direction des couches de houille. Les Romains ont donc connu la houille, et peut-être l'ont-ils exploitée; peut-être quelques-uns de ces travaux anciens, remarquables en ce qu'ils ne sont pas boisés, remontent-ils à cette époque; peut-être ces incendies souterrains, dont les affleurements offrent des traces si énergiques, et dont quelques-uns brûlent encore, remontent-ils à ces premiers travaux.

L'extraction de la houille s'est bornée d'abord à l'exploitation de la superficie, et pour les seuls besoins de la localité. Les travaux existaient dès le commencement du quatorzième siècle, puisque, dans les terriers de Roche-la-Molière, on a trouvé que les seigneurs s'étaient arrogé un cens sur toutes les carrières et minières existant dans toute l'étendue de leur terre : le cens était de la moitié des charbons extraits, à la charge par les seigneurs de payer la moitié des frais d'extraction, ou, s'ils le préféraient, il se réduisait au quart net de l'extraction, mais sans aucuns frais. Le titre le plus ancien qui existe à cet égard est une transaction du 18 février 1321, entre Brian de Lavieu, seigneur de Roche-Grand-Vieux, écuyer, qui avait une censive dans l'enclave de cette terre, et Martin Chagnon, censitaire et emphytéote de Grand-Vieux.

Le règne de Louis XIV donna une grande impulsion à la fabrication des armes, et détermina d'importants travaux pour l'aménagement des cours d'eau. Les marteaux, les aiguiseries se multiplièrent sur le Furens, et, cependant, en 1770, il n'existait encore que quarante bourgeois marchands quincailliers ou armuriers, et trente fabricants de rubans. Aussi l'ère de la grande activité ne date-t-elle réellement que de 1789 : la prospérité naquit avec la liberté industrielle.

Depuis cette époque, en effet, on a peine à suivre la marche rapide du progrès. Il y a trente ans à peine, Saint-Étienne n'était encore qu'une espèce de colonie où l'on ne venait travailler qu'avec l'idée de la quitter ; une arène commerciale passionnée, où la civilisation avait peine à adoucir les mœurs ; aujourd'hui, c'est une véritable capitale où le progrès intellectuel n'est pas moins remarquable que la marche ascendante de la production industrielle. On pouvait dire autrefois que les exploitations de la Loire étaient inférieures à toutes les autres sous le rapport des méthodes d'aménagement et du matériel ; il n'en est plus ainsi maintenant ; toutes les parties de l'exploitation sont au niveau de la science, et beaucoup de mines nous offrent à la fois, dans leurs procédés et leur matériel, une sorte de luxe qui est toujours le symptôme de l'ordre dans l'exploitation, et d'une prospérité bien établie.

Le bassin de la Loire a une surface de 29,000 hectares. En étudiant les faits relatifs au gisement des couches, nous verrons, par la suite, que c'est le terrain qui présente l'exemple de la plus grande accumulation de combustibles minéraux.

L'historique des exploitations de ce bassin offre un intérêt tout particulier ; c'est le document le plus utile que puisse consulter l'industriel exploitant, aussi bien que l'administrateur appelé à surveiller et à réglementer le travail. L'exposé des diverses phases qu'elles ont présentées nous entraînerait dans des détails trop locaux ; il sera mieux à sa place lorsque nous étudierons le bassin d'une manière spéciale. Contentons-nous de dire que les houillères de la Loire furent pour la France le berceau de tous les genres d'usines métallurgiques qui produisent les matières premières, hauts fourneaux, forges, aciéries, et de toutes celles qui conduisent ces matières premières aux façons les plus complexes, telles que les armes de toute nature, les pièces de taillanderie, serrurerie, quincaillerie, etc…

Bassins de Saône-et-Loire, du Gard, de l'Allier, de l'Avey-

ron, etc. Dans les bassins qui n'étaient pas, comme ceux de Valenciennes et de Saint-Étienne, placés de manière à exporter leurs produits, l'histoire des houillères se confond avec celle des établissements créés pour consommer leurs produits sur place. Dans le bassin de Saône-et-Loire, par exemple, l'exploitation ne devint importante que par la création des vastes fonderies du Creuzot. On trouve à peine quelques documents antérieurs, qui attestent l'existence des houillères principales, tels que les actes de redevances stipulées en faveur des seigneuries de Montcenis, de Torcy et Duplessis, en 1528, 1610 et 1640, actes qui réservaient le tiers et même les deux tiers des produits bruts aux possesseurs des seigneuries. En 1769, le baron de Montcenis obtint le droit exclusif d'exploitation, pendant cinquante ans, sur trente lieues carrées de surface; mais les travaux ne deviennent importants qu'en 1782, époque de la fondation du Creuzot. Suivons, à partir de cette époque, les progrès de l'exploitation et son influence sur le pays, et nous lirons une des pages les plus intéressantes de l'histoire de notre métallurgie.

Le Creuzot n'était, en 1770, qu'une triste vallée, habitée par quelques familles formant une population de cinquante à soixante individus; on y exploitait, de temps immémorial, les affleurements de houille pour les consommations de Montcenis et de quelques villages environnants. Les enquêtes faites pour la concession demandée par le baron de Montcenis révélèrent l'existence de ces richesses minérales, et, le 17 octobre 1782, une société de capitalistes, portant le nom de *Société Saint-James*, se constituait, sous le patronage du roi Louis XVI, pour créer une fonderie de fer aux Charbonnières. Le capital fut de dix millions de francs. On décida l'érection de quatre hauts-fourneaux au coke, et l'ingénieur Wilkinson, frère de celui qui inventa, en Angleterre, le laminage des fers par des cylindres, fut appelé pour construire ces fonderies.

Ainsi, l'on essayait en France la substitution du coke au charbon de bois, pour la fonte des minerais de fer, presqu'à la même époque qu'en Angleterre. En même temps, et sur les mêmes points, se développait la fabrication des machines à vapeur. Les premières, consacrées aux besoins de l'établissement, furent, en effet, construites sur les lieux, et l'on voit encore dans la cour de la fonderie du Creuzot un cylindre de quatre-vingts chevaux, portant le nom de Wilkinson et le millésime de 1782.

L'établissement des fonderies du Creuzot n'eut pas d'abord le succès qu'on en avait espéré ; les fontes étaient de mauvaise qualité, et leur emploi limité aux besoins de l'artillerie. On chercha d'autres moyens de consommer le combustible minéral, et, en 1787, il fut décidé que la manufacture de cristaux établie à Sèvres serait transférée près Montcenis. C'était, après la verrerie de Saint-Bérain, établie par Guyton de Morveau à quelques lieues de distance, la première usine où la houille fût appliquée à la fabrication des verres et cristaux.

Le Creuzot se développa lentement jusqu'en 1836, époque de la liquidation d'une seconde société, qui, après la chute de la première, avait encore enfoui onze millions dans l'usine. A partir de cette époque, le perfectionnement des voies de navigation ayant permis de faire arriver des minerais de meilleure qualité, la fabrication des rails et des machines a pris le plus grand développement, et, dans cette vallée presque déserte il y a soixante-dix ans, nous voyons aujourd'hui une population de 8,000 âmes, entièrement appliquée aux travaux d'exploitation, et aux fabrications métallurgiques.

Pendant cette même période de soixante-quinze années, l'exploitation des autres parties du bassin de Saône-et-Loire s'organisait. Ainsi, la concession de Saint-Bérain, instituée en 1782, appliquait ses combustibles à l'établissement d'une verrerie, et à la cuisson du plâtre. En 1791, la concession de Blanzy était détachée de celle du Creuzot, et l'on y découvrait successivement, de 1810 à 1826, les belles couches de Blanzy, du Monceau et de Lucy, dont les exploitations alimentent aujourd'hui le commerce du canal du Centre.

On voit que l'histoire de nos houillères centrales remonte à bien peu de temps. Les documents que nous trouvons dans les anciens minéralogistes sur les houillères de Brassac, dans le bassin de l'Auvergne, datent de 1750, ainsi que ceux qui existent sur les houillères d'Épinac, dans le bassin d'Autun; de telle sorte, que cette époque de 1750 est presque partout la plus reculée que puissent atteindre les traditions de quelque importance. La position intérieure des bassins houillers, situés autour du plateau central, dans des contrées accidentées et peu favorables aux transports, subordonnait entièrement le développement des exploitations soit à celui des moyens de transport, soit au progrès de la fabrication du fer à l'anglaise, fabrication que les premiers essais faits au Creuzot et à Saint-Étienne n'avaient pas présentée comme avantageuse. Aussi, le progrès fut-il des plus lents. Le bassin d'Aubin ne compte dans l'industrie que depuis 1826, époque à laquelle furent commencées les fonderies et forges de Decazeville; et le bassin du Gard ne doit son importance actuelle qu'à la construction du chemin de fer qui conduit ses produits au Rhône.

L'exploitation du bassin du Gard, pour la consommation des houilles sur place, a d'ailleurs précédé celle qui a lieu aujourd'hui pour l'exportation. Jusqu'en 1825, ces houillères étaient restées sans aucune importance; les mines de Rochebelle fournissaient des charbons à Alais et à Nîmes, et celles de la Grand'Combe, alors moins considérables, n'existaient que par une consommation locale encore plus restreinte. M. Communeau, appelé dans le pays par M. Tessières de Miremont, reconnut, à la fois, l'importance des gîtes de combustible dans le terrain houiller, et celle des minerais de fer dans les terrains qui le recouvraient. Cette découverte donna lieu à la formation d'une première compagnie, qui obtint, en 1828, la concession du terrain houiller de Trelys et Palmesalade, et acheta la concession de Rochebelle, ainsi que les mines de fer les plus importantes. Cette première société se transforma, en 1829, en une société nouvelle qui prit pour but défini de construire six hauts fourneaux et une forge anglaise. En 1832, le premier fourneau fut mis en activité; mais de nouveaux embarras financiers ayant empêché l'exécution des travaux de mines sur la concession de Rochebelle, travaux qui devaient être prêts à livrer le combustible à l'époque des mises en feu, ils furent abandonnés, et un traité d'approvisionnement fut passé avec les mines de la Grand'Combe.

Cet abandon des travaux des mines de Cendras et de Rochebelle fut très préjudiciable à l'industrie de la localité. Il donna à penser que cette partie du terrain houiller était impuissante à produire économiquement le combustible, et rejeta toute l'activité dans les régions de la Grand'Combe, Champclauson et Bessège, situées vers la limite nord du bassin, et beaucoup moins bien placées relativement aux voies d'exportation.

Les recherches géologiques de M. Communeau avaient pourtant démontré que la région méridionale du bassin, quoiqu'en majeure partie recouverte par des dépôts postérieurs au terrain houiller, contenait les mêmes richesses que la région septentrionale. L'existence de dix couches avait été reconnue par des travaux d'affleurement, et, parmi ces dix couches, une de quatre mètres fournissait une houille très pure. Aujourd'hui, l'établissement du chemin de fer de la Grand'Combe a assuré la prépondérance de la partie septentrionale du bassin, qui peut être exploitée avec moins de travaux préparatoires; mais les exportations ont pris des proportions telles, qu'il sera bientôt d'un grand intérêt de reprendre, dans la partie méridionale, les travaux antérieurement conçus.

A la même époque, le bassin de l'Aveyron, placé en dehors de toutes nos grandes voies de communication, sortait de son infériorité commerciale. Une puissante usine pour la fabrication du fer à l'anglaise, était construite sous la direction de M. Cabrol, près du village d'Aubin, et, dès la fin de 1832, cette usine était achevée et mise en plein roulement. Le bassin de l'Aveyron présentait à l'industrie, non seulement de puissantes couches de houille restées jusqu'alors sans emploi, mais encore une grande abondance de ce fer carbonaté lithoïde, dit minerai des houillères, qui fait la fortune de l'Angleterre.

Ces grandes forges, construites à l'imitation de celles de l'Angleterre : le Creuzot, Terre-Noire, Alais, Decazeville, eurent à surmonter bien des difficultés industrielles et commerciales ; mais elles démontrèrent la supériorité des méthodes anglaises et la possibilité de leur application en France. On leur doit l'élan qui fut donné à l'industrie des fers du pays, et la transformation aujourd'hui bien avancée des méthodes de fabrication.

On voit, d'après ces exemples, que, dans tous nos bassins du Centre, la première pensée des exploitants a été d'accélérer le développement des extractions, en consommant la houille sur place, et en la tranformant en produits manufacturés. Les verreries, et surtout les usines métallurgiques, qui, pour un poids donné de fer, consomment cinq à six fois autant de houille, ont donc généralement servi à fonder les premières exploitations importantes, et c'est encore aujourd'hui le meilleur moyen d'en augmenter l'activité. L'avantage des grandes consommations locales est, en effet, non seulement de déterminer un placement immédiat du produit des exploitations, mais aussi de faciliter les exportations en consommant les houilles menues.

C'est ainsi que, dans le bassin de l'Aveyron, on commence à utiliser les concessions inactives de Bouquès et d'Aubin, par la création de nouvelles usines métallurgiques. Les bassins de l'Allier nous offrent un autre exemple d'une heureuse application des mêmes moyens. Il existe, en effet, dans les deux bassins de Commentry et de Bezenet, près Montluçon, des exploitations qui, de temps immémorial, ont mis en évidence des richesses houillères considérables ; des excavations à ciel ouvert y ont recoupé des couches dont la puissance atteint vingt et trente mètres. Bien que les frais d'extraction fussent aussi réduits que possible dans des travaux aussi faciles, ces gîtes restaient limités à une production très médiocre, par suite de l'impossibilité de trouver un débouché pour les charbons menus, lorsque furent commencées les grandes usines métallurgiques de Commentry et de Montluçon, lesquelles comprennent aujourd'hui douze hauts fourneaux, et l'une de nos plus grandes forges. Une fabrique de glaces, récemment construite à Montluçon, est venue offrir un nouveau débouché aux produits de ces houillères, et déjà l'on peut évaluer à 150,000 tonnes la consommation locale qui absorbe tous les menus, ce qui permet d'exporter 50,000 tonnes de gros à des conditions avantageuses.

Mais il n'est pas toujours possible de créer ainsi une consommation sur place ; il faut des circonstances qui ne se rencontrent pas partout ; aussi, voyons-nous des gîtes houillers importants, dans les bassins de Brassac, de Montaigu, etc., rester comparativement dans l'inaction, par suite de l'absence des minerais, et de la difficulté des transports.

En traçant ainsi l'historique de l'exploitation dans les principaux bassins houillers du groupe occidental de l'Europe, nous avons indiqué les ressources de France ; mais, outre les combustibles appartenant aux terrains houillers proprement dits, nous devons citer encore ceux qui se trouvent dans les terrains plus modernes, et qui consistent principalement en lignites et en tourbes. Quelques-uns de ces gîtes ont des proportions importantes : le plus remarquable est celui des lignites tertiaires de la Provence, qui fournit aujourd'hui plus de 120,000 tonnes d'un lignite dont la qualité est peu inférieure à celle de la houille. Il existe également en France de vastes dépôts de tourbe, combustible dont les usages, quoique purement locaux, sont précieux pour les vallées de la Somme, de la Basse-Loire, etc. La production annuelle des tourbières de la France est de 500,000 tonnes.

Bassins houillers de l'Angleterre.

L'Angleterre a tiré un parti si merveilleux de ses houillères que toutes les autres nations ont dû prendre ses exploitations pour modèles. L'historique de ses mines présente donc un intérêt tout particulier, justifié par la supériorité industrielle qu'elles ont assurée à ce pays.

Les exploitations, en Angleterre, furent d'abord purement commerciales, et Newcastle en fut le berceau. C'est à l'année 1240 que remontent les premiers documents connus sur les houillères de Newcastle, et, vers la fin du même siècle, on retrouve ceux qui sont relatifs aux mines du pays de Galles et de l'Écosse. L'on cite parmi les premiers faits de l'exportation le chargement d'un navire français, en 1325, qui alla chercher de la houille en échange de blés qu'il porta à Newcastle. En 1546, ce commerce devait s'être étendu d'une manière considérable, puisque le roi Henri VIII écrivait au maire de Newcastle d'expédier au port de Boulogne une quantité de trois mille tonneaux. A partir de cette époque, un grand nombre de documents attestent des expéditions toujours croissantes ; car, en 1770, trois cent soixante-cinq bâtiments chargés de houille faisaient voile pour les côtes de France. La France avait donc précédé l'Angleterre elle-même dans les industries qui consommaient les combustibles minéraux ; mais elle ne devait pas conserver longtemps cet avantage, et bientôt la houille fixa, sur le sol même où elle se trouvait, la suprématie industrielle.

C'est, en effet, l'industrie de la fabrication de la fonte et du fer qui, en Angleterre comme dans les autres contrées, a été le moteur principal du développement donné à l'exploitation des houilles. En 1710, on n'y comptait que cinquante-neuf hauts fourneaux alimentés exclusivement par le charbon de bois, et ce fut quelques années plus tard, vers 1750, qu'on fit des essais suivis pour la substitution du coke au charbon de bois : il paraît qu'à cette époque là production du fer ne dépassait guère 60,000 tonnes. En 1788, il existait déjà cinquante-trois hauts fourneaux au coke, tandis qu'il n'en restait plus que vingt-quatre alimentés par le combustible végétal; la fabrication s'était élevée à 300,000 tonnes. En 1796, le nombre des hauts fourneaux au coke était de cent vingt, et la fabrication au bois n'était plus mentionnée que comme un fait sans importance.

Les bassins houillers du Staffordshire et du pays de Galles, tous deux riches en minerai de fer, ont pris, dès l'origine, le premier rang dans la fabrication du fer, et telle fut la rapidité du progrès, qu'en 1840 la fabrication en fer et fonte moulée dépassait 1,500,000 tonnes, quantité égale à la production totale du reste de l'Europe. Cette quantité est aujourd'hui d'environ 2,000,000 de tonnes, et fixe sur le sol anglais la consommation immédiate d'au moins 12,000,000 de tonnes de houille. Ce qui est remarquable dans cette progression rapide, c'est la décroissance non moins rapide des prix. En 1750, le fer valait 500 à 600 francs la tonne; il est tombé progressivement jusqu'à 200 francs en temps normal, et 120 francs en temps de crise. « C'est à ses forges, dit M. Pillet-Will, que l'Angle-« terre doit le prodigieux développement de toutes les « grandes industries; l'exploitation de la houille et des « mines de différentes espèces, l'état florissant de l'Angle-

« terre, le travail du coton, de la soie et la fabrication
« des étoffes. » Nous pouvons ajouter que les forges elles-
mêmes furent la conséquence du développement des houillères, lorsque les bassins situés moins avantageusement que
celui de Newcastle cherchèrent à utiliser leurs richesses.

L'Angleterre a été, en effet, favorisée de la manière la
plus prononcée dans la répartition des terrains houillers.
Elle en possède 1,570,000 hectares divisés en une vingtaine de bassins, qui peuvent être considérés comme formant
trois groupes naturels. Ces trois groupes sont :

Les bassins du nord de l'île, ou de l'Écosse, dont les
principaux sont : le bassin de Glascow, celui de Dalkeith
près Edimbourg, et celui du Clackmananshire, situé un
peu plus au nord.

Le second groupe, formé des bassins du centre, comprend,
en première ligne, le bassin de Northumberland et de Dur-
ham, plus connu sous la dénomination de bassin de Newcastle ; 2° celui de Withehaven ; 3° celui du nord du Lancashire ; 4° celui du sud du Lancashire qui alimente les
fabriques de Manchester et de Liverpool ; 5° le bassin des
comtés d'York, de Nottingham et de Derby, qui alimente des
forges nombreuses ; 6° le bassin du nord du Staffordshire ;
7° celui du sud du Staffordshire ou de Dudley, au milieu
duquel se trouve groupé le tiers des fourneaux de l'Angleterre ; 8° le bassin du Warwickshire ; 9° celui qui se trouve
sur les confins des comtés de Leicester et de Stafford.

Le troisième groupe comprend le bassin du pays de
Galles, le plus riche de toute l'Angleterre. Sur la surface de

ce bassin se trouve également le tiers des hauts fourneaux et forges de la Grande-Bretagne ; il alimente en outre les fonderies de Neath et de Swansea, qui fabriquent plus de la moitié du cuivre produit par toutes les mines du globe.

L'extraction houillère de l'Angleterre atteint aujourd'hui 40 millions de tonnes : c'est huit fois celle de la France et plus de trois fois celle de tout le reste de l'Europe. En 1845, on l'évaluait à 34,255,000 tonnes, dont la consommation était ainsi répartie :

Consommations des usines pour la fabrication du fer.	12,000,000 tonnes.
Consommations de l'intérieur de la Grande-Bretagne.	11,000,000
Consommations alimentées par le cabotage. .	8,725,000
Exportations pour les colonies et l'étranger. .	2,530,000

L'étendue de sa superficie houillère est sans doute pour beaucoup dans la production de l'Angleterre ; mais l'heureuse position commerciale et industrielle des bassins y joue aussi un rôle important. Ainsi, le bassin de Newcastle, de 87 kilomètres de longueur sur 25 dans sa plus grande largeur, produit autant de houille que toute la France, et cette immense production est uniquement provoquée par la situation littorale du bassin et la facilité du chargement des navires.

Bassins houillers de l'Europe orientale.

Lorsqu'on réfléchit aux études assidues que les premiers exploitants des mines de l'Allemagne ont dû faire des terrains et des roches, on a peine à croire que ces praticiens habiles qui, dès l'an 900, ont ouvert les mines du Harz et de la Saxe, n'aient pas connu les combustibles minéraux et apprécié leurs propriétés. Il y a donc lieu de s'étonner que les bassins houillers de l'Allemagne n'aient pas été les premiers explorés et exploités. Il faut croire que l'abondance des combustibles végétaux [1] fut un motif de délaissement, car ces bassins, dont quelques-uns sont des plus riches et des plus étendus, sont restés bien en arrière de ceux des Flandres et de l'Angleterre.

C'est en Prusse que se trouvent les principaux bassins houillers de l'Allemagne; ils sont situés dans la Westphalie, dans les provinces rhénanes, dans la Silésie et dans la Saxe.

Les provinces rhénanes nous présentent d'abord, sur la rive gauche du Rhin, les bassins de Rolduc et d'Eschweiler, qui forment l'extrémité orientale de la zone belge, et le vaste bassin de Sarrebruck, que nous avons déjà cité comme

---

[1] L'Allemagne était jadis couverte de forêts. *Terra in universum aut sylvis horrida, aut paludibus fœda*, écrivait Tacite : une terre couverte de forêts incultes ou d'eaux stagnantes. *Quis porrò* (dit-il encore) *præter periculum horridi et ignoti maris, Asiâ, aut Africâ, aut Italiâ relictâ, Germaniam peteret, informam terris, asperam cœlo, tristem cultu aspectuque, nisi patria sit?* Ainsi Tacite, l'historien des mœurs des Germains, ne comprenait pas qu'on pût habiter ce pays âpre et sauvage si l'on n'y était pas né. Le pays a bien changé de face depuis l'époque où Tacite en traçait ce triste tableau, et l'Allemagne moderne ne ressemble guère à l'ancienne Germanie. La culture en a pour ainsi dire adouci le ciel, tempéré le climat, de même que le commerce en a poli les mœurs et perfectionné la civilisation. La plupart de ces immenses forêts qui les couvraient jadis ont disparu, et l'historien latin serait bien étonné d'apprendre que l'Allemagne est maintenant obligée de chercher dans l'exploitation des charbons minéraux de quoi suffire à sa consommation de combustibles.

appartenant au groupe de l'Europe occidentale; en second lieu, sur la rive droite, le bassin de la Ruhr, situé en Westphalie.

La position du bassin de la Ruhr est telle qu'il peut être considéré comme le prolongement du grand bassin belge qui, après avoir disparu vers Duren, sous les terrains modernes de la vallée du Rhin, reparaîtrait au-dessus de ces terrains par l'effet de l'exhaussement du sol de transition. La composition et l'allure des dépôts semblent venir à l'appui de cette hypothèse, qui conduirait ainsi à admettre l'existence d'une richesse souterraine des plus importantes.

Le bassin de la Ruhr appartient tout à fait à l'Allemagne par ses consommateurs et les tendances de son développement; on y élève des hauts fourneaux alimentés par les minerais du Taunus et du Nassau; des usines à zinc qui emploient les blendes du grand duché de Berg; des forges et des fabriques dont les débouchés se dirigent tous vers Berlin ou Hamburg. Le bassin de Sarrebruck, situé sur la rive gauche du Rhin, est, au contraire, français par ses consommations, et surtout par ses conditions d'avenir. C'est à Forbach, Metz et Nancy que sont les fourneaux et les forges qu'il alimente; les minerais traités sont ceux des Ardennes et des Vosges, et les chemins de fer porteront toujours ses produits de plus en plus à l'ouest, dans tout le champ de consommation qui s'étend entre les cours de la Meuse et du Doubs.

Les bassins houillers de la Saxe, situés sur le versant nord de l'Erzgebirge, et ceux de la Silésie prussienne continuent et terminent, vers l'est de l'Europe, cette série sporadique de bassins carbonifères, qui semblent devenir de plus en plus rares à mesure que l'on s'avance davantage dans cette direction.

On a souvent comparé la Silésie au pays de Liége, avec lequel elle a en effet de grandes analogies géologiques. Comme le pays de Liége, elle possède des terrains houillers riches et étendus, des minerais de fer et des minerais de zinc et de plomb, qui entretiennent une grande activité métallurgique. La Silésie, outre ses usines pour la fabrication du zinc et du plomb, alimenté une vingtaine de hauts fourneaux au coke et des forges considérables.

Ces divers bassins constituent la presque totalité des richesses houillères des États de la Prusse et de la confédération. Leur production est, aujourd'hui, de plus de 3 millions de tonnes, réparties ainsi qu'il suit :

	de la Ruhr.	1,100,000
Bassins	d'Eschweiler et de Sarrebruck. .	800,000
	de la Saxe.	200,000
	de la Silésie.	950,000

Outre ses houillères, la Prusse possède des mines de lignite qui fournissent annuellement quatre à cinq cent mille tonnes. Les plus riches se trouvent, d'abord dans la vallée du Rhin, de Coblentz à Cologne, principalement sur la rive droite, où elles s'étendent sur toute la surface du plateau du Westerwald; et, ensuite, dans la Saxe et la Thuringe, notamment dans les districts de Magdeburg et de Merseburg.

Les autres gîtes de combustibles minéraux de l'Allemagne n'ont qu'une très faible importance, à l'exception de ceux de la Bohême qui appartiennent à l'Autriche.

Bassins houillers de la Bohême. La Bohême, séparée de la Saxe par la chaîne de l'Erzgebirge, possède des richesses considérables en combustibles minéraux. On y trouve des bassins houillers étendus, de vastes dépôts de lignites et de tourbes, et, comme si le carbone devait s'y présenter sous toutes ses formes, dit M. Michel Chevalier, on y exploite la plombagine sur une grande échelle.

Les bassins houillers de la Bohême sont placés à droite et à gauche de l'Elbe et de la Moldau; ceux de l'ouest sont les plus vastes et les plus riches. Les principaux, en descendant du nord au sud, sont : le bassin de Rakonitz, celui de Radnitz et celui de Polsen.

Le bassin de Rakonitz est le plus étendu; il a été reconnu sur une longueur de 65 kilomètres de l'est à l'ouest, et sur une largeur de 15 à 20 kilomètres du nord au sud; l'on croit même qu'il se prolonge au sud-est du côté de Prague et au nord-ouest vers l'Erzgebirge. L'exploitation y est ancienne; mais elle y est restée longtemps limitée, les travaux étant dirigés sans ensemble et au hasard; on y voit encore des mineurs, qui sont en même temps concessionnaires, habiter dans la mine elle-même, à la façon des anciens Troglodytes.

Au midi de ce vaste bassin est celui de Radnitz, d'une étendue beaucoup moindre, et resserré entre des collines de terrains schisteux et granitiques qui le divisent en deux massifs, dont l'un, à l'est de Radnitz, a 6 kilomètres de long sur 4 de large, et dont l'autre, situé à l'ouest, peut avoir, en moyenne, 5 kilomètres sur 4. Ce petit bassin renferme, proportionnellement à son étendue, des richesses considérables. A l'ouest du bassin de Radnitz se trouve le grand bassin de Polsen, qui a 50 kilomètres de longueur sur 17 de large; il occupe une surface décuple du précédent.

L'extraction de la houille est fort ancienne en Bohême, mais ce n'est qu'à partir de 1830 qu'elle s'est développée sur une échelle proportionnée à ses ressources. Elle était alors d'environ 100,000 tonnes, et, après s'être élevée en 1842 à 300,000, elle doit atteindre aujourd'hui 500,000 tonnes. Une grande partie de cette production est consommée dans le pays, soit par les usines, soit par les populations de Prague et de Vienne; mais les regards des exploitants se tournent principalement vers le Danube, où le développement de la navigation à vapeur leur prépare de vastes débouchés.

Les dépôts de lignite dont l'âge se rapporte aux terrains tertiaires inférieurs occupent, au nord des terrains houillers, une longue zone parallèle à la frontière septentrionale de la Bohême. Ils sont situés principalement à gauche de l'Elbe, dans la Bohême occidentale. Ces lignites ont, en certains endroits, une puissance considérable, souvent plus de 6 mètres d'épaisseur, quelquefois 20 et 30 mètres. L'espace qu'ils occupent est immense; aussi peut-on regarder ces ressources comme indéfinies; l'abondance en est telle, qu'en certains endroits on brûle le lignite, seulement pour en obtenir des cendres, qui constituent un engrais très actif.

Les richesses en tourbes ne sont pas moins grandes en Bohême. On les exploite principalement à Reichenberg, Kalisch, Eger, Ransko, etc., et on les applique à des industries qui, partout ailleurs, n'emploient ordinairement que la houille ; à l'industrie du fer, par exemple. Le prince de Dietrichstein brûle des tourbes dans ses hauts fourneaux de Ransko, et il y a vingt ans qu'elles alimentent les célèbres verreries situées près de Kalisch.

En dehors des houillères de la Bohême, l'Autriche ne possède plus que des gîtes de peu d'importance. Ainsi, l'on cite en Styrie quelques gîtes, dans les vallées de Meir et de Murz, dont l'extraction s'élève de 2,000 à 3,000 tonnes ; quelques autres, dans l'Autriche proprement dite, au-dessous de l'Ens à Wien Risch-Neustadt et à Thalern ; d'autres encore plus restreints, au-dessus de l'Ens dans les districts de Muhl et de Salzburg. La Hongrie contient également des terrains carbonifères encore peu explorés, notamment dans les comitats d'OEdenburg, Bazany, Gran, Eysenburg et Zips. Tous ces lambeaux réunis ont en réalité peu d'importance, et les tourbières en auraient beaucoup plus, en raison de leur puissance et de leur immense étendue dans la Basse-Autriche, si leurs produits n'étaient annihilés par l'abondance et le bas prix des bois. La tourbe existe en grande abondance au pied des Carpathes et des Sudètes, où elle est à peine exploitée ; il en est de même dans la vallée de la Theiss et dans les nombreux marais qui couvrent une partie du territoire de la Hongrie ; enfin, dans la Basse-Autriche près de Moosbrun, Ottenschlag, Schwarzenau, etc.

La concentration des bassins houillers vers la partie nord de l'Europe est un fait qui se trouve mis en évidence, lorsqu'on compare les ressources de l'Autriche avec celles de la confédération germanique. L'Autriche, avec une superficie plus considérable que l'Allemagne, ne produit que 8 à 900,000 tonnes de houille, et, encore, cette extraction est-elle basée presque entièrement sur les bassins de la Bohême, situés sur le versant sud de l'Erzgebirge, et, par conséquent, vers les limites septentrionales des États.

Terrains houillers dans l'Amérique du Nord.

La géologie des États-Unis d'Amérique est aujourd'hui assez avancée pour qu'on ait pu y bien définir la formation houillère. Cette formation est principalement développée à l'ouest des Alleghanis, et voici en quels termes M. Logan en a tracé les grands traits géologiques :

« La contrée de l'ouest peut être définie comme un bassin gigantesque de couches ou strates fossilifères concordantes, depuis le sommet de la houille jusqu'au fond des plus basses formations contenant des débris organiques. L'axe transversal de ce grand bassin de transition irait de l'Ouisconsin et de la baie Verte du lac Michigan, jusqu'aux environs de Washington, sur une longueur de 700 milles ; l'axe longitudinal s'étendant de Québec, dans la direction du sud-ouest, jusqu'à quelque point inconnu de la rivière de Tennessée dans l'Alabama.

« Ce bassin principal contient trois bassins importants subordonnés, au centre de chacun desquels s'étend un vaste plateau carbonifère.

« Le plus grand des bassins subordonnés s'étend sur une longueur de 600 milles, suivant une direction nord-est, de l'État de Tennessée à l'angle nord-est de la Pensylvanie, où se trouvent plusieurs lambeaux détachés. La plus grande largeur de ce bassin est de 170 milles, et sa surface totale peut être évaluée à 60,000 milles carrés. L'Ohio et ses affluents en reçoivent à peu près toutes les eaux.

« Ce bassin de Pensylvanie et du Tennessée est le plus exploité, principalement vers le nord. Toute la lisière de l'est, qui longe les Alleghanis, est fortement accidentée, de telle sorte que les couches y sont même renversées. Dans cette partie, toutes les couches de combustibles sont à l'état d'anthracite. En traversant le bassin de l'est à l'ouest, les accidents deviennent de moins en moins prononcés, et les couches finissent à peu près horizontalement sur toute la lisière de l'ouest où les combustibles sont à l'état de houille grasse. Cette concordance constante de l'état accidenté avec la nature anthraciteuse du charbon et de l'état peu accidenté avec la nature des houilles grasses, a fait considérer l'anthracite comme résultant de transformations métamorphiques qui ont accompagné les soulèvements. Il y a même des géologues américains qui prétendent avoir suivi les couches de l'est à l'ouest et avoir positivement constaté que ce sont les mêmes couches anthraciteuses relevées sur les flancs des Alleghanis, qui se terminent vers l'ouest avec une faible inclinaison, et sont à l'état de houille grasse.

« Le bassin de l'Illinois, dont le grand axe a 360 milles de longueur, et le petit axe plus de 100 milles, couvre une surface d'environ 50,000 milles carrés. La vallée du Mississipi en forme la limite occidentale dans presque toute sa longueur. Ce bassin est formé de couches presque horizontales; il contient des couches de houilles grasses qui sont exploitées dans la vallée de l'Ohio

« Le troisième bassin est celui du Michigan, dont la surface est de 12,000 milles carrés; il est formé des mêmes couches que les deux autres; mais on n'y connaît pas, jusqu'à présent, de gîtes combustibles de quelque importance.

« Un quatrième bassin houiller, situé plus au nord et en dehors du grand bassin de transition des États-Unis, se compose de tous les terrains houillers du nouveau Brunswick, de la Nouvelle-Écosse et des îles Saint-Jean et Madeleine (partie sud du golfe Saint-Laurent). D'après la disposition de ces terrains houillers, qui présentent une surface d'au moins 40,000 milles carrés, il est évident qu'ils appartiennent à un immense bassin dont nous ne voyons que l'extrémité sud-ouest, la partie principale devant être sous-marine. Ce bassin paraît, comme le précédent, très pauvre en houille.

« En récapitulant les surfaces houillères connues dans l'Amérique du Nord, on voit qu'on arrive à un total de plus de 160,000 milles carrés; surface beaucoup plus considérable que les surfaces houillères réunies de toute l'Europe. »

Dans un ouvrage statistique du plus grand intérêt, M. Taylor a donné beaucoup de détails géographiques et géologiques sur les houillères de l'Amérique du Nord [1] ; il a réuni tous les documents qui nous montrent le terrain carbonifère s'étendant, au sud, dans le Texas et le Mexique, par une série de bassins sporadiques qui arrivent presque jusqu'au tropique ; tandis que, vers le nord, on en retrouve des lambeaux au Groënland, et jusque dans les îles Melville et Bathurst, vers le 75e degré de latitude. M. Taylor distingue les bassins anthraciteux de la Pensylvanie des grands bassins houillers proprement dits, qui contiennent principalement des houilles grasses; mais il admet, comme M. Logan, que l'anthracite représente l'état métamorphique de la houille. Les bassins anthraciteux, situés sur la rive gauche de la branche occidentale de la Susquehanna, et placés en avant du grand terrain houiller des Alleghanis, peuvent expédier leurs produits sur tout le littoral de l'est; aussi sont-ils très activement exploités. Cette heureuse situation donne à la production de l'Amérique du Nord ce caractère particulier, que les anthracites, qui ne sont que des combustibles secondaires en Europe, y représentent l'élément principal. D'après M. Taylor, cette production a été en 1845 de 2,650,000 tonnes d'anthracite et de 1,750,000 tonnes de houilles bitumineuses, ensemble 4,400,000 tonnes.

[1] *Statistics of Coal. Philadelphia.* 1848.

Du reste, toutes les phases que nous avons signalées dans les exploitations européennes se reproduisent dans celles de l'Amérique. C'est par la fabrication du fer que les houillères se sont principalement développées; et les États-Unis, en arrivant à produire autant de combustibles minéraux que la France, ont également atteint le même chiffre (500,000 tonnes) dans la fabrication du fer.

Production et consommation des combustibles minéraux.

Les quatre groupes de bassins houillers dont nous venons d'indiquer les principaux éléments résument, à peu de chose près, les forces productives du globe. En dehors, il existe bien encore quelques terrains houillers, mais aucun qui puisse modifier d'une manière notable l'équilibre actuel de la production. Les combustibles minéraux signalés et exploités, soit dans l'île de Bornéo, soit dans la partie méridionale de l'Australie et dans la terre de Van-Diemen, ont exercé sans doute une influence favorable sur la colonisation de ces nouvelles régions; mais il ne paraît pas que leur richesse et leur étendue puissent être comparées à celles des terrains houillers de l'hémisphère austral.

La Russie contient de vastes dépôts, dont l'âge se rapporte à la partie inférieure des terrains carbonifères; mais la formation houillère y paraît manquer, ou, du moins, ne présenter que des gîtes de peu d'importance. L'Espagne seule peut figurer un jour dans la production et y prendre rang à côté de l'Allemagne et de la France, grâce à l'existence de bassins houillers encore peu explorés, mais dans lesquels on a constaté de grandes richesses.

Le bassin des Asturies, sur le revers septentrional de la chaîne cantabre, a plus de 80 kilomètres de longueur de l'est à l'ouest, sur une largeur de 30 ; et, dans la région centrale, on a pu compter plus de 80 couches de houille distinctes. Il existe également des terrains houillers dans la province de Léon ; enfin, ceux de l'Andalousie, situés sur le revers méridional de la Sierra-Morena, contiennent aussi de grandes richesses, aujourd'hui condamnées à l'inaction par l'absence complète de voies de communication et d'industrie locale.

On peut comparer les terrains houillers des diverses contrées du globe, sous le point de vue de leur surface, de leur richesse en houille, et de leur situation relativement aux voies d'exportation ; or, en tenant compte de ces divers éléments, on trouvera que, l'Amérique exceptée, les extraction sont à peu près proportionnelles aux ressources de chacune de ces contrées.

	Surfaces houillères.	Production annuelle.
Iles Britanniques. . . .	1,570,000 hectares.	40,000,000 tonnes.
France.	300,000	5,000,000
Belgique.	150,000	5,000,000
Allemagne.	160,000	3,500,000
Autriche.	80,000	900,000
Espagne.	?	100,000

Les extractions tendent à augmenter dans chaque contrée par le développement naturel des consommations industrielles et domestiques ; on est donc conduit à se demander si la richesse générale des terrains houillers est telle, que ces extractions puissent continuer et suivre la progression imprimée par le mouvement général de la civilisation. Cette question de l'avenir des houillères a été souvent étudiée, notamment en Angleterre, où la production semble avoir atteint une proportion exagérée ; on a donc cherché à calculer quelle pouvait être la quantité de houille contenue dans les bassins principaux, afin d'évaluer la durée probable des exploitations qui y sont établies. Ces calculs sont bien incertains, car ils diffèrent considérablement les uns des autres selon qu'ils ont été faits par des observateurs différents ; cependant ils sont utiles en ce qu'ils donnent au moins une idée approximative de ce qui est possible. Voici un exemple appliqué au bassin de Newcastle :

Ce bassin contient environ quarante couches de houille, dont les plus puissantes ont 1,80, 1,20, 0,90, et les moins puissantes, qui ne peuvent être exploitées, 0,20, 0,10. Le docteur Thompson calcula que la puissance totale des couches était de treize mètres, dont quatre mètres n'étaient pas exploitables. Les extractions pouvant s'étendre sur un espace de 466 kilomètres carrés, le massif produirait trois millions de mètres cubes pendant quinze siècles. Mais les deux géologues Sedgwick et Buckland réduisent beaucoup la superficie exploitable, à cause des failles, des brouillages, des étranglements et accidents de toute nature, et limitent à quatre siècles la production du bassin[1].

[1] M. Hugh Taylor, ingénieur du duc de Northumberland, présenta à

Les calculs faits sur la richesse du pays de Galles assurent une durée encore supérieure. Ainsi, M. Backerwel estime qu'il y a 1,200 milles carrés de terrain houiller, présentant un ensemble de couches dont les épaisseurs réunies ont 95 pieds anglais, ce qui fait 64,000,000 tonnes par mille carré ; il réduit cette quantité à la moitié, à cause des accidents et des pertes, et trouve encore, pour 600 milles carrés supposés exploitables, un total de 19 milliards de tonnes. Ce bassin du pays de Galles pourrait donc suffire à toute la production anglaise pendant cinq cents ans.

Des calculs de ce genre ne peuvent être considérés que comme des approximations très inexactes, mais ils suffisent pour tranquilliser sur l'avenir des houillères. Nous n'appliquerons cette méthode de cubage aux principaux bassins de la France, qu'après en avoir présenté aussi exactement que possible les éléments. Contentons-nous de dire que nos bassins houillers sont généralement très riches en combustibles, et que le domaine de l'inconnu y est encore très grand, même sous le rapport des surfaces, puisque, dans beaucoup de cas, le terrain houiller disparaît sous des

---

la chambre des lords, en 1829, un calcul différent ; il augmente la surface exploitable et diminue la puissance moyenne. Les couches de houille y occupent, dit-il, 732 milles carrés sur 12 pieds d'épaisseur moyenne, ce qui fait, à raison de 12,390,000 tonnes par mille, la somme de 9,069,480,000 tonnes. Retranchant, pour les pertes, les piliers qu'on laisse, etc., le tiers, c'est-à-dire 3,023,160,000, il reste encore 6,046,320,000 qui, divisés par les 3,500,000 tonnes exploitées à Newcastle, etc., donnent une durée de 1,727 ans.

4

formations postérieures. Dans les bassins les plus activement exploités, tels que ceux du Nord, de la Loire et de
Saône-et-Loire, des recherches récemment entreprises ont
mis en évidence des richesses nouvelles et inattendues, et
ont démontré qu'un vaste champ est encore ouvert aux
travaux d'exploration.

Sous ce rapport, rien ne doit être négligé en France, car
l'accroissement des consommations y est si rapide, qu'on
ne peut prévoir le chiffre auquel elles seront arrivées dans
un demi-siècle. L'établissement des grandes lignes de chemins de fer donnera une nouvelle impulsion à cet accroissement, en portant les combustibles minéraux dans des
contrées qui en connaissent à peine les applications. Les
usages domestiques et agricoles, bornés aujourd'hui, deviendront généraux, et telle est l'influence de ces usages
que le seul chaulage de la terre absorbe, dans certains
départements, la majeure partie des houilles produites. Si,
enfin, nous jetons un coup d'œil sur les consommations industrielles, ne voyons-nous pas la métallurgie anglaise se
substituer dans nos usines aux anciens procédés qui n'em-
ployaient que les combustibles végétaux, et ne pourrions-
nous pas avancer que les hauts fourneaux au bois seront
tellement exceptionnels dans un siècle, qu'ils deviendront
des objets de curiosité, comme les hauts fourneaux au
coke de la Voulte, du Janon et du Creuzot, l'étaient il y
a vingt-cinq ans.

M. Adolphe Brongniart, dans un rapport fait à la Société d'encouragement, sur la sylviculture, a remarqué

que les produits des houilles avaient, depuis cinquante ans, doublé tous les treize ou quatorze ans. Ainsi :

En 1789, la France produisait. . . . . . .   250,000 tonnes.
En 1815.   950,000
En 1830. 1,800,000
En 1843. 3,700,000

La consommation, y compris les importations, a suivi la même marche : de 1789 à 1843 elle s'est élevée de 450,000 à 5,300,000 tonnes. Si l'on pouvait supposer la même progression pendant une nouvelle période de cinquante années, on arriverait en 1895, au chiffre énorme de 60,000,000 de tonnes pour le produit des houillères en France.

On ne peut guère admettre une pareille progression ; mais, lors même qu'on la réduirait au quart, en supposant que la production n'atteignît que 15,000,000 tonnes, sur la fin du dix-neuvième siècle, on serait encore frappé, comme M. Adolphe Brongniart, de la disproportion qui existe entre l'état actuel de nos houillères et un pareil développement ; et cependant ce développement serait bien admissible puisqu'il n'atteindrait pas la moitié de la production actuelle de l'Angleterre.

Pour fournir à des consommations toujours croissantes, les exploitants approfondissent de plus en plus leurs travaux, et l'on est conduit à se demander si la production ne trouvera pas, dans cet approfondissement, des obstacles inattendus qui entraveront l'exploitation et la priveront d'une grande partie des ressources prévues. Cette objection

4.

est sérieuse, car nous verrons que les couches de houille descendent à des profondeurs bien plus considérables que celles qui sont atteintes actuellement. Heureusement que l'art des mines n'a pas encore fait défaut, et, lorsque surgiront de nouvelles difficultés, il les surmontera comme il a déjà vaincu celles que les premiers exploitants avaient considérées comme infranchissables.

Si l'on étudie, en effet, les progrès successifs de l'art des mines, on arrive à reconnaître que l'exploitation a été la source des plus grands progrès industriels de notre époque ; c'est elle, par exemple, qui a conduit à l'invention des machines à vapeur, et, plus tard, à celle des chemins de fer.

Les eaux qui abondent dans la plupart des mines opposaient, dans le principe, un obstacle insurmontable à la continuation des exploitations, et les travaux souterrains n'auraient pu franchir une certaine limite de profondeur si l'on n'eût trouvé des moyens mécaniques assez puissants pour épuiser ces eaux. En 1696, Savery publiait, dans un ouvrage qu'il appelait l'*Ami des Mineurs*, la description de sa machine qui, appliquée aux mines, donna une première solution du problème, solution qui fut complétée en 1705 par la machine de Newcomen. Ce fut vers 1720, et pour les houillères de Littry, que la première machine à vapeur de Newcomen fut montée en France ; à la même époque, on en monta une pareille aux environs de Liége, et plusieurs mines du Nord possèdent encore de ces machines, devenues, en quelque sorte, des monuments historiques.

Les machines du système du Cornwall sont aujourd'hui en voie de se substituer partout à ces premières machines d'épuisement; il en est dont le cylindre a 3 mètres de diamètre et qui représentent la force de six cents chevaux, c'est-à-dire, qui sont l'expression de la plus grande force créée par l'industrie.

C'est encore pour le service des mines que furent inventés les premiers chemins de fer: c'était d'abord un chemin de bois garni de fer, posé sur le sol des galeries de roulage; en 1700, furent établies à Newcastle les premières voies à ornières, de construction régulière; enfin, les premières locomotives qui furent faites, vers 1810, étaient consacrées au transport des charbons.

En France, c'est aux houillères de la Loire que nous devons notre premier chemin de fer, celui de Saint-Étienne à Andrézieux, construit en 1809; plus tard, les chemins de fer de Saint-Étienne à Lyon et d'Andrézieux à Roanne, qui ont également précédé tous les autres, ont été construits principalement pour le transport des charbons. Il en fut de même en Angleterre et en Belgique, où les exploitants ont été les véritables inventeurs de tous les détails de la voie, des plans automoteurs, des plans inclinés avec machine fixe, enfin des premiers essais mécaniques qui ont conduit à la locomotive.

Pénétrons dans les exploitations; nous verrons les mineurs exécutant, dans leur carrière périlleuse, les travaux les plus ingénieux, et réalisant toujours de nouveaux progrès, alors que le progrès ne paraît plus possible. Il semble que l'esprit humain devienne plus réfléchi dans l'obscurité du travail souterrain, et que les dangers du métier le stimulent. Nous avons vu les mineurs opposer aux eaux la machine du Cornwall, aux difficultés du transport, les chemins de fer; les voici qui combattent le grisou par les lampes de sûreté, et se procurent de l'air frais, au fond de travaux d'un développement de plusieurs lieues, au moyen des machines pneumatiques les plus diverses; enfin, ils sont arrivés à donner aux appareils d'extraction une puissance telle, qu'un seul puits peut envoyer par jour, à la surface, six mille hectolitres de houille, extraits de trois et quatre cents mètres de profondeur. (Mines du grand Hornu.)

Suivons le houilleur jusque dans les tailles d'abattage, et nous serons frappés de l'immensité des travaux créés par son action incessante. Dans la Loire, deux millions de mètres cubes de houille sont extraits annuellement d'une profondeur moyenne de cent à trois cents mètres, et des remblais sont substitués aux vides produits, sans qu'aucun désordre de la superficie signale, à l'extérieur, les excavations hardies et complètes au moyen desquelles l'exploitant extrait les couches intérieures. Dans Saône-et-Loire, nous voyons, par l'adoption d'une méthode non moins rigoureuse, exploiter sans remblais, et pourtant avec la même précision, des couches de dix et vingt mètres de puissance : le sol s'affaisse, change de niveau sans se déformer, sans que la culture en soit gênée, et les zones d'affaissement tracent des lignes dont l'œil peut suivre

l'avancement ; de telle sorte, que l'observateur placé à la surface, peut accompagner le mineur dans sa marche sou-
-terraine.

Que de beaux travaux restent ainsi cachés ; travaux modestes, mais bien méritants, qui, sous la menace des sinistres les plus imminents, pénètrent chaque jour davantage dans l'intérieur du globe, et livrent à notre industrie l'élément le plus actif et le plus indispensable.

CHAPITRE II

CARACTÈRES GÉOLOGIQUES ET MINÉRALOGIQUES DES FORMATIONS CARBONIFÈRES.

Premières études faites dans le dix-huitième siècle sur les caractères lithologiques de la formation houillère — Dépôts carbonifères de la période de transition; des périodes secondaires et tertiaires. — Études sur la composition du terrain houiller; conglomérats, poudingues et grès houillers; argile schisteuse, argiles plastiques, underclay, schistes bitumineux, fer carbonaté lithoïde, bancs calcaires et siliceux. — Composition minéralogique des dépôts houillers lacustres dans le bassin de Saint-Étienne et Rive-de-Gier. — Anomalies que présentent quelques dépôts du centre de la France. — Porphyres intercalés et métamorphisme des couches à leur contact. Métamorphisme par des incendies souterrains. — Composition des dépôts houillers marins dans le nord de la France, la Belgique, l'Espagne, etc. — Composition de la formation houillère des bassins de l'Amérique septentrionale. — Répartition de la houille dans les dépôts de grès et de schistes des divers bassins. Proportions trouvées entre les épaisseurs des combustibles et des roches arénacées — Formations carbonifères antérieures et postérieures au terrain houiller.— Terrains à lignites. — Tourbières.

Les premières études faites sur les formations carbonifères furent, ainsi que nous l'avons dit précédemment, exclusivement lithologiques. On chercha d'abord à préciser les caractères des combustibles, ainsi que ceux des roches qui les accompagnaient, et semblaient être, en quelque sorte, leurs gangues ordinaires.

Cette méthode d'examen aurait conduit à des résultats précieux, si les anciens minéralogistes ne lui avaient donné une trop grande extension, en décrivant sans discernement toutes les roches des contrées houillères, et en établissant ainsi une confusion fâcheuse entre les roches réellement carbonifères et celles des terrains superposés ou sous-jacents; de telle sorte qu'ils n'arrivèrent à aucune conclusion réellement utile.

Si, cependant, on lit avec attention l'ouvrage de Morand [1], premier traité publié sur cette matière, dans lequel sont résumées avec un soin minutieux toutes les études de l'époque, on sera étonné d'y retrouver tous les éléments des observations ultérieurement faites. Ainsi, Morand décrit avec un soin particulier les roches qui forment ce qu'il appelle la couverture immédiate de la houille; il distingue le *schiste* ou *fausse ardoise*, contenant des empreintes végétales, et qui a, dit-il, un rapport décidé avec le schiste ardoisier. Il distingue aussi cette roche, nommée dans le pays de Liége la *pierre*, qui fait feu avec l'acier, est disposée par feuillets quarzeux, et est mêlée de paillettes de mica; il l'appelle le *grez*. Dans plusieurs passages, il signale l'analogie qui existe entre les schistes et les grès qui accompagnent la houille des diverses localités.

Or, il aurait suffi à Morand de suivre cet ordre d'idées, pour arriver à cette conclusion que nous avons déjà énoncée : que la presque totalité des combustibles minéraux

---

[1] *L'art d'exploiter les mines de charbon de terre*, publié en 1768.

sont concentrés dans un terrain spécial, que nous appellerons *terrain houiller* ou *formation houillère*, lequel est composé de grès et de schistes particuliers, et placé à la partie supérieure des terrains de transition.

La dénomination de formation carbonifère ne doit pas être appliquée seulement aux dépôts de l'époque houillère; dans les terrains inférieurs et supérieurs à ces dépôts, il existe accidentellement des bassins où se sont formées des couches combustibles, qui alternent avec les autres roches. Les anciens minéralogistes avaient séparé, de la houille proprement dite, la houille des calcaires, qui représente ce que nous appelons aujourd'hui les lignites; ils avaient signalé son existence, notamment en Provence et dans la vallée du Rhin.

Une *formation carbonifère* est donc composée d'un système, ou faisceau de couches appartenant à une même période de dépôt, et suivant toutes la même allure. Généralement, ce système de couches repose en stratification discordante sur les formations plus anciennes, et souvent il est lui-même recouvert par des formations plus modernes, différant également par les directions et les inclinaisons de leurs couches.

Après la spécification minéralogique des formations carbonifères, deux ordres d'idées et d'observations ont surtout contribué à compléter nos connaissances : ce sont, en premier lieu, les études sur l'allure des couches de chaque formation, et sur la structure physique et géographique des bassins; et, en second lieu, celles qui ont permis de constater les relations géognostiques qui existent entre les formations carbonifères et la série des terrains sédimentaires. Nous suivrons d'abord, dans leurs détails, les études faites sur la formation houillère proprement dite, afin d'en préciser les caractères, sous le double rapport de sa position géognostique et de sa composition minéralogique.

Caractères géologiques de la formation houillère.

Le premier examen de la forme et de la structure des gîtes houillers eut pour résultat de mettre en évidence la *stratification* régulière du terrain, dans toute l'étendue des bassins. Ce fait était d'autant plus facile à constater, que la plupart des premières exploitations se faisaient à ciel ouvert : ainsi, dans le bassin de la Loire, il n'y avait en 1767 qu'une seule mine procédant par puits et galeries. On pouvait donc, sur les escarpements de ces exploitations à ciel ouvert, vérifier immédiatement la disposition de la houille et des roches associées, en strates ou couches distinctes, superposées les unes aux autres, avec un parallélisme complet des lignes de division. Aujourd'hui, il reste peu d'exploitations à ciel ouvert, et partant, peu de ces escarpements où les caractères du terrain, avivés par la fraîcheur des cassures, soient rendus palpables pour tout le monde. Cependant il en existe encore quelques-unes dans les bassins de la Loire, de l'Allier et de l'Aveyron, et, d'ailleurs, les carrières ouvertes dans les grès permettent d'observer directement ces caractères de stratification.

M. Alexandre Brongniart nous a laissé un de ces dessins, classiques en géologie, qui expriment d'une manière heureuse plusieurs faits importants; c'est celui de l'exploitation à ciel ouvert du Treuil, près Saint-Étienne. On y distingue les grès à structure massive, les schistes dont la stratification est détaillée et fissile, contenant souvent des rognons de fer carbonaté, enfin la houille disposée elle-même en couches alternant avec les schistes. L'excavation était ouverte suivant la direction des couches; celles-ci paraissaient horizontales, mais, en réalité, elles étaient inclinées, de telle sorte qu'à mesure que l'exploitation enlevait le terrain, les lignes d'affleurement s'abaissaient. Aujourd'hui, l'avancement des travaux est tel, qu'on ne rencontre plus la couche supérieure de houille qu'à la base de l'escarpement, et que dans toute la hauteur de la carrière on ne voit plus que les grès supérieurs.

Les escarpements naturels, sans présenter des surfaces aussi nettes que celles des carrières, facilitent encore l'étude des roches et de leur structure stratifiée. Les chantiers souterrains, dans lesquels on abat la houille et souvent aussi les roches du toit, permettent de compléter ces observations, et de reconnaître que toutes ces roches sont stratifiées non seulement dans l'ensemble, mais aussi dans tous les détails de leur structure. Ainsi, les couches de grès, de schistes, et même les couches de houille, sont composées de bancs superposés, distincts par les variations de grain, de pureté, de consistance, de couleur; dans les parties schisteuses, la division se poursuit même, parallèlement au plan de stratification, jusqu'à une structure fissile, comme celle de l'ardoise.

Le premier examen des roches qui constituent les dépôts houillers démontre encore leur *origine arénacée*. Cette origine est évidente dans les grès à gros grains, poudingues et conglomérats, composés de cailloux roulés, identiques aux galets roulés actuellement par les fleuves, ou par les mouvements de la mer. On voit, en rapportant la position de ces galets à la stratification des couches, que cette position est celle qui résulte des lois de la pesanteur. Les galets ovoïdes sont toujours disposés de telle sorte que leurs grands axes sont parallèles aux lignes de stratification; des nodules aplatis sont placés sur leurs faces plates et non sur champ; enfin, dans les grès fins et dans les schistes, les paillettes de mica sont déposées suivant des plans parallèles aux couches, de manière à donner à ces roches une cassure facile, nette et luisante dans le sens de ces plans, tandis que, dans un sens transversal, les cassures sont plus difficiles et présentent des surfaces inégales et mates.

L'étude de tous les détails de la stratification conduit donc à considérer comme formées par voie sédimentaire, les couches de grès et schistes dans lesquels les combustibles ont été interstratifiés par des phénomènes spéciaux.

Ce fait, de la stratification, conduisit à examiner les positions les plus ordinaires des couches; on en mesura les directions et les inclinaisons, et l'on fut amené à déduire, de ces mesures, des conclusions qui trouvaient leur application immédiate dans les travaux d'exploitation et de recherche. Chose remarquable, les mineurs mettaient à profit ces premières études, tandis que Morand, qui dessinait des coupes et transcrivait leurs observations, n'en tirait lui-même aucune déduction qui permette de supposer qu'il en ait apprécié la valeur. Si donc, aujourd'hui, la théorie vient souvent en aide à la pratique, nous devons reconnaître que les praticiens du siècle dernier précédaient de beaucoup les hommes de science.

Une coupe publiée par Morand, en 1767, prouve que les mineurs qui la lui avaient fournie avaient reconnu la discordance de stratification des terrains houillers et des *morts-terrains* qui les recouvraient. Mais, comme preuve plus frappante encore, n'avons-nous pas les admirables travaux de Desandrouin, qui, guidé par ses observations sur la direction des couches houillères au-dessous de la craie, commençait, en 1717, ses recherches sur le territoire de Fresne. Malheureusement Desandrouin n'a publié aucune de ses observations; s'il nous eût transmis les études qui le guidèrent, ce travail serait un des monuments les plus intéressants de l'histoire de la géologie.

La spécification du terrain houiller, caractérisé par la nature de ses dépôts et par leur position géognostique constante, était déjà déterminée à l'époque où M. d'Aubuisson écrivait son traité. Ce terrain fut d'abord classé à la base des terrains secondaires, mais, depuis, il est généralement regardé comme constituant la formation supérieure des terrains de transition.

Cette grande période des terrains de transition se compose

d'une série de formations successives, que leurs caractères géognostiques et minéralogiques ont permis de distinguer et de classer. On a reconnu que ces formations avaient été déposées dans des bassins successifs, de grandeur décroissante, et que les dépôts se trouvaient superposés les uns aux autres en stratification discordante, de telle sorte que les périodes pendant lesquelles ils s'étaient effectués avaient dû être séparées par des soulèvements ou affaissements de la surface. Ces dépôts de transition se terminent par des dépôts plus circonscrits et plus clairsemés que tous les autres, et dont les caractères arénacés deviennent de plus en plus évidents; ce sont les dépôts de la période houillère, dans lesquels les couches combustibles jouent un rôle important.

Nous avons indiqué, dans le chapitre précédent, la distribution des dépôts houillers, en bassins circonscrits, dispersés sur les surfaces de transition, tantôt sur les régions littorales des massifs, tantôt dans des dépressions qui y représentent d'anciennes vallées. Ces dépôts sporadiques sont caractérisés d'une manière remarquable par la présence du carbone disséminé dans les roches, et surtout rassemblé en couches, tantôt peu nombreuses et puissantes, tantôt, au contraire, très multipliées mais de peu d'épaisseur.

La formation houillère, lorsqu'elle s'est déposée sur une grande échelle et dans des eaux marines, comme en Amérique, en Angleterre, en Belgique, est généralement superposée à la formation du calcaire carbonifère. Ce calcaire, bien caractérisé par de nombreux fossiles (productus, spirifères, évomphales, bellérophons, orthocères, etc.), permet d'établir quelques distinctions entre les époques de dépôt des divers bassins houillers ; quelques-uns sont antérieurs au calcaire carbonifère, la plupart lui sont immédiatement postérieurs.

Les dépôts carbonifères antérieurs à la véritable formation houillère sont représentés, en France, par le terrain anthraxifère des environs de Roanne ; par celui de la basse Loire, depuis Doué jusqu'à Nort ; par ceux de Sablé, dans la Sarthe et la Mayenne.

Le meilleur moyen de reconnaître l'âge de ces premiers combustibles, qui comprennent à la fois de véritables anthracites comme à Roanne et à Sablé, des houilles maigres comme celles de Montjean, Layon et Mouzeil, et des houilles demi-grasses comme celles de Nort, est de chercher à caractériser les calcaires qui les accompagnent presque toujours. C'est ainsi qu'on a pu reconnaître que les calcaires de Sablé, supérieurs aux couches combustibles, étaient bien réellement le calcaire carbonifère, et que, par conséquent, tous les dépôts anthraciteux de ce pays étaient antérieurs à la période de ces dépôts calcaires.

En interrogeant, en outre, les conditions de la stratification, M. Élie de Beaumont était arrivé à reconnaître l'antériorité de ces premiers bassins carbonifères, comparativement à la formation houillère proprement dite. Le système des soulèvements dont la direction est représentée par celle des ballons des Vosges et des collines du Bocage est, dit-il, postérieur au plissement des couches anthraxifères de la Loire-Inférieure et des départements de la Sarthe et de la Mayenne; mais il est antérieur au dépôt du véritable terrain houiller qui, à Saint-Pierre-la-Cour, repose en stratification discordante sur les tranches de ces couches anthraxifères. Or, le calcaire de Sablé, reconnu bien positivement comme l'équivalent du calcaire carbonifère, participe au plissement des contrées environnantes, dont la direction appartient essentiellement au système de soulèvement des ballons et des collines du Bocage; donc ce système de soulèvement doit être considéré comme ayant pris naissance après le dépôt du calcaire carbonifère et avant le dépôt du terrain houiller, qui, dès lors, constituent réellement deux *terrains distincts*[1].

Les terrains houillers de l'Amérique du Nord paraissent aussi être antérieurs à la formation houillère proprement dite. Ainsi, M. Élie de Beaumont y retrouve le système des ballons des Vosges et des collines du Bocage, dont la direction O. 16° N. — E. 16° S., est reproduite dans les Alléghanis par celle E. 43° N. — O. 42° S., ces deux directions appartenant au même grand cercle. Les couches du grand bassin houiller des Alléghanis, violemment relevées sur toute la lisière orientale, participent à ces mouvements du système des Vosges; d'où M. Élie de Beaumont conclut que les terrains houillers de l'Amérique appartiennent réellement à la formation du calcaire carbonifère.

[1] Élie de Beaumont. *Société géologique*, Bulletin du 17 mai 1847.

Ces terrains sont, il est vrai, arénacés et supérieurs aux principaux calcaires carbonifères, mais, dans plusieurs contrées, les roches arénacées se substituent aux calcaires : tels sont, notamment, les grès du Northumberland, les grès calcifères de l'Écosse, et les terrains de la vallée du Donetz ; les terrains des États-Unis seraient donc une quatrième exception à la composition normale. D'après cette opinion de M. Élie de Beaumont, les terrains houillers de l'Amérique, contemporains de la partie supérieure du calcaire carbonifère, formeraient une seconde époque de génération houillère, postérieure à la période des anthracites de la basse Loire et de la Mayenne.

La véritable période houillère, celle à laquelle se rapportent, en Europe, tous les dépôts combustibles de quelque importance, arrive ainsi en troisième ligne. On y doit comprendre tous les bassins houillers de l'Angleterre, de la France, de la Belgique, de l'Allemagne, etc., que nous avons énumérés dans le chapitre précédent.

Cette période houillère est d'ailleurs caractérisée par des dépôts spéciaux. Ce sont, d'abord, des grès houillers de toutes grosseurs, comprenant des conglomérats, poudingues, grès plus ou moins fins ; en second lieu, des argiles schisteuses, délitables, ordinairement très fissiles, contenant accidentellement des nodules de fer carbonaté lithoïde. Ces roches ne diffèrent pas beaucoup de celles des dépôts carbonifères qui ont immédiatement précédé la période houillère ; ainsi, il serait réellement impossible de distinguer les grès du bassin anthraxifère de la Loire, des roches correspondantes de la plupart des bassins houillers. Aux États-Unis, la composition du terrain s'individualise uniquement par l'intervention de quelques bancs calcaires, et par la prédominance de couleurs des dépôts arénacés et schisteux : le verdâtre, le jaunâtre et le rouge, couleurs normales lorsque les dépôts arénacés ne sont pas, comme ceux des terrains carbonifères, colorés en gris, ou même en noir, par une grande quantité de carbone disséminé.

Les caractères minéralogiques du terrain houiller proprement dit, peuvent donc être considérés comme de véritables types de composition, pour tous les dépôts carbonifères appartenant à la période de transition supérieure ; seulement, les dépôts carbonifères antérieurs se distinguent par la présence des calcaires, et par la nature des argiles d'autant moins délitables, et se rapprochant d'autant plus des caractères du schiste argileux, que ces dépôts sont eux-mêmes plus anciens.

La séparation entre la formation houillère et le calcaire carbonifère n'est pas toujours aussi nette qu'on pourrait le croire d'après ce que nous avons dit précédemment. Dans le nord de la France, et dans la Belgique, les deux formations sont généralement en stratification concordante, ce qui avait d'abord conduit à les comprendre dans un même terrain. Sur quelques points, et notamment à Château-l'Abbaye, il existe même un véritable passage entre la formation du calcaire carbonifère et la formation houillère superposée. Ce passage, constaté par les travaux souterrains, était déterminé par les alternances des schistes houillers inférieurs avec les bancs calcaires supérieurs, et par la présence de quelques couches de houille anthraciteuse intercalées dans les couches calcaires.

Le plus souvent, cependant, le passage n'existe que par la concordance de la stratification et par l'insertion, dans le calcaire carbonifère, des gros poudingues et grès qui constituent ordinairement les premières assises des dépôts houillers. Ainsi, dans toute la Belgique, les gros grès à cailloux quarzeux forment plusieurs systèmes de couches, dits systèmes quarzo-schisteux, qui alternent avec les calcaires carbonifères; la formation houillère commence immédiatement au-dessus de ces calcaires, par des schistes fins, parmi lesquels se trouve l'ampelite alumineux.

En Angleterre, la séparation est nettement marquée, dans la plupart des districts houillers, par la présence des gros grès à cailloux quarzeux, dits *millstone grit*, placés à la base des dépôts houillers. Nous avons trouvé cette même disposition à l'autre extrémité de l'Europe, dans le bassin d'Espiel et Villaharta en Andalousie, où le millstone grit, très bien développé, sépare les roches houillères, du calcaire carbonifère; il est même probable qu'à Belmez, près Espiel, les roches houillères reposent sur le calcaire carbonifère, en stratification discordante.

Arrivé à son maximum, pendant la période houillère, la formation des couches combustibles intercalées dans les dépôts sédimentaires, s'arrête tout à coup, et, dans toute la période secondaire, l'on n'en trouve plus que quelques rares réminiscences. Ainsi, les couches charbonneuses des marnes irisées (Noroy, Gemonval, Grozo n, etc.) sont si peu puissantes, qu'il y a à peine lieu de les mentionner dans une histoire générale des combustibles.

Il existe en Europe quelques bassins carbonifères rapportés à l'époque du lias (environs de Milhau, en France; Yorkshire, en Angleterre); mais ces bassins sont sans étendue, et les couches combustibles y ont peu de puissance et peu de continuité.

Les anthracites des Alpes, houilles métamorphiques des périodes jurassique et crétacée, nous fourniraient un exemple plus important d'un retour des phénomènes de la génération du carbone, si le fait était moins local. C'est seulement dans la période tertiaire, que nous retrouvons quelques bassins, indiqués par des dépôts réguliers, assez riches en bancs combustibles pour être comparés à certains bassins de l'époque houillère; tels sont les bassins tertiaires, à lignites, de la Provence et du nord de l'Italie.

Enfin, la période actuelle, qui marque évidemment un arrêt important dans la série des révolutions du globe, nous rappelle, par l'existence de la formation tourbeuse, les faits de la génération du carbone. Cette formation occupe, en effet, dans presque toutes les contrées de l'hémisphère boréal, des bassins circonscrits et clair-semés, et, sur quelques points, l'accumulation du carbone semble encore s'y continuer aujourd'hui.

Caractères minéralogiques de la formation houillère.

La formation houillère est la seule, parmi toutes les formations sédimentaires, dans laquelle le carbone soit assez fréquent, et en quantité assez considérable, pour que la détermination du terrain soit déjà une condition de probabilité en faveur d'une recherche de houille. Comme cette formation renferme d'ailleurs la presque totalité des combustibles minéraux exploités, l'intérêt de nos études s'y concentre presque exclusivement.

Cette formation est déjà nettement définie par sa position géognostique : elle représente une période spéciale, et si tous les dépôts qui s'y rattachent ne sont pas exactement contemporains et simultanés, leur position entre les terrains de transition et les terrains secondaires n'est pas moins un caractère général, très utile pour les recherches. Ainsi, dans le nord de la France et dans la Belgique, on cherche constamment la formation houillère, au-dessous des terrains crétacés, et au-dessus des calcaires carbonifères; dans le centre et le midi, on la trouve, tantôt au-dessous des roches arénacées du trias, tantôt au-dessous des dépôts calcaires du lias, et au-dessus des terrains schisteux et granitiques.

Les caractères minéralogiques de la formation houillère ne sont pas moins précis que ses caractères géognostiques; pour bien les définir, il est nécessaire de revenir, avec quelques détails, sur les conditions générales de la composition des dépôts, afin de pouvoir aborder ensuite, avec plus de simplicité, les diverses descriptions locales que nous présenterons comme types.

Dans un terrain sédimentaire, on peut généralement distinguer deux classes de dépôts : les dépôts arénacés, formés, par l'action érosive et sédimentaire des eaux, aux dépens des roches préexistantes ; et les dépôts formés par la précipitation chimique des principes que ces eaux ont tenus en dissolution. Ces derniers dépôts, ordinairement calcaires ou siliceux, sont rares dans la formation houillère proprement dite, car elle ne comprend guère que des dépôts arénacés.

Nous avons dit que les terrains houillers lacustres étaient composés de grès et schistes houillers, roches de transport formées aux dépens des roches de transition et des granites qui les encaissent ; mais cette définition, appliquée aux grands bassins marins, tels que ceux de l'Angleterre, de la Belgique et du nord de la France, n'aurait plus la même exactitude. Les bassins marins, bien plus vastes que les autres, ne présentent guère que des grès et des schistes, dans lesquels on ne reconnaît plus les roches de transition des contrées voisines. Les éléments quarzeux semblent les seuls qui aient pu résister aux transports éloignés et à l'action sédimentaire qui s'est exercée, dans ces bassins, d'une manière bien plus large que dans les bassins lacustres. Les roches y sont généralement d'un grain plus fin, et présentent plus d'homogénéité et de constance dans leurs caractères.

Les dépôts houillers de ces grands bassins marins reposent généralement, en stratification concordante, sur les calcaires carbonifères, calcaires gris, gris bleuâtres et quelquefois noirs, dont les bancs supérieurs alternent, dans quelques cas, avec les premières roches arénacées et les premières couches combustibles. Dans les bassins de l'Amérique, les alternances calcaires se prolongent dans toute l'épaisseur de la formation houillère, soit par petits bancs intercalés dans les grès, psammites et schistes houillers, soit par nodules tuberculeux stratifiés dans les argiles. Cette composition particulière concorde avec une différence dans l'âge géognostique, et les calcaires doivent être considérés comme des roches exceptionnelles, dans les dépôts de la formation houillère.

Les grès houillers sont beaucoup moins variés qu'ils le semblent au premier examen de la plupart des bassins; ce sont les variations de grosseur des grains qui leur donnent des apparences diverses. Mais, si on se reporte à la définition qui en a été donnée précédemment, on voit que ces grès sont des roches d'agrégation, formées des débris roulés de toutes les roches du terrain de transition; lors donc, que les fragments sont assez gros pour qu'on puisse distinguer les roches ainsi roulées et agrégées, on y reconnaît facilement les granites, gneiss, micaschistes, schiste argileux, qui constituent les dépôts de transition; on reconnaît même, dans beaucoup de cas, la provenance de ces fragments, ainsi que cela arrive pour les conglomérats qui forment la base du terrain houiller dans le bassin de Saint-Étienne. Lorsque le dépôt, au lieu d'être formé de galets distincts, est composé d'éléments plus triturés, par exemple de grains ayant moins d'un centimètre dans leur plus grand diamètre, les éléments des roches de transition sont séparés, et le quarz et le feldspath, mélangés d'un peu de mica, constituent une arkose grossière. Si le grain diminue encore de grosseur, les fragments de quarz deviennent tout à fait dominants, la roche prend de la solidité, et représente le véritable grès, exploité souvent comme pierre de taille. Un effet inverse se produit, au contraire, dans les grès tout à fait fins; ils perdent leur solidité, parce que le mica y prend de l'importance, les rend plateux, et les fait passer au psammite.

Généralement, lorsque l'on considère l'ensemble des dépôts, on trouve les conglomérats et les poudingues à gros éléments, concentrés à la base; les arkoses grossières dans la partie moyenne; tandis que les grès fins et les psammites dominent, avec les argiles schisteuses, dans la partie supérieure.

Les grès houillers, composés des mêmes éléments que les granites, s'en distinguent facilement par les proportions relatives de ces éléments, et par leur structure arénacée. Ainsi, le quarz y est en bien plus grande proportion, et les grains en sont roulés; les grains de feldspath sont, non seulement amoindris et déformés par la trituration, mais ils sont souvent, en partie, décomposés et kaolineux. On conçoit, cependant, d'après la définition de ces grès, que, dans quelques cas, il peut exister, entre eux et les roches granitiques, une sorte de conformité d'aspect, qui constitue un véritable passage minéralogique. Ainsi, certains grès houillers de Saint-Bérain (Saône-et-Loire), composés de gros grains de feldspath rose et de quarz translucide, fortement agglutinés et parsemés de quelques paillettes de mica, prennent accidentellement l'apparence de granites ou de porphyres quarzifères; la ressemblance est telle, que certaines parties du terrain houiller avaient été d'abord rapportées au terrain primitif, tandis que, depuis, on a reconnu que ces grès à gros grains feldspathiques, alternent avec des grès plus fins, qui contiennent des impressions végétales, et se trouvent placés vers la partie supérieure des dépôts.

Les grès fins, lorsque leurs éléments deviennent tellement petits qu'il est difficile de les distinguer et de reconnaître leur nature, sont ordinairement schisteux; cette structure est surtout déterminée par l'interposition du mica, dont les paillettes, concentrées dans certains plans de stratification, facilitent la cassure et la division de la roche suivant ces plans. Cette disposition particulière du mica, et son abondance plus prononcée que dans les autres variétés, ont fait donner aux grès fins et plateux le nom particulier de *psammite schistoïde*. Ces grès fins sont blancs, grisâtres ou jaunâtres, comme les variétés de grès grossier; néanmoins, ils sont plus sujets à se charger d'un carbone très divisé, qui leur donne un aspect noirâtre.

Ces grès fins et schisteux alternent d'habitude, en couches peu épaisses, avec des couches de schistes houillers ou argile schisteuse, dans lesquelles on remarque un nombre encore plus grand de lignes de stratification. Ces lignes sont indiquées par des variations de couleur, du jaunâtre au gris et au noir; par des variations de grain et de dureté; par une facilité plus ou moins grande à absorber l'eau atmosphérique et à se déliter; enfin, par la structure fissile de la roche.

Les schistes houillers sont quelquefois micacés, mais, le plus souvent, le mica y est imperceptible comme les autres éléments constituants. La texture schisteuse y est alors déterminée par les variations de nature indiquées précédemment, et quelquefois, par l'interposition d'une grande quantité de débris végétaux fossiles, qui se détachent en noir sur le fond argileux. La nature argileuse des schistes houillers ne se manifeste qu'après quelque temps d'exposition à l'air humide; ils se gonflent en absorbant de l'eau, et se délitent; les feuillets délités se lèvent, et, si l'on vient à y porter la main, on sent que la surface en est onctueuse comme celle des véritables argiles.

Si l'on étudie la composition des schistes, en procédant à leur analyse mécanique, c'est-à-dire en séparant les parties délayables, des substances qui s'y trouvent disséminées, on voit que ces schistes sont toujours composés d'argile, de quarz et de mica. On peut donc les considérer, aussi bien que les grès, comme formés aux dépens des roches de transition préexistantes, avec cette différence, que les éléments constituants sont réduits à une grande ténuité, et que le feldspath a subi une décomposition qui en produit la nature plus ou moins ar-gileuse.

Les schistes houillers sont, encore plus souvent que les grès fins, colorés par du carbone disséminé en proportion variable. En se chargeant de carbone, ils deviennent moins délitables, et plus sujets à être mélangés de débris végé-taux ; ces débris, troncs, branches ou feuilles, sont pres-que toujours couchés dans le sens de la stratification, et donnent quelquefois à la roche une structure ondulée.

Le schiste houiller est la roche le plus fréquemment en contact avec les couches de houille ; quelquefois même il s'interpose dans ces couches, et y forme des petits lits ou *nerfs* plus ou moins continus. Les schistes intercalés dans la houille sont, le plus souvent, très carburés, quelquefois bitumineux, et, dans la plupart des bassins, on peut faci-lement recueillir des séries de roches qui établissent le passage entre les grès fins, les schistes et la houille.

En résumé, les schistes complètent, dans la composition du terrain houiller, cette série de dépôts arénacés dont les éléments diminuent de plus en plus de grosseur ; de telle sorte que, depuis les conglomérats et brèches de la base, jusqu'aux argiles schisteuses, les roches à éléments fins ont d'autant plus d'importance, que l'on s'est élevé da-vantage.

Les grès de toutes grosseurs sont ordinairement les ro-ches dominantes de la formation houillère. Plus la forma-tion est carbonifère, ou, en d'autres termes, plus est grande la proportion des couches combustibles, plus est grande aussi la quantité de carbone répandue dans les dépôts, comme principe colorant. Les couleurs grises et noirâtres sont donc les couleurs caractéristiques des dépôts houillers riches en couches combustibles.

Dans les dépôts stériles, ou à peu près, comme certains terrains houillers des bassins de l'Amérique du Nord, et notamment ceux du Canada et du Michigan, les couleurs jaunes ocreuses, rouges ou verdâtres, sont les couleurs normales des roches. Ce caractère est tellement incontestable, qu'il se reproduit très nettement dans les portions stériles qui se rencontrent dans les bassins riches en couches combustibles. Ainsi, dans le bassin de la Loire, le système des couches inférieures, dit de Rive-de-Gier, est séparé du système des couches supérieures, dit de Saint-Étienne, par une épaisseur d'environ 300 mètres de dépôts stériles; or, dans cette épaisseur, les grès verdâtres et les grès rouges jouent un rôle assez important pour qu'il en résulte un caractère spécial et très apparent.

Les débris végétaux qui abondent dans presque tous les terrains houillers y constituent de véritables fossiles caractéristiques. Ces débris consistent en impressions de feuilles dont la grande majorité rappelle la structure des diverses familles de fougères, soit en branches, soit en troncs tantôt striés et cannelés comme les calamites, tantôt parsemés de nœuds en quinconces comme certains végétaux des contrées tropicales (fougères arborescentes, cycadées, etc.). Ces impressions, et surtout les feuilles, se trouvent principalement dans les schistes et les psammites, les plus voisins des couches de houille, et les plus colorés par du carbone disséminé. Nous examinerons en détail, dans le chapitre suivant, les caractères de ces végétaux, dont le développement présente évidemment une connexion intime avec la formation des couches de houille.

On peut encore rencontrer, parmi les schistes du terrain houiller, deux variétés accidentelles, mais importantes par leur emploi dans l'industrie : les *argiles plastiques*, souvent *réfractaires*, et les *schistes bitumineux*.

L'argile plastique se trouve, en plus ou moins grande quantité, dans beaucoup de bassins. Sa structure massive et sa nature facilement délayable, la distinguent des argiles schisteuses qui, pour devenir délitables, ont besoin de subir une longue exposition à l'air humide. L'argile plastique ne forme que des couches peu continues et de peu d'épaisseur, 0,50 à 1 mètre, par exemple ; dans son plus grand état de pureté, elle est grisâtre, mais, à mesure qu'elle devient moins pure, elle se charge de parties charbonneuses, au point de devenir tout à fait noire. On a remarqué, en Angleterre, qu'elle est ordinairement située immédiatement au-dessous d'une couche de houille, et c'est ce qui lui a fait donner la dénomination de *underclay ;* elle est quelquefois réfractaire, *fireclay*, et devient alors précieuse à l'industrie.

La plupart des argiles réfractaires exploitées en Angleterre et en Écosse, et souvent exportées au loin pour les usages métallurgiques, appartiennent au terrain houiller : en Belgique, la terre d'Andennes sur la Meuse, si activement exploitée pour la construction des fourneaux à zinc, creusets, etc., se trouve à la base de la formation houillère, dans les alternances supérieures du calcaire carbonifère.

La fréquence et la qualité de ces argiles semblent être un des priviléges des grands terrains houillers du Nord, terrains déposés dans des eaux marines, et composés, par conséquent, de roches transportées de loin et formées d'éléments plus ténus, plus lavés et plus purifiés que les roches des bassins lacustres. Aussi, dans les bassins du centre et du midi de la France, si nous retrouvons quelques bancs d'argiles plastiques, ils n'ont d'importance ni par leur puissance, ni par leur qualité.

Les *schistes bitumineux* sont, au contraire, des roches qui appartiennent presque exclusivement aux bassins lacustres. Ce sont des schistes noirâtres, à grains très fins, homogènes, qui, au premier abord, ne se distinguent guère des argiles schisteuses ordinaires; cependant, ils sont plus compactes, plus sonores et moins délitables que les schistes ordinaires; échauffés suffisamment, ils prennent feu et brûlent avec une flamme fuligineuse. Un petit éclat mince, mis dans la flamme d'une bougie, s'allume, et brûle de manière à laisser, pour résidu, le schiste décoloré, et exfolié.

Cette propriété combustible est due à une huile, dite huile de schiste, qu'on peut retirer, par distillation, pour l'appliquer à l'éclairage, et dont la quantité varie de deux à dix centièmes.

Les schistes bitumineux ont surtout été rencontrés dans

les bassins de Saône-et-Loire. Aux environs d'Autun, ils forment, à la partie supérieure du terrain houiller, une sorte d'appendice que l'on a longtemps considéré comme postérieur. On y trouve des empreintes de poissons, et l'on en avait conclu qu'ils représentaient le zechstein; mais un examen plus minutieux a fait reconnaître qu'ils appartenaient réellement à la partie supérieure du terrain houiller; depuis, on a trouvé ces mêmes schistes dans le bassin de Blanzy, alternant avec les grès fins et avec les argiles schisteuses qui contiennent les couches de houille supérieures.

Il est naturel de rencontrer les schistes bitumineux au-dessus des couches combustibles, car celles-ci contiennent tous les éléments des huiles dont ces schistes sont imprégnés. Ces huiles doivent, en effet, résulter de décompositions qui ont eu lieu postérieurement au dépôt des combustibles; et à ce propos, il y a une remarque importante à faire : les schistes bitumineux se trouvent dans les bassins de Saône-et-Loire, précisément à la partie supérieure de la formation, c'est-à-dire au-dessus des couches de houille maigre, à longue flamme. Il n'en existe point au-dessus des houilles grasses de Saint-Étienne, ni au-dessus des houilles anthraciteuses, maréchales ou flenues du Nord, de la Belgique et de l'Angleterre; de telle sorte que nous sommes conduits à supposer qu'il existe une certaine connexité de gisement entre les houilles très oxygénées et cette transmission des huiles dans les schistes [1].

[1] Les schistes bitumineux se retrouvent, en effet, dans les formations supérieures à la houille, formations qui contiennent des combustibles de

Toutes les roches qui se rapportent soit aux grès, soit aux argiles, constituent l'élément arénacé du terrain houiller, élément qui forme la presque totalité de sa puissance ; mais on y trouve, en outre, des minéraux dus à d'autres influences, et dont quelques-uns constituent la véritable richesse de ce terrain. Ce sont, en première ligne, les *combustibles minéraux*, roches dont le carbone est l'élément principal, qui sont stratifiées en couches plus ou moins nombreuses, plus ou moins puissantes, et alternent avec les grès et les schistes[1] ; en second ligne, le *fer carbonaté lithoïde*, substance plus accidentelle, et qui, de même que la silice et le calcaire, paraît devoir être attribuée à des phénomènes de précipitation chimique.

Le fer carbonaté lithoïde, ou minerai des houillères, est gris ou gris-jaunâtre, compacte, et quelquefois un peu schisteux ; il a l'apparence lithoïde d'une argile fine, mais il s'en distingue par sa plus grande dureté, et sa plus grande pesanteur spécifique. On le trouve, le plus souvent, en nodules ovoïdes ou rognons aplatis, stratifiés dans certaines couches d'argile schisteuse ; quelquefois aussi, on le rencontre en bancs massifs, ayant de deux

plus en plus oxygénés. Aux environs de Vesoul, la formation du lias présente un grand développement de ces roches schisteuses chargées de 4 à 5 pour 100 d'huile, et qu'on appelle marnes inflammables. Au-dessus des lignites de la vallée du Rhin, abonde également le dusodyle, qui est une argile schisteuse inflammable. Cette propriété des argiles nous paraît donc devoir être attribuée à une sorte de sécrétion provenant des décompositions végétales qui ont produit les combustibles les plus oxygénés.

[1] Nous consacrerons un chapitre spécial à l'étude de ces combustibles et des phénomènes qui en ont déterminé la formation.

à trois décimètres jusqu'à plusieurs mètres de puissance.

.Le fer carbonaté lithoïde est toujours plus ou moins mélangé d'argile. Le plus pur est celui qui se trouve en nodules isolés, et c'est principalement sous cette forme qu'on l'exploite en Angleterre, notamment dans les bassins houillers de Glascow, de Dudley et du pays de Galles ; on connaît, dans ce dernier bassin, plus de douze couches d'argile ferrifère.

Lorsqu'il existe sous forme de bancs puissants et continus, le minerai est ordinairement beaucoup moins pur [1]. Dans le bassin de l'Aveyron, par exemple, il ne rend, en moyenne, que 20 pour 100, et est mélangé de phosphate de fer. A Saint-Étienne, où il existe aussi des bancs assez puissants, on n'exploite guère que les nodules disséminés dans les argiles et quelquefois dans la houille elle-même ; mais ces nodules sont assez rares pour que leur prix soit monté à plus de vingt francs la tonne.

[1] Une analyse faite par M. Dufrénoy sur le minerai en rognons de Dudley, en Stafforshire, a donné :

Acide carbonique.	32,48
Protoxyde de fer.	49,38
Chaux.	1,54
Argile.	13,10
Bitume, eau et perte.	3,50
	100,00

Les minerais en banc se surchargent encore d'argile et de silice, de telle sorte qu'ils peuvent être considérés comme des couches d'argile ou de grès imprégnées de fer carbonaté. La proportion du bitume s'est élevée, dans certains minerais en bancs, à plus de 10 pour 100 ; ils brûlent alors comme les schistes bitumineux. Quant à la proportion de phosphore, elle varie de 1 à 5 pour 100.

Cette pénurie des bassins houillers du continent, en fer carbonaté lithoïde de bonne qualité, est, comparativement aux bassins houillers de l'Angleterre, une des différences qui ont eu le plus d'influence sur les forces industrielles de chaque pays. La plupart des bassins de l'Angleterre possèdent, en effet, dans le sol même des exploitations, tous les éléments des usines ; les mêmes puits fournissent le combustible, le minerai, et jusqu'à l'argile réfractaire nécessaire à la construction des fourneaux ; de là, une puissance de production presque illimitée, puisqu'un bassin houiller arrive, en quelque sorte, à pouvoir exporter ses produits sous forme de fonte ou de fer en barres.

Il suffit d'examiner la structure des rognons de fer carbonaté pour reconnaître qu'ils ont été évidemment formés par voie de précipitation chimique ; cette précipitation s'est quelquefois effectuée autour d'un corps étranger, et les rognons ainsi formés présentent une structure par couches concentriques, rendue très manifeste par leur exfoliation lorsqu'ils se délitent. Lorsque le fer carbonaté est en bancs continus, on y trouve, comme dans les argiles, des impressions végétales qui démontrent que sa formation s'est opérée dans les mêmes circonstances d'immersion que les autres roches ; la présence presque générale du phosphore, dans les minerais ainsi disposés, rappelle en outre certains phénomènes des marais actuels.

Nous avons indiqué la silice comme ayant été, de même que le fer carbonaté, formée par voie de précipitation chimique ; elle se trouve principalement dans les grès, auxquels elle sert de ciment. En général, on remarque que, plus les éléments siliceux dominent dans un grès, plus l'aggrégation est forte, comme si la silice qui sert de ciment avait été empruntée aux matériaux tenus en suspension par les eaux sédimentaires. Ainsi, les bancs de grès d'où l'on extrait les pierres de construction à Saint-Étienne sont des grès assez fins, presque entièrement siliceux et fortement cimentés, tandis que les grès très feldspathiques qui abondent dans les bassins du centre (Blanzy, le Creuzot, Épinac, etc.,) sont, au contraire, si peu aggrégés, qu'ils peuvent rarement être utilisés dans les constructions régulières.

Dans quelques circonstances, il existe des concentrations de dépôts siliceux qui constituent des bancs non continus; la mine du Cros, près Saint-Étienne, en est un exemple; la silice y est mélangée avec le fer carbonaté; elle est noire, à cassure conchoïde, et rappelle tout à fait, par ses caractères, les silex noirs de la craie. Mais ces concentrations, dont nous pourrions citer beaucoup d'exemples, ne sont que des faits exceptionnels, et la silice ne joue, le plus souvent, que le rôle de ciment.

Quant aux calcaires dont nous avons signalé l'existence accidentelle dans quelques formations houillères, ils sont ordinairement compactes, noirs, gris, ou jaunâtres, et se rapprochent, par tous leurs caractères minéralogiques, des calcaires carbonifères inférieurs; soit qu'ils se trouvent en couches plus ou moins puissantes, soit qu'on les rencontre en nodules tuberculeux, stratifiés dans les argiles schisteuses.

Du reste, toutes les roches de la formation houillère

sont sujettes à des variations que nous n'avons pu indiquer dans cet énoncé général de leurs caractères, et, pour compléter leur description, il est nécessaire d'étudier, avec plus de détail, les roches déposées dans les bassins que nous considérons comme des types de la formation.

Caractères du terrain houiller dans les bassins lacustres du centre et du midi de la France.

Dans aucun bassin, on ne rencontre une série de roches aussi nombreuse et aussi complète que dans le bassin de la Loire ; les grès y sont de toutes grosseurs de grains, roulés ou anguleux ; ils présentent, ainsi que les schistes, toutes les variations de couleur et de dureté. Ces grès et schistes forment une série de roches dont les éléments décroissent de grosseur et que l'on peut rapporter aux types suivants.

1° Les *conglomérats anguleux,* formés de très gros fragments de gneiss, granites, micaschistes, stéachistes et quarz, à peine liés entre eux par un sable plus ou moins argileux. Ces conglomérats changent d'apparence suivant la grosseur et la nature des blocs, et suivant l'abondance et la nature minéralogique de l'espèce de mortier qui les lie. Dans certains cas, ce mortier est très ferrugineux et donne aux conglomérats houillers l'apparence de très gros grès rouges.

2° Les *poudingues grossiers,* que dans le bassin de la Loire on désigne sous la dénomination de *grosse gratte,* reproduisent tous les caractères des conglomérats ; seulement, ils sont composés de fragments plus roulés et plus agglutinés entre eux. Dans les *poudingues* ou *grattes* ordinaires, un échantillon de quelques décimètres carrés de superficie peut déjà présenter plusieurs variétés de roches.

Cette première classe de dépôts a donc pour caractère d'être composée d'éléments assez volumineux pour qu'on puisse distinguer la nature des roches constituantes, et, souvent même, indiquer approximativement le point d'où ils proviennent. On remarque, en outre, que les fragments de telle roche prédominent dans tel district plus ou moins étendu : ici, par exemple, les granites domineront parmi les fragments, là ce seront les micaschistes, plus loin les stéaschistes ; mais, plus les éléments se réduisent à de petites dimensions, plus ces éléments sont mélangés entre eux, et plus la prédominance des plus durs devient sensible. Ces roches sont peu agglutinées, et forment à la base des dépôts, des assises irrégulières et massives.

Après la classe des conglomérats et des poudingues, vient la classe des grès. Ici, les grains varient encore de grosseur ; plus ils sont fins, plus le quarz y domine ; et, plus le quarz y domine, plus la roche est dure et fortement agglutinée. La plus ou moins grande proportion du mica vient, cependant, troubler cette loi, en rendant le grès plus ou moins schisteux. On a donc distingué :

1° Le grès à gros grains ou *taille gratteuse*, dans lequel on peut facilement reconnaître la nature variée des grains constituants, leur état roulé et quelquefois anguleux. On y aperçoit distinctement les grains vitreux ou compactes du quarz laiteux opaque, du quarz hyalin, du quarz lydien; les grains lamelleux du feldspath rose ou verdâtre, quelquefois un peu kaolineux; enfin, les paillettes clairsemées et brillantes du mica.

2° Le *grès* proprement dit, ou *taille*, exploité comme pierre de construction, est un grès siliceux, grisâtre, à grains fins mais encore distincts, mélangés de mica argentin. Sa structure est assez massive pour présenter des bancs de plusieurs mètres d'épaisseur, sains et homogènes, et son grain permet de lui donner toutes les formes réclamées par les constructions et l'industrie. Ce grès, lorsqu'on vient de l'entailler, a quelquefois des teintes verdâtres, mais, s'il reste longtemps exposé à l'air humide, comme dans les carrières abandonnées, il devient jaunâtre, parce que le protoxyde de fer qui existe dans le ciment passe lentement à l'état de peroxyde hydraté.

Le grès houiller, en devenant plus fin, se subdivise en deux variétés distinctes : ou il se surcharge de mica et de parties argileuses, devient schisteux et ne forme plus que des psammites peu consistants : c'est alors la *taille douce* des carriers; ou bien, la proportion du ciment siliceux est encore plus considérable que dans le grès moyen, et la roche est devenue dure et récalcitrante : c'est celle que les mineurs de la Loire appellent *manifer*.

Nous devons encore signaler, dans le bassin de la Loire, trois autres variétés de grès, moins répandues, mais très importantes sous le rapport géologique, parce que leurs caractères distinctifs permettent quelquefois de s'en servir pour établir des plans de repères, ou horizons. Ce sont : le grès ferrugineux ou *grès rouge* ; le *grès charbonneux* ou *caruche* des mineurs ; le *grès stéatiteux* ou *gore blanc* de Rive-de-Gier.

Le grès rouge doit sa coloration à un ciment de peroxyde de fer, assez abondant, quelquefois, pour s'isoler en nodules et fragments géodiques ; ce grès rouge peut être composé de fragments plus ou moins gros, plus ou moins siliceux ; il est plus ou moins micacé, et, sauf la coloration, présente toutes les variétés du grès houiller ordinaire. Le grès charbonneux est un grès siliceux, mélangé de particules de carbone, que l'on trouve souvent dans les couches de houille, soit en lits intercalés, soit en grosses boules isolées, et qui se suivent dans le sens de la stratification. Quant au grès stéatiteux, c'est une roche exceptionnelle, caractérisée par des fragments de stéatite et d'argile verdâtre endurcie, mélangés de quarz laiteux et de feldspath. Vus de loin, les blocs de ce grès ont quelquefois l'apparence d'un porphyre, mais il suffit de les approcher pour en reconnaître la structure arénacée. Les mineurs ont appelé cette roche gore blanc, parce que, toutes les fois que dans les travaux souterrains on la perce et on la brise, elle forme, avec l'eau d'infiltration, une boue blanchâtre et argileuse, identique à celle que produit l'argile schisteuse blanche.

Les argiles schisteuses, souvent appelées *gore*, forment la partie extrême de cette série de roches arénacées à grains décroissants ; ce sont des schistes à grains fins, tendres et se délitant à l'air. Leur couleur est ordinairement le gris, le noir, le blanc jaunâtre ou grisâtre; il y en a de micacées, et d'autres qui ne le sont pas. Parmi toutes ces variétés on distingue, sous le nom de *matefane*, une argile noirâtre, massive, délayable, et absolument dénuée de quarz et de mica, qui a les caractères des argiles plastiques.

Les dénominations que les ouvriers ont appliquées aux roches sont ici d'une importance assez grande; car, si avec une dixaine de ces dénominations, le mineur a pu désigner toutes les variétés du bassin, lui qui passe sa vie à les travailler et qui en connaît, aussi complétement que possible, les caractères physiques, ce fait indique suffisamment la simplicité de composition des dépôts houillers, et la netteté de leurs caractères minéralogiques.

Grès micacés de grosseurs diverses, psammites, argiles schisteuses, tels sont aussi les éléments qui entrent dans la composition générale des dépôts houillers lacustres des bassins du centre et du midi de la France. Mais il y existe quelques anomalies, et les roches exceptionnelles qui en résultent sont d'autant plus importantes à citer, que leur intercalation dans un ensemble si bien caractérisé pourrait occasionner des erreurs. Ainsi, on trouve, intercalés dans des grès et schistes fins d'une stratification régulière, des accumulations locales d'énormes blocs empruntés aux roches anciennes. Les blocs ont quelquefois des dimensions telles, qu'un puits de deux ou trois mètres de diamètre, qui les atteint, semble avoir pénétré dans le gneiss ou le granite. Ce fait s'est présenté dans le bassin d'Épinac, où le fonçage d'un puits aurait été arrêté, comme ayant touché le terrain de transition, si le bon sens des praticiens n'eût combattu cette fâcheuse interprétation, et déterminé à franchir les blocs, au-dessous desquels le terrain houiller se retrouva dans ses conditions normales.

Cette intercalation de conglomérats dans les grès et les schistes indique que les dépôts réguliers de la formation houillère ont pu être interrompus par des cataclysmes produits sur les lisières des bassins. Elle indique, en outre, qu'il peut exister des exceptions à ce fait que nous avons énoncé d'une manière générale, que, dans l'ensemble d'un terrain houiller, les dépôts formés des plus gros éléments se trouvent à la base, et que, depuis les parties inférieures jusqu'aux couches supérieures, il y a une diminution graduelle dans la grosseur moyenne des éléments arénacés.

L'exemple d'Épinac n'est pas le seul, et nous en citerons encore un dans les dépôts, généralement fins, du bassin de Blanzy. Un puits (celui de Magny), percé dans les couches tout à fait supérieures du système houiller, a traversé une accumulation de gros blocs de gneiss porphyroïde, roche qui se retrouve en place, à plusieurs kilomètres de là, vers le mont Saint-Vincent.

Les concentrations siliceuses peuvent également donner lieu à des roches anomales. Telles sont celles qui constituent la colline de Saint-Priest, dans le bassin de la Loire, à une lieue nord de Saint-Étienne. La base de cette colline est formée de grès grossier ordinaire, mais, à mesure qu'on s'élève sur les versants, une proportion toujours croissante de silice empâte les grains, et finit même par s'isoler dans les parties supérieures, sous forme de silex calcédonieux.

Cette anomalie avait été remarquée par les premiers observateurs qui ont fait la lithologie du bassin de Saint-Étienne. Elle a été décrite plus récemment par M. Dufrénoy, qui a signalé, dans les silex, la présence d'empreintes assez nombreuses de calamites et de fougères, de telle sorte que cette accumulation siliceuse, doit, dit-il, être considérée comme une dépendance du terrain houiller. M. Dufrénoy cite, comme un fait analogue, le ciment siliceux du millstone-grit, assez abondant, dans certaines parties du pays de Galles, pour s'isoler en couches puissantes.

Aucune anomalie n'a donné lieu à plus d'incertitudes que l'intercalation de certaines masses porphyriques qui suivent les plans de la stratification des dépôts. Plusieurs bassins houillers de l'Angleterre offrent des exemples classiques de ces insertions porphyriques et trappéennes; il en existe également dans quelques bassins de la France. Ces roches éruptives, outre les solutions de continuité qu'elles déterminent dans le terrain, ont encore exercé, dans la plupart des cas, une influence métamorphique très prononcée sur les couches qu'elles ont traversées.

Toutes les roches formées par les dépôts sédimentaires peuvent se présenter à l'état métamorphique, et, d'autant plus fréquemment qu'elles sont plus anciennes, puisqu'il y a d'autant plus de chances de les trouver traversées par des roches éruptives. Le terrain houiller, qui est des plus anciens dans la série, présenterait donc beaucoup d'exemples de ces altérations postérieures, si son peu d'étendue ne l'avait généralement soustrait aux influences ignées qui ont réagi à la surface du globe pendant les périodes secondaires et tertiaires.

Lorsque les porphyres ont traversé les roches houillères, on les trouve, soit en travers des couches fracturées, sous forme de dykes et de masses irrégulières, soit intercalés dans les plans de stratification, où ils se maintiennent quelquefois sur des étendues assez considérables. Ces phénomènes changent l'apparence normale du terrain houiller, d'abord par l'intervention d'une roche postérieure et d'une origine tout à fait différente, et, en second lieu, par les réactions de contact qui se sont produites sous l'influence de la chaleur et de la pression exercée par les roches ignées.

Sans recourir aux nombreux exemples de ces phénomènes, reconnus en Angleterre et en Allemagne, nous pouvons en constater en France, dans le bassin de Brassac. Nous y trouvons des porphyres qui ont traversé le terrain houiller, englobé des fragments et des portions de couches comme l'aurait pu faire une pâte fluide, et dont la nature éruptive est démontrée par les altérations qu'ont subies la couleur normale, la structure et la texture des roches houillères.

C'est en remontant la vallée de l'Allier jusqu'au confluent de l'Alagnon, qu'on rencontre, auprès du village d'Auzat, les dépôts houillers de Brassac, composés de grès et de schistes avec des couches de houille qui, de l'autre côté de la rivière, vers la Combelle, prennent une importance remarquable. Les affleurements de ces couches décrivent une courbe dont le diamètre est de 4,000 mètres environ, et l'on peut suivre le terrain houiller sur une distance assez considérable, en remontant vers le nord, jusqu'au delà des villages de Brassac et de Charbonnier, où il disparaît sous les terrains tertiaires superposés. Si, à partir des premières exploitations de la Combelle, on s'élève sur les versants houillers, on ne tarde pas à rencontrer une intercalation de porphyre, qui affleure sur tout le pourtour du bassin, et qui plonge dans le même sens que les strates de la formation. Sans la nature tout à fait anormale de la roche porphyrique, et sans les caractères qu'elle imprime aux roches arénacées, on serait disposé à considérer cette assise comme stratifiée et contemporaine des dépôts. Mais, outre qu'elle détermine des cassures et des rejets qui interrompent le régime naturel des couches, on est frappé, en suivant la ligne de ses affleurements, des altérations que subissent les roches houillères. Elles sont endurcies et rougies comme par une calcination, et présentent de l'analogie avec les roches brûlées qui recouvrent certaines houillères intérieurement embrasées. Sur le versant de la montagne de la Selle, on voit un immense bloc de ces roches métamorphiques, entièrement englobé dans le porphyre.

Nous venons de parler de houillères embrasées, et nous devons les citer encore parmi les anomalies que peuvent présenter les terrains houillers, car il en résulte une véritable altération métamorphique des roches superposées ; cette altération présente d'autant plus d'intérêt que nous pouvons en comparer les effets à ceux qui résultent du contact des porphyres. Une localité classique, sous ce rapport, est celle de la Montagne embrasée, à la Ricamarie, près Saint-Étienne. Le feu existe, sur ce point, de temps immémorial, dans les affleurements des couches inférieures du bassin, et notamment dans une couche épaisse de plus de 10 mètres. La combustion souterraine n'est pas très active, elle se manifeste à l'extérieur par des fumarolles qui exhalent une odeur bitumineuse, et par des sublimations parmi lesquelles on recueille du sel ammoniaque. La masse de terrain supérieur est fortement altérée; les schistes sont rouges et endurcis; les argiles sont dures, porcellanisées et font feu avec l'acier; les grès sont rouges, lustrés, très fendillés, et présentent souvent des divisions irrégulièrement prismatiques, tout à fait distinctes de leurs divisions naturelles.

Ce qu'il y a de remarquable dans ce métamorphisme artificiel, c'est la grande épaisseur des couches affectées, et, par conséquent, la grande distance à laquelle le calorique a pu se propager; c'est aussi la rareté des faits de fusion, ce qui démontre que cette grande altération est le résultat d'une action plutôt très longue que très énergique. Or, le métamorphisme naturel qui a produit des effets analogues affecte des épaisseurs encore plus considérables, tandis que les altérations sont encore moins prononcées; on peut donc en conclure que ces altérations, sont bien, en effet, produites par la chaleur, mais par une chaleur moindre que celle des houillères embrasées, et qui a dû agir pendant un temps plus long.

Ainsi, le métamorphisme des porphyres, comme celui qui résulte des feux souterrains, a eu pour effet de donner aux roches, ordinairement grises ou noirâtres du terrain houiller, une couleur rouge lie de vin, plus ou moins prononcée, résultant de la suroxydation du fer que toutes ces roches contiennent à l'état de protoxyde ; de fendiller les grès et de leur donner souvent une texture compacte et lustrée ; de rendre les argiles indélayables et indélitables, et, souvent même, de les porcellaniser au point de leur donner la dureté des grès. En observant les modifications dues au contact des porphyres, et en les comparant aux effets produits par les houillères embrasées, on peut dire que, s'il fallait encore des preuves pour attester l'origine ignée des porphyres, cette similitude en serait une des plus irrécusables.

Nous avons dit, précédemment, que les anthracites pourraient bien, dans certains cas, n'être que des houilles ou lignites dans un état métamorphique ; or, les altérations déterminées par le contact des porphyres qui ont traversé les couches combustibles, pas plus que celles qui sont produites dans les houillères embrasées, ne semblent confirmer cette hypothèse. Dans ces deux cas, les houilles ont été altérées, mais les effets produits se rapprochent de ceux qui résultent d'une calcination, c'est-à-dire que la houille a fait un pas très prononcé vers l'état de coke. La transformation vers l'état anthraciteux a donc lieu sous le rapport chimique, mais non pas sous le rapport minéralogique; d'où il résulte que cet état anthraciteux paraîtrait devoir être attribué à des phénomènes spéciaux, que nous discuterons lorsque nous en serons à étudier la théorie de la formation des houilles.

Caractères du terrain houiller, dans les bassins marins du nord de la France, de la Belgique, de l'Angleterre et de l'Espagne.

Dans les bassins marins du Nord, nous trouvons les mêmes roches que dans les bassins lacustres, avec les mêmes caractères, mais, généralement, avec moins de variations minéralogiques. Comme type d'une composition simple et presque partout uniforme, le bassin du nord de la France et de la Belgique est dans des conditions remarquables. Deux roches, constantes dans leurs caractères, et soumises à de nombreuses alternances, forment la masse du terrain; c'est le grès houiller, à grains fins, que les mineurs appellent *kuerelles*, et l'argile schisteuse, qu'ils appellent *roc*. Les grès forment la masse principale, mais leurs bancs sont peu épais; les plus ordinaires correspondent, soit à la *taille-douce*, soit au *manifer* de Saint-Étienne. Ils sont généralement plus colorés par le carbone, et d'un grain plus fin que les grès des bassins lacustres; c'est à peine si, en cherchant avec soin, on y trouve quelques couches à gros grains de quarz qui puissent prendre le nom de poudingues. Les schistes ont la même uniformité; on distingue seulement, du schiste *roc*, les *escailles*, qui sont des gores schisteux placés ordinai-

rement au toit des couches de houille, et quelques couches d'argiles terreuses, que les mineurs appellent *havrit*,
parce qu'elles forment souvent des barres intercalées dans
la houille, et qu'on les met à profit, dans l'exploitation,
pour y pratiquer des havages parallèles à la stratification.

Parmi les roches que présente toute la contrée houillère
de la Belgique, nous ne pouvons guère citer, comme variété spéciale, que les *ampelites* ou *schistes alumineux*. Ce
sont des schistes argileux très fendillés, pénétrés de pyrite
de fer, et qui ont été longtemps exploités pour la fabrication de l'alun.

Ces schistes alumineux se trouvent principalement dans
la vallée de la Meuse; depuis Huy jusqu'à Chockier. Dans
tout ce parcours, la vallée est creusée dans les parties supérieures de la formation du calcaire carbonifère, dont les
couches sont relevées verticalement et même renversées
sur la formation houillère. Les coteaux de la rive gauche
présentent donc les affleurements des couches qui forment
la limite des deux formations, limite marquée en même
temps par les gîtes calaminaires, précisément intercalés
dans le plan de séparation, entre les calcaires supérieurs
et les schistes alumineux. Des galeries d'écoulement, percées en plusieurs points de la vallée, notamment à Engis,
pénètrent jusqu'aux premières couches de houille, et permettent d'examiner dans tous ses détails la succession
des roches. En parcourant ces galeries, on passe, successivement, des calcaires dans les schistes alumineux, et

7

de ceux-ci dans les grès et dans les argiles schisteuses qui alternent avec les couches de houille maigre. Il n'y a donc, entre le calcaire carbonifère et les premières couches de la formation houillère, aucune brèche ou poudingue, aucune de ces couches arénacées, à gros éléments, qui annoncent ordinairement une modification importante dans les conditions sédimentaires. Une seule particularité minéralogique caractérise la masse des grès, grès schisteux et schistes qui constituent la formation houillère, c'est la présence constante du mica.

Cette concordance de la stratification, et l'intercalation accidentelle des premières couches combustibles dans les calcaires carbonifères supérieurs, paraissent prouver que les dépôts ont été formés dans des eaux marines. En Angleterre, on a trouvé, dans les grès inférieurs (*millstonegrit*) qui séparent les deux formations, les fossiles marins du calcaire carbonifère, en même temps que les impressions végétales, fossiles terrestres du terrain houiller.

Tous ces dépôts septentrionaux de la France, de la Belgique et de l'Angleterre, identiques par leurs caractères minéralogiques, et par les conditions générales de l'allure des couches combustibles, semblent représenter les dépôts littoraux d'une vaste mer, dont M. Élie de Beaumont a tracé les contours.

Placés à une grande distance de ces dépôts septentrionaux, les bassins des Asturies et de l'Andalousie ont avec eux une analogie remarquable. A Belmez, près d'Espiel, en Andalousie, le terrain houiller reproduit tous les détails de composition du type anglais[1]. A la base, se retrouve le calcaire carbonifère, calcaire gris, veiné de blanc, abondant en entroques et en polypiers; au calcaire succède un poudingue à cailloux blancs, siliceux, souvent à peine agrégés; c'est le millstone-grit de l'Angleterre, qui est immédiatement recouvert par les alternances du grès houiller et de l'argile schisteuse.

Les dépôts houillers de l'Andalousie reposent sur la partie supérieure du terrain silurien, composé de schistes et de quarzites; les mouvements violents auxquels ils ont été soumis ont complétement disloqué les bassins dans lesquels ils ont été formés, les ont portés à des hauteurs souvent considérables, sur les flancs de la Sierra-Morena, et les ont divisés en plusieurs lambeaux, tels que ceux d'Espiel et Villaharta. Ces lambeaux, totalement séparés par des dénudations considérables, semblent, aujourd'hui, des bassins distincts, mais ils appartiennent très probablement à un seul et même dépôt.

Le bassin des Asturies a, de même, éprouvé des perturbations très considérables, et M. Paillette, qui l'a décrit[2], n'a pu établir avec précision la succession des dépôts. La difficulté ne paraît pas venir seulement du bouleversement des couches, mais surtout d'une liaison intime qui existerait entre les couches appartenant au calcaire carbonifère et celles de la formation houillère proprement dite.

---

[1] *Supplément aux études sur les mines,* notice sur la Sierra de los Santos.

[2] *Bulletin de la Société géologique,* deuxième série, tome II, page 448.

Ainsi M. Paillette indique, dans les coupes de Lansa et de la Venta de la Cruz, la houille en alternance avec les calcaires carbonifères ; et pourtant ces houilles sont des houilles grasses. Les houilles anthraciteuses d'Aller lui ont paru appartenir au terrain silurien, et, depuis ces combustibles inférieurs, jusqu'aux houilles très collantes de Rinquintin, qui appartiennent à la partie supérieure de la formation houillère, on passe, dit-il, par toute la série des dépôts carbonifères.

Le terrain houiller des Asturies présenterait donc, avec le calcaire carbonifère, et même avec le terrain silurien, une liaison encore plus prononcée que celle qui existe dans les bassins de l'Amérique du Nord. Cette liaison est indiquée avec quelques particularités intéressantes dans l'aperçu suivant de M. Schultz [1] : « La partie inférieure du « terrain houiller, c'est-à-dire le calcaire à encrines, le « schiste argileux à grains fins, le quarzite, les grès et « les marnes rouges, etc., s'étend sur les deux tiers de « la partie orientale des Asturies, y formant la chaîne « principale (limitrophe de Léon), et beaucoup de mon-« tagnes calcaires et quarzeuses dans l'intérieur du pays ; « elle occupe de même quelques parties plus planes vers « la côte d'Avilès, de Luanco et de Llanes. De nombreuses « couches de houille, qu'on trouve dans cette partie infé-« rieure, ne sont pas encore exploitées, pas plus que les « nids, couches et filons de minerais de cuivre, qui abon-

[1] *Bulletin de la Société géologique.* Tome VIII, page 325.

« dent dans le calcaire de cette formation. Le terrain
« houiller proprement dit, composé de grès houiller, de
« poudingue, de schiste argileux mou (argile schisteuse)
« et d'excellente houille, est plus resserré au centre des
« Asturies, il y occupe néanmoins plusieurs lieues carrées.
« La direction des couches est du sud-ouest au nord-est,
« avec une disposition constamment verticale, qui s'ob-
« serve aussi presque toujours dans les couches des dépôts
« inférieurs. »

Composition de la formation houillère dans l'Amérique du Nord.

Aussitôt que l'on eut signalé l'importance du terrain
houiller dans l'Amérique du Nord, on s'est demandé si les
caractères observés dans les terrains de l'Europe se re-
trouvaient dans ceux de l'autre hémisphère ; or, nous
avons aujourd'hui des descriptions assez complètes des terrains houillers de l'Amérique [1] pour ne plus pouvoir douter que la parité de composition, si remarquable dans les
bassins européens, s'y maintient dans tous les principes
essentiels. Ce sont les mêmes caractères généraux, et
s'il existe quelques variations, elles n'intéressent que les
détails. On appréciera ces variations en étudiant la coupe
détaillée du terrain houiller du Canada, publiée par
M. Logan, et dont nous donnons ici un résumé succinct.

[1] Lyell, *Travels in north America.* 1845. — Taylor, *Statistics of coal.*
1849. — De Verneuil, *Bulletin de la Société géologique.* 1847.

M. Logan a suivi, pas à pas, la coupe du terrain houiller, dont les strates inclinés sont mis à découvert, sur les falaises des Joggins, dans la baie de Fundy. Ces strates se succèdent depuis West-ragged-reef, jusqu'à Minaudie, dans l'ordre suivant, à partir des couches supérieures de la formation. Les épaisseurs des strates inclinés ont été réduites aux épaisseurs verticales, et M. Logan a eu soin, en outre, de diviser la coupe en étages successifs, de manière à résumer les épaisseurs totales des alternances de même nature.

		Pieds.
1er ÉTAGE.	*Grès* de couleur blanchâtre, ou gris verdâtre, avec lits de conglomérats, et grandes plantes carbonisées transportées.	947
	Schistes argileux ou argilo-arénacés, de couleur rouge foncé ou chocolat	670
2e ÉTAGE.	*Grès* gris verdâtre, blanchâtre ou jaunâtre sans lits de conglomérats..	328
	Schistes argileux et arénacés, rouges-verts et gris-verdâtre. Des indices de *stigmaria ficoïdes* existent près du sommet de ces assises, et vers la base on rencontre des calamites droites	322
3e ÉTAGE.	*Charbon* en vingt-deux lits d'un à neuf pouces d'épaisseur.	5
	Schiste charbonneux associé aux bandes de charbon. . .	3
	Underclay, argile plastique grise, gris-verdâtre, située au-dessous des lits charbonneux, toujours pénétrée par les branches et les feuilles radiantes du *stigmaria ficoïdes*. .	66
	Schiste argileux se raprochant de l'argile réfractaire; *fire-clay*, gris, gris-verdâtre, rougeâtre	167
	Grès gris, gris verdâtre, rougeâtre.	943
	Schiste gris et vert, argileux, arénacé. Tiges de sigillaires et quelques empreintes de fougères.	1008

4e ÉTAGE.

Charbon en quarante-cinq lits, d'un pouce à un pied d'épaisseur. 37

Schistes charbonneux associés aux lits de charbon. . . . 41

Calcaires noirs et gris, souvent associés au charbon et aux schistes charbonneux et contenant des débris de poissons, de coquilles et de *stigmaria.* 23

Argile underclay pénétrée de *stigmaria* et sous-jacente au charbon, alternant avec des schistes argileux et arénacés, passant à des argiles quelquefois réfractaires. 504

Grès divers, gris-verdâtres, blanchâtres, rouges ; généralement à grains fins. 647

Schistes argileux contenant accidentellement des noyaux de fer carbonaté. 189

Schistes argileux divers, gris, verdâtres et rouges. . . . 1096

5e ÉTAGE.

Grès gris, verdâtre, ou rougeâtre, contenant des débris de végétaux. 104

Grès avec calcaire. 16

Schistes argileux rougeâtres, alternant avec des grès fins. 1611

6e ÉTAGE.

Charbon en neuf lits de. 1

Schistes charbonneux associés. . . . . , . 7

Calcaires bitumineux avec débris de poissons. 5

Schistes argileux gris, associés avec le charbon 9

Argiles et schistes, underclay 88

Grès gris verdâtre ou blanchâtre, propre à la fabrication des meules, et dans lequel sont ouvertes toutes les carrières des Joggins. . . . . , . . 2943

Calcaire gris-verdâtre. 43

Schistes argileux gris, verdâtres, rouges. 1039

7e ÉTAGE.

Grès gris-verdâtre, rougeâtre, rouge et vert, rouge. . . . 144

Conglomérat à petits cailloux de quarz rouges, blancs, gris et jaunes, dans une pâte de grès rouge. 148

Calcaire en nodules empâtés dans des grès fins ou des schistes rouges. 46

Schistes rouges et de couleur chocolat. 342

Grès gris-verdâtre, avec des débris végétaux.		206
Grès rouges.		226
Calcaire stratifié ou noduleux dans le grès.		20
Schistes rouges arénacés.		1186
Schistes noirs, rougeâtres, et gris avec *septarias* et nodules calcaires.		1206

(à gauche : 8ᵉ ÉTAGE.)

En tout une épaisseur de terrain houiller de. . pieds. 14850
Soit 4,360 mètres.

Cette coupe des Joggins, comparée aux coupes du terrain houiller d'Europe, présente quelques faits particuliers : c'est d'abord la puissance très considérable des dépôts, puissance d'autant plus remarquable., que, d'après sa position, la coupe ne donne probablement pas l'épaisseur totale de la formation. La pauvreté du terrain en couches combustibles, et, en même temps, l'absence de la coloration du terrain par le carbone, sont également des faits à noter, parce que leur concordance démontre encore que la coloration des dépôts en noir peut être considérée comme un indice pour la recherche des couches combustibles.

La présence du calcaire dans le terrain houiller, soit en bancs subordonnés, et même alternant avec les couches charbonneuses, soit en gros nodules disséminés dans les grès et argiles, constitue encore un caractère spécial dans la composition des bassins de l'Amérique. Ce caractère se reproduit, en effet, dans les autres bassins de l'Amérique du Nord, et notamment dans celui des Alleghanis. D'après le professeur Rogers, l'épaisseur totale des bancs calcaires varie, dans ce bassin, de 50 à 200 pieds, et augmente en allant de l'est à l'ouest. Ces calcaires contiennent des fossiles du calcaire carbonifère inférieur. M. de Verneuil cite, dans l'étage houiller, l'orthocère, le nautile, le bellérophon, l'évomphale, la térébratule, le spirifère, le productus.

Nous avons vu que toute la lisière orientale du bassin des Alleghanis présentait une surface très tourmentée, et que l'accidentation de toute cette partie concordait avec la transformation des houilles à l'état d'anthracite; cette transformation métamorphique des houilles naturellement grasses, est un fait admis par la généralité des géologues américains. Les houilles ne perdent leur bitume que progressivement, à mesure qu'elles approchent des points de dislocation, et deviennent de véritables anthracites partout où les dislocations ont eu toute leur énergie.

Sur la lisière de l'ouest, les couches sont à peine relevées; leurs affleurements se dégagent les uns de dessous les autres, par de très faibles inclinaisons, en formant des zones régulières, et les houilles sont restées à l'état de houilles grasses.

Les couches de houille du bassin des Alleghanis paraissent se présenter dans des conditions de puissance analogues à celles qui existent en Europe. Ainsi, on cite beaucoup de couches au dessous d'un mètre d'épaisseur, mais on en cite également qui s'elèvent à trois et quatre mètres. Les houilles grasses de cette provenance paraissent toutes caractérisées par une stratification très nette et très prononcée, tandis que dans les anthracites ces lignes de stratification ont en grande partie disparu.

Le bassin houiller de l'Illinois, aussi grand à lui seul que le territoire de toute l'Angleterre, présente une construction très simple. Les couches sont restées presque horizontales et leurs affleurements se projettent concentriquement vers le périmètre avec une grande régularité. Le principal accident de cette surface est la vallée de l'Ohio, qui la traverse obliquement, et c'est à portée de cette vallée que se trouvent les exploitations. En concordance avec le principe établi dans le bassin des Alleghanis, toutes les couches combustibles du bassin de l'Illinois sont, à la fois, grasses et à peine accidentées.

Le bassin du Michigan est le moins connu de l'Amérique du Nord ; il paraît ne contenir que très peu de houille, et présenter de grandes analogies de composition avec le bassin du Canada, dont nous avons précédemment donné la coupe.

Répartition de la houille dans les dépôts arénacés de la formation houillère.

On voit, d'après les détails qui précèdent, que tous les dépôts houillers sont composés d'alternances de grès et de schistes, dans lesquelles se trouvent intercalées des couches de houille, plus ou moins puissantes et plus ou moins espacées. Il y a donc à distinguer dans un bassin, d'abord la puissance totale des dépôts, en second lieu la richesse plus ou moins grande de ces dépôts en couches de houille.

La puissance des dépôts houillers est très variable; elle est généralement en rapport avec l'étendue des bassins. Dans l'Amérique du Nord, les géologues ont compté plus de

4,000 mètres d'épaisseur de dépôts, ainsi qu'il résulte de la coupe des Joggins; et, dans le bassin des Alleghanis, la puissance doit être de plus du double. Le bassin du pays de Galles, en Angleterre, présente une succession de dépôts évaluée à 3,000 ou 4,000 mètres. En Belgique, on admet, sur plusieurs points, 2,000 mètres de puissance probable, et cette puissance doit être encore supérieure pour la coupe prise sous le méridien de Valenciennes.

Dans les bassins lacustres, qui sont moins étendus, les épaisseurs sont moindres. Ainsi, le bassin de la Loire n'a qu'une puissance probable de 1,200 à 1,400 mètres. Les dépôts du bassin de l'Auvergne ne présentent environ que 1,200 mètres d'épaisseur au centre ; et, dans les petits bassins, cette épaisseur se réduit souvent à quelques centaines de mètres. On est cependant étonné, dans presque tous les cas, de la puissance des dépôts qui ont été accumulés sur de petits espaces. Ainsi, les épaisseurs additionnées dans le petit bassin de Vouvant, en Vendée, conduisent encore à une évaluation de plus de 1,000 mètres, dont 500 mètres en grès et poudingues stériles placés à la base, et 500 mètres de grès et schistes alternant avec des couches de houille.

Quoique les dépôts houillers les plus puissants présentent généralement des couches combustibles en assez grand nombre, on ne peut dire cependant qu'il existe une proportion régulière entre l'épaisseur totale du terrain et les épaisseurs réunies des couches de houille. Non seulement cette règle recevrait des démentis nombreux, puisqu'il existe des bassins houillers à peu près stériles, mais, dans un même bassin, et pour des épaisseurs totales assez comparables, il y a des différences très notables dans le développement des couches combustibles, en nombre comme en puissance.

Dans le bassin belge, on compte quatre-vingt-deux couches à Charleroy, et cent seize à Mons. Ces couches sont assez régulièrement distribuées dans la masse du terrain; leur puissance varie de $1^m,80$, pour la couche la plus épaisse du pays de Mons, à $0^m,10$ pour les couches inexploitables que l'on appelle veinettes ou veiniats. Une couche est exploitable à $0^m,25$, et, dans les belles parties du bassin belge, on peut évaluer à 40 mètres environ l'épaisseur totale des veines que l'on peut exploiter. Pour une puissance d'environ 1400 mètres de dépôts, la proportion des couches combustibles serait donc de 1/35.

Dans le pays de Galles, en prenant pour exemple le terrain de Merthyr-Tydwil, nous trouvons 1,000 mètres environ d'épaisseur de terrain houiller au-dessus du calcaire carbonifère, et, dans ces 1000 mètres, quarante-cinq couches de charbon, d'épaisseur variable depuis $0^m,15$ jusqu'à $1^m,30$; une seule couche atteint $2^m,60$. L'ensemble de ces quarante-cinq couches forme une épaisseur de 25 mètres, c'est-à-dire que la richesse en houille est 1/40 de la puissance totale des dépôts.

Dans le bassin de Newcastle, vers l'est, là où la richesse est la plus grande, il existe, d'après une coupe de M. Buddle, quatorze couches exploitées dans une épaisseur de terrain d'environ 500 mètres. Ces quatorze couches ont une puissance totale de 12 mètres ; les plus minces ont $0^m,12$, et les plus puissantes 1 mètre à $1^m,80$; comparativement à l'épaisseur des dépôts, la richesse du terrain est donc 1/42.

On voit que ce qui constitue la richesse de l'Angleterre, ce n'est pas tant le nombre et la puissance des couches de houille que leur étendue ; beaucoup de ces contrées houillères sont moins riches que la plupart de nos bassins lacustres du centre. Ainsi, par exemple, il n'est peut-être pas de point qui ait donné lieu à une aussi grande accumulation de travaux que le plateau de Worsley, dans le Lancashire, à trois lieues nord-ouest de Manchester ; les mines sont ouvertes dans un terrain contenant quinze couches de houille distribuées dans une épaisseur de 700 mètres ; ces quinze couches ont une puissance de 14 mètres, c'est-à-dire 1/50 de l'épaisseur totale de la formation.

Le bassin de la Loire, quoique d'une étendue circonscrite comparativement à ces terrains du nord, nous présente une des plus belles accumulations houillères qu'on puisse citer. On compte, dans les parties où le développement des dépôts est complet, 1,200 à 1,400 mètres d'épaisseur de dépôts, dans lesquels 57 à 78 mètres de houille sont répartis en vingt-huit à trente couches seulement ; c'est une proportion de 1/20.

Les gîtes houillers déposés dans nos bassins lacustres du centre, comparés à ceux des dépôts marins du nord, constituent des couches plus puissantes, mais moins régulières et moins continues. La régularité des dépôts marins est telle, que des couches de $0^m,25$ à 1 mètre ont pu être suivis sur plusieurs kilomètres de direction; aussi, deux mètres de puissance représentent-ils, dans ces dépôts marins, une grande accumulation, tandis qu'il existe souvent, dans le bassin de la Loire, des épaisseurs régulières de 5 et 10 mètres.

Dans le bassin de la Grand'-Combe, où certaines parties du terrain commencent à être très complétement explorées, M. Callon évalue l'épaisseur totale des couches de la formation houillère, à 750 mètres : cette épaisseur se compose de deux étages houillers, comprenant ensemble dix-huit couches, dont les épaisseurs réunies sont de 25 mètres; c'est donc une richesse de 1/30 comparativement à la puissance totale de la formation.

Dans le bassin de Saône-et-Loire, la houille présente des puissances inusitées. Ainsi, les couches du Creuzot et de Montchanin éprouvent des renflements dans lesquels leur épaisseur atteint 30, 40, et jusqu'à 60 mètres. Mais ces énormes puissances ont généralement peu de continuité, et, si l'on étudie les parties les mieux réglées du bassin, on voit que la houille y reste à peu près dans les proportions ordinaires. C'est au Monceau, près Blanzy, et dans les mines environnantes, qu'on peut le mieux juger l'importance normale de la houille : l'étage supérieur, comprenant les trois couches de Montmaillot, représente une puissance moyenne de 5 mètres, répartis dans une épaisseur de 200 mètres de grès et de schistes; l'étage inférieur, mesuré par le puits le plus profond du Monceau, contient deux couches, l'une de 10 mètres et l'autre de 14 mètres de puissance, dans une zone de 300 mètres d'épaisseur. Si l'on réunit ces deux étages, on arrive, pour la partie la mieux connue du bassin, à 29 mètres de houille, répartis dans 500 mètres de dépôts; c'est une proportion de 1/18; la plus riche que l'on puisse citer.

Dans le bassin de la haute Auvergne, dit bassin de Brassac, M. Baudin a divisé la totalité des dépôts houillers en trois systèmes qui sont, à partir de la base : 1° le système inférieur, ou de la Combelle, comptant six couches de houille dont l'épaisseur moyenne peut être évaluée à 4,^{m}50; 2° le système moyen, ou de Grosmenil et Fondari, renfermant deux couches de 7 mètres de puissance moyenne; 3° le système de Mégecoste et des Barthes, système supérieur qui contient onze couches dont l'épaisseur est évaluée à 5,50. Les trois étages contiendraient donc, en somme, 17 mètres de houille, pour une épaisseur totale de dépôts évaluée à 1,200 mètres, et la proportion ne serait que de 1/70 ; mais les épaisseurs calculées par M. Baudin sont des épaisseurs minimum, car, en certains points, les couches de la Combelle et de Grosmenil se renflent jusqu'à dix mètres de puissance.

On voit qu'en comparant les épaisseurs réunies des couches de houille à la puissance totale des dépôts, on n'arrive jamais qu'à une proportion très petite. Ainsi, dans les bassins de la Loire et de Saône-et-Loire, qui nous présentent le maximum de richesse, nous n'avons guère que 1/20 de houille, tandis que la proportion tombe à 1/42 dans les bassins du pays de Galles, et à 1/70 dans celui de l'Auvergne. Si l'on considère l'immense épaisseur des dépôts dans lesquels est disséminée cette proportion de houille, épaisseur qu'il faut traverser pour atteindre les couches inférieures, au centre des bassins, on voit qu'une grande partie de ces richesses se soustrait encore à nos moyens d'exploitation.

Les couches combustibles ne sont pas ordinairement réparties d'une manière uniforme dans l'épaisseur des dépôts; elles sont divisées en groupes qui comprennent chacun une série de couches, et qui sont séparés entre eux par de grandes épaisseurs stériles. C'est ainsi que, dans le bassin de la Loire, entre les couches du système inférieur dit de Rive-de-Gier, et les couches du système de Saint-Étienne, il y a plus de 300 mètres d'alternances de grès stériles. Le système de Saint-Étienne proprement dit est, lui-même, fractionné en trois étages séparés par des épaisseurs de plus de 100 mètres de grès et schistes, tandis que, dans les parties riches, un puits ne peut guère traverser 30 ou 40 mètres de dépôts arénacés sans rencontrer une couche.

Presque tous les grands bassins lacustres nous présentent des groupements analogues, et les dépôts stériles qui séparent les divers systèmes ou étages sont quelquefois remarquables par la grosseur de leurs éléments. Ainsi, après une succession de grès fins, de psammites, de schistes et de houille, superposés aux conglomérats de la base, on voit reparaître les gros poudingues et, souvent même, les véritables conglomérats à gros blocs.

Lorsqu'on explore un terrain houiller, la coloration des schistes et l'abondance des empreintes végétales sont les indications les plus ordinaires du voisinage de la houille; mais on n'a réellement trouvé une couche de houille que lorsqu'on est arrivé sur son affleurement. Les caractères d'un affleurement doivent être étudiés avec le plus grand soin, car, dans la plupart des cas, la houille y est plus ou moins altérée. Nous ne parlons ici que des affleurements naturels, mis à nu dans les ravins ou vallées par l'érosion des eaux, et non de ceux que l'on découvre par des tranchées artificielles.

Il est rare que les couches puissantes soient indiquées par des affleurements en rapport avec leur épaisseur réelle; une trace noire de quelques décimètres, composée de schistes charbonneux, représente souvent une couche de plusieurs mètres. Cette altération des affleurements est bien connue des mineurs, qui ne s'inquiètent guère de l'exiguité des indices extérieurs, et n'hésitent pas à les explorer par des travaux en profondeur. Quelquefois, cependant, les houilles grasses et anthraciteuses se conservent dans leurs affleurements, et nous pouvons citer, comme exemple remarquable, l'affleurement de la grande couche de Rive-de-Gier, dans le petit vallon de Dorlay, près la Grand'-Croix. Là, on peut, lorsque les eaux sont basses, mettre à nu le charbon sur plusieurs mètres d'épaisseur, et en tirer des morceaux durs et conservés comme s'ils avaient été pris en profondeur. Mais ce cas est exceptionnel, même pour les houilles grasses, et il ne faut jamais s'étonner de la pauvreté des affleurements, surtout pour les houilles très oxygénées, qui sont ordinairement les plus altérées. Des travaux suivis en profondeur peuvent seuls décider si une couche est puissante ou non, si elle est de bonne ou de mauvaise qualité.

Dans les bassins houillers qui sont découverts, la configuration du sol prend une grande importance dans l'étude du terrain. Cette configuration a, en effet, été déterminée par des phénomènes de soulèvements et d'affaissements, de ruptures et de compression, qui ont singulièrement modifié la forme première des dépôts. Les couches de houille ont été affectées par ces phénomènes, aussi bien que les dépôts arénacés qui les enclavent, et, tout en étudiant les *allures* et *accidents* des couches de houille, on étudie en réalité les allures et accidents de tout le dépôt houiller. Indépendamment de ces études sur les allures des couches, on a quelquefois cherché à caractériser le terrain houiller d'après les apparences de sa surface, par exemple, d'après les caractères particuliers de sa configuration physique ; mais on n'est arrivé à aucun résultat. Le terrain houiller est rarement à découvert sur des étendues considérables, et, lorsqu'il est recouvert, les apparences de la surface sont déterminées par les formations superposées ; seulement, on a remarqué que, plus les terrains superposés sont modernes, moins le pays est accidenté, et que, par conséquent, les régions où le terrain houiller est à découvert sont généralement assez montagneuses. Telles sont, par exemple, les surfaces houillères toujours montagneuses du centre de

la France, tandis que, dans les régions planes du nord,
le terrain houiller se trouve constamment enfoui à d'assez
grandes profondeurs. En Belgique, le terrain houiller
n'affleure sur des étendues considérables que dans les
provinces accidentées de Liége et de Namur.

Lorsque, dans une contrée quelconque, le terrain houiller
apparaît au jour, les surfaces qu'il constitue se reconnaissent assez facilement à une multitude de signes que l'étude
de la localité a bientôt signalés. La forme et la couleur des
collines et des rochers, la manière dont les agents atmosphériques les modifient, la nature de la végétation qui
s'y développe, deviennent autant d'indices précieux ; mais,
vouloir généraliser ces indices, et reconnaître partout la
présence souterraine de la houille, par des moyens aussi
vagues, et en dehors de l'étude minéralogique des roches,
c'est reculer de plusieurs siècles, et retourner aux jongle-
ries de la baguette divinatoire.

Caractères minéralogiques des formations carbonifères antérieures ou postérieures au terrain houiller.

Nous avons cité plusieurs exemples de beaux gisements
de combustibles minéraux, en dehors du terrain houiller.
Tels sont, dans le terrain anthraxifère, les couches d'anthracite des environs de Roanne, et surtout les houilles
anthraciteuses du terrain dévonien de la basse Loire. Tels
sont, dans les terrains postérieurs au terrain houiller, les
couches combustibles qui se trouvent quelquefois dans le
trias, le terrain jurassique et le terrain crétacé ; tels sont,

encore, les beaux lignites des terrains tertiaires des bords de la Méditerranée, et notamment ceux des environs de Marseille.

Dans les terrains plus modernes, nous voyons les lignites ligneux former des accumulations importantes, notamment sur beaucoup de points de la vallée du Rhin ; puis enfin, et tout à fait à la surface du sol, nous trouvons les tourbières de la Somme, de la Loire-Inférieure, de la Hollande, etc.

Ces divers combustibles, antérieurs ou postérieurs au terrain houiller, n'ont qu'exceptionnellement une qualité comparable à celle des diverses variétés de houille ; ils ne sont pas, cependant, sans une certaine importance, en France surtout, où la houille n'est pas assez répandue pour qu'on néglige les combustibles de qualité inférieure. Les progrès de l'industrie ont, d'ailleurs, permis d'appliquer ces combustibles, même aux industries métallurgiques les plus difficiles, et l'emploi des gaz leur ouvre, dans l'avenir, un vaste débouché. En Allemagne, par exemple, on brûle aujourd'hui les lignites les plus médiocres dans des gazogènes, et les gaz recueillis sont appliqués au puddlage et au réchauffage du fer. En Angleterre, et aux États-Unis, les anthracites sont directement employés dans les hauts fourneaux, et la fabrication des péras artificiels permet, en quelque sorte, de les convertir en houille flambante. Enfin, le seul perfectionnement de la main-d'œuvre a modifié, sur bien des points, la valeur relative des combustibles ; les forgerons ont appris à forger avec des houilles autres que les houilles maréchales de Saint-Étienne ; les chauffeurs de machines savent utiliser les houilles maigres anthraciteuses et les lignites, de telle sorte, que cette tendance générale à un emploi intelligent de tous les combustibles, appelle l'attention sur ceux qui, jusqu'à présent, n'étaient regardés que comme très secondaires.

Malheureusement, tous ces combustibles restent inférieurs aux houilles, non seulement par leurs qualités, mais aussi sous le rapport de leur quantité. Leurs couches, toujours peu nombreuses et peu puissantes, ne constituent, dans les terrains, que des accidents exceptionnels; et ce qui le prouve, c'est que toute la valeur des indices géologiques disparaît. Ainsi, tandis que l'existence seule d'une formation houillère, c'est-à-dire des grès et schistes caractéristiques, suffit pour que l'exploration du terrain soit rationnelle, on ne doit procéder à des recherches, dans les terrains de transition comme dans les terrains secondaires et tertiaires, que sur les *indices directs* de l'existence d'une couche.

Il y a plus, tel indice qui, dans un terrain houiller, serait une preuve directe de la présence d'une couche combustible sous-jacente, n'a plus qu'une valeur très indirecte dans un autre terrain ; car les couches combustibles n'ont plus cette continuité caractéristique, qui, dans le terrain houiller, donne aux explorations une marche assurée, et tout indice, autre que l'affleurement immédiat, devient très hasardeux.

Les formations carbonifères supérieures au terrain houiller

n'ont aucun caractère spécial. Elles sont généralement composées de roches calcaires et argileuses, quelquefois de schistes peu délayables, bien distincts des schistes houillers en ce qu'ils ne sont pas micacés. Le calcaire, surtout, donne à ses formations carbonifères modernes un caractère tout particulier, qui avait conduit les anciens minéralogistes à désigner les lignites par la dénomination de houilles des calcaires.

Lorsque les formations qui recouvrent immédiatement le terrain houiller, comme celles du trias et du lias dans le midi de la France, renferment de petites couches charbonneuses, le terrain offre souvent une sorte de répétition des caractères houillers : ainsi, les argiles schisteuses en contact avec les couches charbonneuses sont plus ou moins bitumineuses, et contiennent des nodules de fer carbonaté; telles sont celles du trias à Saint-Nizier (Saône-et-Loire), et du lias dans les environs de Milhau (Aveyron). Cette reproduction des caractères houillers est encore plus prononcée pour les formations carbonifères qui sont antérieures à la période houillère; mais, dans ces formations comme dans celles du trias et du lias, les couches combustibles sont toujours accidentelles et en faible proportion.

Le terrain anthraxifère des environs de Roanne est celui qu'on peut citer comme type parmi les plus anciens et les plus profondément métamorphosés; il est composé de schistes lustrés, de calcaires compactes ou saccharoïdes, et de grès dont les alternances forment une épaisseur considérable, évaluée à 700 mètres. Il renferme beaucoup d'indices d'anthracite, mais les couches exploitables de $0^m,30$ à 1 mètre de puissance y sont en réalité peu nombreuses, et ne sont connues que sur deux points, à Bully et à Fragny. Ce terrain est tellement pauvre en combustibles, que, dans les localités les plus favorisées, on peut à peine évaluer à 1/300 l'épaisseur de l'anthracite relativement à celle des dépôts.

Les anthracites de Sablé, dans la Sarthe, ne constituent également qu'une très faible proportion dans l'ensemble des dépôts. Composé de schistes, de grès et de calcaires, le terrain ne contient généralement que deux ou trois couches d'anthracite d'une épaisseur de $0^m,30$ à $0^m,70$. Ces couches sont donc peu nombreuses et peu puissantes, mais elles sont régulières dans leur allure, et donnent lieu à des exploitations assez actives.

Dans ces terrains anciens, les roches qui accompagnent les couches combustibles ne peuvent servir d'indice que lorsque leurs caractères se confondent avec ceux des terrains houillers proprement dits. Ainsi, les terrains dévoniens carbonifères de Chalonne, Ingrande, Montrelais, Mouzeil et Nort, ne diffèrent des terrains houillers que par leur concordance avec des couches calcaires qui contiennent des fossiles dévoniens. Ce sont, du reste, les mêmes grès ou psammites, et les mêmes schistes à empreintes ; il y a plus, ce sont les mêmes empreintes, et plusieurs géologues assimilent encore ces dépôts à ceux de l'époque houillère. L'analogie se poursuit jusque dans la disposition des dépôts, qui forment un bassin allongé, isolé au milieu du terrain silurien.

« Ce terrain dévonien commence presque toujours, disent MM. Dufrenoy et Élie de Beaumont, dans leur *Description géologique de la France*, par un poudingue composé de galets de quarz hyalin laiteux, de quarz noir, de schiste micacé, et d'un schiste verdâtre qui se retrouve sur beaucoup de points de la Bretagne. Le poudingue passe, par la diminution de la grosseur des éléments, à des grès avec lesquels il alterne à plusieurs reprises. Des grès schisteux, noirs, très micacés, et contenant des empreintes végétales, succèdent au poudingue; ils sont recouverts par le système de couches d'anthracite. Cet ensemble présente une épaisseur moyenne de 1,000 à 1,500 mètres, et renferme vingt-cinq couches d'anthracite, dont huit seulement sont assez puissantes pour être exploitées avec avantage. »

A plusieurs niveaux du bassin et dans les divers étages carbonifères, on rencontre une roche que l'on a appelée *pierre carrée*, à cause de sa tendance à se briser en fragments prismatiques. Cette roche, lorsqu'elle est à l'état compacte, a de certaines analogies avec un pétrosilex; elle est verdâtre, et contient des parties qui semblent serpentineuses. Ces caractères ont souvent fait regarder la *pierre carrée* comme une roche éruptive, insérée suivant les plans de la stratification du terrain; mais une étude approfondie a permis à M. Rolland de démontrer qu'elle était bien réellement sédimentaire. Elle contient, en effet, des empreintes végétales en assez grande quantité : troncs, tiges et feuilles ; de plus, elle se charge quelquefois de cailloux quarzeux, au point de constituer un véritable poudingue dont la pâte est la *pierre carrée*. La puissance des couches est très variable ; elle atteint accidentellement 70 mètres, mais, d'autres fois, elle se réduit à quelques mètres.

Tous ces caractères se réunissent pour assimiler la *pierre carrée* à la roche que nous avons désignée, dans les dépôts houillers de la Loire, sous le nom de *gore blanc*. Le développement considérable qu'a pris cette roche anomale dans la formation carbonifère de la basse Loire, n'est donc qu'une particularité locale, qui n'altère pas ses conditions d'identité de composition avec la formation houillère.

Les couches combustibles se soutiennent dans presque toute l'étendue du bassin, mais en nombre très variable. Sur plusieurs points, leur proportion dépasse 1/200.

Dans les terrains secondaires où nous avons signalé l'existence de quelques petites formations carbonifères, dont les caractères se rapprochent aussi de ceux des formations houillères, la proportion des couches combustibles n'atteint jamais cette importance. Remarquons, d'ailleurs, une autre différence, c'est que les formations carbonifères des terrains secondaires, au lieu de s'étendre sur toute la surface couverte par les dépôts qui les renferment, n'y constituent au contraire que des îlots très circonscrits. Ce sont de petites formations locales enclavées dans l'ensemble du terrain.

Une réflexion bien simple met en évidence l'insignifiance des caractères de gisement de ces combustibles accidentels, c'est qu'on peut les supposer passant d'un terrain dans un autre, sans que les caractères généraux de ces terrains en soient aucunement modifiés; ils n'y figurent que comme une particularité locale.

Les dépôts carbonifères de l'époque tertiaire ont plus de régularité, lorsque ces terrains nous représentent des lacs d'eau douce, isolés et circonscrits, au fond desquels se sont effectués des dépôts calcaires ou argileux. Dans ce cas, les circonstances génératrices des combustibles minéraux se sont quelquefois reproduites avec assez d'énergie et de périodicité pour intercaler des couches nombreuses dans les dépôts. Nous avons déjà cité le bassin de Fuveau, en Provence, comme le plus remarquable de ces dépôts tertiaires, carbonifères.

Le terrain tertiaire ligniteux couvre un espace considérable en Provence. Il s'étend depuis les environs de Roquevaire jusqu'à 15 kilomètres à l'ouest, sur une largeur qui va jusqu'à 8 kilomètres. Ces dimensions assimilent, comme surface, le bassin des lignites de Provence à certains bassins houillers du centre de la France; mais il ne leur est pas comparable sous le rapport de la richesse. Les lignites n'y sont développés que dans une partie de l'épaisseur totale des dépôts, épaisseur que M. Devilleneuve évalue à 550 mètres, et, encore, cet étage ligniteux n'existe-t-il lui-même que dans certaines vallées, parmi lesquelles celle de l'Arc est la plus favorisée.

L'étage ligniteux est composé de calcaires souvent bitumineux et fétides, alternant avec quelques bancs de calcaires marneux et de grès. Les fossiles y abondent, et consistent en coquilles d'eau douce, telles que cyclades, mélanopsides, potamides, etc... Tous sont concentrés dans les couches calcaires ou argileuses, et ce n'est qu'accidentellement que les cyclades pénètrent de quelques centimètres dans le lignite, dans lequel on trouve seulement quelques débris de carapaces de tortues.

Parmi les alternances calcaires et marneuses qui constituent l'étage carbonifère, il existe sept couches de lignites compactes, remarquables par leur qualité. Ces couches sont très régulièrement stratifiées, mais leurs puissances réunies n'atteignent que trois à quatre mètres, et les exploitations ne portent que sur deux d'entre elles, dont l'une a $1^m,25$, et l'autre $0^m,60$ d'épaisseur. M. Devilleneuve évalue à 132 mètres l'épaisseur totale de cet étage carbonifère; de telle sorte que la puissance des couches combustibles, par rapport à la puissance des dépôts, serait de 1/45; mais, en réalité, la proportion, comparée à l'épaisseur totale de la formation, n'est que de 1/150.

Les terrains à lignites ne présentent pas toujours des couches aussi multipliées, de bonne qualité, alternant aussi régulièrement avec les dépôts sédimentaires. Dans les provinces rhénanes, les lignites ligneux, ou braunkohle, constituent des couches d'une allure très irrégulière, et, sur quelques points même, ces couches ont le caractère d'accumulations ou amas stratifiés. C'est surtout dans ces accumulations ligneuses que l'on trouve des bois assez bien conservés pour qu'on puisse en reconnaître l'espèce, et l'on a pu y constater que les végétaux dominants n'étaient plus ceux de l'époque houillère, mais qu'ils se confondaient avec ceux de l'époque actuelle.

Tourbières.

Parmi les grands phénomènes géologiques qui ont déterminé les principaux caractères de forme et de composition de l'écorce du globe, il n'en est aucun qui ne soit représenté par quelque arrière phénomène, par quelque fait analogue appartenant à l'époque actuelle. C'est ainsi que les grandes perturbations dynamiques qui ont causé les migrations successives des eaux, et constituent ce que nous appelons les révolutions du globe, sont actuellement représentées par l'action volcanique agissant, quelquefois encore, comme force soulevante des couches placées à la surface, tandis que la série géologique des roches ignées se continue par les émissions de laves. La génération des roches sédimentaires, produites par voie de précipitation chimique, ou par transport et agrégation, se perpétue aussi sous nos yeux par les dépôts de travertins, et par l'action des cours d'eau et des mers. Mais tous ces phénomènes actuels ne sont que des réminiscences éloignées, dont la faible influence peut à peine se comparer aux prodigieux effets des actions antérieures.

Il est des faits d'une autre nature qui ont suivi une marche inverse, c'est-à-dire, qui se sont progressivement accrus, et dont l'époque actuelle nous présente le maximum : c'est, par exemple, le développement des espèces animales et végétales. Si donc, les bancs coquillers, les couches madréporiques qui se forment aujourd'hui, tendent à constituer des phénomènes plus généraux et plus puissants que par le passé, il doit en être de même des accumulations végétales, dont les diverses périodes géologiques nous ont conservé des témoignages si intéressants, sous forme de houilles et de lignites.

La végétation qui s'est développée sur la plus grande partie de la surface du globe, constitue probablement aujourd'hui un fait plus général et plus étendu qu'à aucune époque géologique, mais cette végétation ne laisse que bien peu de traces de son existence ; une faible épaisseur de terre végétale est, en quelque sorte, la seule trace de son passage. La décomposition des végétaux est, en effet, dans la plupart des cas, putride, c'est-à-dire gazeuse, et il en résulte peu de carbone isolé ; la destruction a lieu de la même manière que le développement. Ainsi, cette végétation qui, depuis tant de siècles, imprime un caractère si tranché et si varié aux surfaces continentales de l'époque actuelle, laisserait des vestiges bien faibles, si une révolution géologique, semblable à celles des temps passés, venait à la détruire. Il faut en conclure que ce n'est pas dans les conditions ordinaires de la production et de la décomposition des végétaux qu'on peut chercher l'origine des combustibles minéraux.

Les tourbières présentent des phénomènes tout différents.

La production des végétaux, stimulée par les conditions particulières de ces foyers, y est plus active que partout ailleurs ; leur décomposition est incomplète et se produit de manière à laisser sur place la plus grande partie du carbone. En réalité, le phénomène du tourbage n'est pas une décomposition, c'est presqu'un phénomène de conservation des végétaux, conservation qui paraît résulter d'une sorte de fermentation dans les eaux stagnantes.

La plupart des tourbières se trouvent, en effet, dans des plaines basses, où les eaux n'ont qu'un écoulement difficile et forment une nappe de peu d'épaisseur. Telles sont, dans les grandes vallées de la Somme (Amiens), de la Seine (Essonne), de la Loire (environs de Nantes), les tourbières qui se sont formées à la surface des plaines latérales. Dans certaines contrées, ces plaines tourbeuses ont un niveau inférieur à celui des fleuves, dont elles sont isolées par des digues naturelles produites par les atterrissements.

Dans les pays de montagne, on remarque souvent de petits fonds marécageux, très unis, couverts d'une végétation vivace et toujours verte, même pendant les temps de sécheresse ; ce sont de petites tourbières, telles qu'on en rencontre fréquemment dans les Ardennes, dans les Vosges, etc...

Sur les côtes très planes, telles que celles de la Hollande, du nord de la France, des Landes, etc..., l'action de la mer forme des levées de sables et de galets derrière lesquelles se trouvent des lagunes et des marécages d'eau douce. Ce phénomène est surtout très prononcé en Hollande, où d'immenses tourbières se sont développées sur les plaines marécageuses ainsi séparées de la mer; ces plaines tourbeuses sont ce que l'on appelle, en Allemagne et en Angleterre, *moor* ou *moos*.

Cependant, le phénomène du tourbage se produit aussi, dans un grand nombre de cas, sur des pentes sensibles qui se sont couvertes de plantes basses et serrées. Ces plantes forment un tissu spongieux, et lorsqu'elles sont dominées par des sources, elles retiennent constamment une lame d'eau qui favorise leur transformation en tourbes. Telles sont certaines pentes des montagnes de la France centrale, des Vosges, du Fichtelgebirge, etc... Toutefois, la génération de la tourbe est loin d'être aussi active sur ces déclivités que dans les tourbières proprement dites, et la tourbe y est plus mélangée de parties terreuses.

D'après les observations de M. Élie de Beaumont, il se développe, dans les eaux stagnantes et peu profondes des tourbières, deux espèces de végétations; l'une, au fond, produite par les plantes aquatiques; l'autre, à la surface, produite par des végétaux terrestres qui ne tardent pas à s'implanter sur la pellicule solide que forment les feuilles, les bois morts et surnageants, les poussières flottantes, etc. Les végétaux terrestres, une fois développés, forment un gazon superficiel, dont la solidité va toujours croissant; il s'y implante des arbres, et, dans un grand nombre de cas, la surface est assez solide pour qu'on puisse la parcourir. Le sol tourbeux, ainsi superposé à une lame d'eau, se reconnaît ordinairement à son élasticité et au son qu'il rend lorsqu'on le traverse.

Pour bien apprécier le phénomène de l'accroissement des tourbières, il suffit de bien se rendre compte de leur structure intérieure. Le gazon superficiel forme une surface solide, élastique, au-dessous de laquelle se trouve l'eau, remplie par les plantes ascendantes du fond, et les racines descendantes du gazon; ces plantes et ces racines enchevêtrées déterminent un feutrage spongieux. Du fond de l'eau, se développent et montent les plantes aquatiques, qui augmentent l'épaisseur du feutrage et dont la décomposition successive accroît incessamment l'épaisseur de la tourbe. Cette tourbe se stratifie à mesure qu'elle se produit, et elle exhausse le fond de la tourbière.

L'eau, qui paraît le principe de l'action du tourbage, semble devoir sa propriété conservatrice à quelques faits analogues à ceux du tannage des peaux. Il faut, pour que cette action se produise, que l'eau soit presque complétement stagnante, car lorsqu'il existe des sources sur le fond d'une tourbière, le développement et le tourbage des plantes est d'autant plus troublé que le mouvement produit par la source est plus considérable.

Ces sources du fond ont, en outre, l'inconvénient d'établir, dans la partie solide des tourbières, des solutions de continuité qui en rendent le parcours très dangereux. Si l'on vient à marcher sur une de ces fondrières, le sol manque, et, lors même que la tourbière est peu profonde, plus on fait d'efforts pour en sortir, plus on s'enfonce dans le feutrage des plantes et dans les tourbes vaseuses du fond. C'est ainsi que des animaux qui venaient s'abreuver, des hommes recouverts de costumes appartenant aux temps les plus reculés, ont été retrouvés dans certaines tourbières, où leurs cadavres s'étaient maintenus en parfait état de conservation.

Lorsque les tourbières sont placées de manière à être inondées, comme, par exemple, sur les parties latérales des cours d'eau, les inondations peuvent interrompre le phénomène du tourbage, et produire des alternances de tourbes avec des sables ou des limons argileux; c'est ce qui arrive dans la plupart des grandes tourbières.

La tourbe est d'apparence variable, suivant la nature des végétaux qui la composent. La plus ordinaire est celle qu'on appelle *tourbe mousseuse*, parce qu'elle est formée de végétaux rampants et entrelacés. La *tourbe feuilletée* est, en grande partie, composée de feuilles superposées, et contient les troncs et les branches des arbres qui ont produit ces feuilles. Les arbres qu'on y retrouve sont généralement couchés et aplatis; mais, dans beaucoup de cas, les parties inférieures brisées à une certaine hauteur sont restées en place. C'est cette espèce de gisement que l'on a appelé *forêts sous-marines*, parce que les principaux exemples en ont été constatés sur les côtes de la mer, et à un niveau inférieur à celui des eaux.

En 1811, près de Morlaix, de forts ouragans ayant déblayé la côte, sur une surface considérable, des sables superficiels qui la couvraient, on vit que le sol était composé d'une accumulation de matières végétales noires, dans lesquelles étaient enfouis un très grand nombre d'arbres : on reconnut des chênes, des bouleaux, des insectes fossiles. Il existe de ces forêts sous-marines sur les côtes de Normandie, à Sainte-Honorine et aux Vaches-Noires, à l'embouchure de deux petites vallées; on en a constaté un grand nombre, sur les côtes d'Angleterre, et l'on a pu y reconnaître des chênes, des bouleaux, des noisetiers, des aulnes, etc., dont les racines et les troncs étaient dans leur position normale, tandis que les tiges étaient toujours renversées : on a été conduit à attribuer ce renversement à l'action des ouragans, et leur situation actuellement inférieure au niveau de la mer, soit à l'affaissement progressif des sols limoneux et tourbeux par les surcharges de sables que la mer y apporte, soit à la rupture subite des digues qui isolaient autrefois, de la mer, ces forêts littorales.

La baie de Saint-Michel présente un des exemples les plus remarquables de la submersion des sols tourbeux, ainsi placés sur les bords de la mer, derrière des levées ou barres de galets postérieurement détruites par des ouragans.

Cette baie était, à l'époque des Romains, couverte de bois; la côte, formée probablement par un cordon littoral qui fermait la baie, devait passer au nord de l'île Chosey, et l'on peut reconstruire l'ancien état de cette contrée, par analogie avec celles qui se présentent aujourd'hui dans les mêmes circonstances. Une voie romaine, située au nord de Dôl et du rocher Saint-Michel, se dirigeait sur Carentan.

Cet équilibre fut détruit vers 709; probablement, la levée littorale se rompit, les eaux envahirent graduellement la baie, et, par des phénomènes analogues à ceux qui produisirent le Zuyderzée en Hollande, l'envahissement se propagea successivement jusqu'en 1400. Le sol tourbeux de la forêt qui couvrait autrefois la baie se trouve donc actuellement enfoui sous les sables; mais, dans les gros temps, les chocs de la mer sur son propre fond déterminent souvent la sortie de grosses billes d'un bois noirci par une altération analogue à celle des tourbières.

Les forêts sous-marines ne sont donc autre chose que des tourbières, analogues à celles qui se produisent aujourd'hui derrière les levées littorales de la Hollande[1]. C'est le même phénomène, modifié par l'action de la mer sur ses côtes. Sur beaucoup d'autres points du littoral de la France, nous trouvons aujourd'hui des marais et des tourbières, là où les *Commentaires de César* citent des forêts.

Le phénomène des tourbières est, d'ailleurs, un phénomène général, qui s'établit partout où les circonstances sont favorables à sa production. Il en existe, dans les contrées intertropicales, qui sont entièrement identiques à celles des contrées tempérées, et c'est principalement sur leurs gazons superficiels que se développent les fougères arborescentes.

A part la différence minéralogique des produits, ne peut-on pas assimiler les conditions de formation des couches de houille et de lignite à celles qui produisent les couches

---

[1] Élie de Beaumont, Cours du Collége de France.

de tourbe? Cette hypothèse se présente naturellement à la pensée, car les tourbes peuvent, comme les houilles et les lignites, se stratifier horizontalement sur des surfaces considérables, en alternant avec les sables et les limons qui, de leur côté, représentent les grès et les schistes de l'époque houillère.

Les contrées favorables à la production des plus vastes tourbières sont celles qui présentent les lignes horizontales les plus étendues, et dont le niveau, peu élevé, favorise l'intervention des eaux sous forme de couches minces et stagnantes. Sous ce rapport, la Hollande est la terre classique des tourbières, et, parmi de nombreux exemples, il suffira d'en prendre un, pour donner idée du développement dont le phénomène est susceptible, tant en étendue qu'en épaisseur.

Près de Hambourg, le *Duvels Moor* (Tourbière du Diable) couvre une longueur de quatre-vingts kilomètres, sur une largeur de vingt. Le fond sur lequel elle s'étend est légèrement ondulé, aussi l'épaisseur de la tourbe n'est-elle pas partout identique. En certains points, elle atteint une puissance de 12 mètres, tandis qu'en quelques autres points la roche du fond saille jusqu'à la surface. Or, plusieurs de ces saillies, à peine apparentes aujourd'hui au-dessus de la tourbe, portent le nom de *berg* (montagne), nom qui indique, d'une manière incontestable, qu'elles formaient autrefois des protubérances très apparentes. L'accroissement de la tourbe a donc été très sensible, depuis les temps historiques, et cette épaisseur de 12 mètres n'est pas un phénomène qui puisse étonner l'imagination.

Si le régime des eaux dans les tourbières était constant, il y aurait partout production d'une seule et même couche, plus ou moins épaisse, suivant l'intensité et l'ancienneté du phénomène; mais les inondations y ont intercalé des lits de sables et de limons qui ont singulièrement limité la production de la tourbe; car le gazon supérieur est indispensable à cette production, et, chaque fois qu'il a été détruit par les sables, il a dû être très lent à se reformer. Ces inondations ont, en outre, causé la destruction d'une épaisseur notable de tourbe, ainsi que plusieurs phénomènes naturels tendent à le prouver.

En effet, lorsqu'une tourbière vient à se surcharger d'eau, par suite de la plus grande activité des sources du fond, ou par des infiltrations latérales, le gazon qui forme couverture se gonfle et prend une forme convexe; si la pression du fond augmente, ce bombement atteint bientôt sa dernière limite, il y a rupture, et les eaux entraînent, en s'écoulant, de grandes quantités de tourbes. On a cité beaucoup d'exemples de ces irruptions d'eaux tourbeuses, sur lesquelles surnagent ordinairement des îlots de gazons. C'est ainsi que le Solway-Moos, en Écosse, les tourbières de Blumfield, et d'autres situées en Hollande, ont coulé en charriant des arbres, et stratifiant sur leur passage les tourbes remaniées. Ces petites révolutions locales peuvent expliquer une partie des détails de structure que présentent aujourd'hui certaines tourbières.

Dans le département de la Somme, par exemple, il existe

des alternances de tourbes, sables et limons, qui ont 10 et 20 mètres d'épaisseur, alternances qui démontrent l'existence de tourbières successives, dont l'action a été interrompue par des inondations.

Les conditions précédemment signalées comme nécessaires au développement de la tourbe suffisent pour diriger les recherches. C'est dans les plaines latérales des grandes vallées, isolées des eaux courantes par des digues alluviales, dans les bassins de réception, et dans les embouchures des cours d'eau, que se trouvent habituellement les tourbières. Il en existe également sur les côtes maritimes, là où des plaines alluviales, faiblement inclinées, sont isolées de la mer par des levées littorales. La tourbe est, d'ailleurs, de tous les combustibles celui qui exige le moins de recherches; partout où elle existe, elle est connue des cultivateurs, et il ne reste plus au géologue qu'à en étudier les détails de puissance, d'alternances, de structure et de composition.

CHAPITRE III

CARACTÈRES MINÉRALOGIQUES ET CLASSIFICATION DES COMBUSTIBLES MINÉRAUX.

Définition des trois types : anthracite, houille et lignite.—Leurs propriétés physiques et industrielles.—Diverses variétés de houille : houilles sèches anthraciteuses, houilles maréchales, houilles flambantes, propres à la fabrication du gaz, cannel-coal, houilles maigres à longue flamme. — Structure et analyse mécanique de la houille — Lignite parfait et lignite ligneux. — Tourbes. — Composition des combustibles minéraux. — La composition chimique conduit à la même classification que les propriétés physiques, et cette classification est également celle qui résulte des conditions géognostiques de leur gisement. — Gaz qui s'échappent de la houille. — Le grisou et l'acide carbonique ; circonstances de leur dégagement. — Échauffement et combustion spontanée des houilles et des lignites, leur altération par les influences atmosphériques, suppression fréquente des affleurements des couches.

Recherches sur l'origine des combustibles minéraux. — Débris végétaux trouvés dans les roches houillères, leurs caractères et leur classification. — Analogie avec certains végétaux des contrées intertropicales.—Dispositions sous lesquelles se présentent ces fossiles ; végétaux couchés et végétaux debout. — Existence des empreintes dans la houille elle-même. — Origine de la houille. — Théorie de la formation des couches. — Hypothèses diverses ; calculs de M. Élie de Beaumont sur les épaisseurs des couches. — Explication théorique des superpositions de couches combustibles et de la puissance considérable des dépôts effectués sur des espaces restreints. — Formation des anthracites.

Caractères distinctifs des combustibles minéraux.

On peut désigner comme combustible minéral toute substance noire, lithoïde, dont le carbone est l'élément principal, et qui brûle avec plus ou moins de facilité.

Cette définition comprend non seulement les combustibles habituellement employés, mais encore certaines substances accidentelles, les bitumes, par exemple, dont les usages et les conditions de gisement sont tout à fait distincts. Nous ne nous occuperons ici que des combustibles minéraux bien caractérisés, et qui jouent un rôle important dans l'industrie.

De tout temps on a fait une grande différence entre les diverses qualités de houille, et distingué les variétés sèches et anthraciteuses des houilles grasses et collantes. Guettard, Buache, Morand séparent dans leurs ouvrages ces deux variétés de houille : les unes, dit Morand, sont sèches, et propres à la cuisson des briques et de la chaux ; les autres grasses, bitumineuses, sont propres aux usages de forge, et à la production d'un charbon spécial, désulfuré [1].

En dehors de ces deux catégories, les anciens minéralogistes n'avaient guère pu établir de distinction entre les diverses variétés, parce que l'absence de collections empêchait de comparer entre eux les charbons des divers pays. Lorsqu'il s'agissait de caractériser les espèces, on

---

[1] On lit dans Morand l'analyse suivante d'un charbon d'Écosse, analyse qui résume assez bien les connaissances de cette époque sur la composition des houilles. « L'examen chimique a fait voir dans huit livres de ce charbon treize onces d'une liqueur ou d'un esprit ; une once de sel volatil, « six onces d'huile de couleur noire, ayant l'odeur du pétrole appelé pétrole noir ; six livres et demie de résidu. La terre noire qui reste dans « la retorte est, ajoute Morand, une terre noire charbonneuse qui brûle « à l'air libre en étincelant, comme le charbon de bois, sans donner de la « flamme ni de la fumée. »

On voit, d'après ce passage, que Morand, qui avait étudié spécialement les houillères belges, ne connaissait le coke que très indirectement.

énumérait successivement celles qui étaient admises en Angleterre, en Allemagne et en France.

Aujourd'hui, comme dans le siècle dernier, ce sont les industriels qui ont classé les charbons, d'après leur manière de se comporter au feu ; les distinctions minéralogiques, tout en concordant avec les leurs, seraient beaucoup moins précises. Cherchons, en effet, les espèces minéralogiques dont les caractères présentent des différences toujours appréciables, et nous n'obtiendrons que trois types bien distincts, auxquels un combustible minéral quelconque puisse être assez facilement rapporté par la seule inspection de ses caractères extérieurs. Ces trois types sont : l'*anthracite*, la *houille* et le *lignite*.

Ces trois combustibles peuvent être considérés dans des états très différents de pureté. Tantôt ils seront purs, c'est-à-dire qu'ils contiendront à peine quelques centièmes de cendres ; tantôt ils seront mélangés de divers éléments empruntés aux roches voisines, en quantité tellement variable, qu'on pourra établir des passages minéralogiques entre les combustibles purs et ces mêmes roches. Ces mélanges de combustibles avec des roches, consistant ordinairement en argiles schisteuses, sont toujours assez faciles à reconnaître par la teinte terne du noir, et par la densité du combustible, densité d'autant plus grande que le mélange terreux est plus considérable. Mais, comme ces mélanges altèrent souvent les caractères minéralogiques des divers combustibles, au point d'en rendre la distinction impossible, il faut, pour comparer entre elles les espèces et les variétés, prendre pour types celles qui peuvent être considérées comme pures, c'est-à-dire qui ne contiennent pas plus de 2 à 3 pour cent de cendres.

Anthracites.

L'*anthracite* pur est souvent désigné sous le nom d'anthracite *vitreux*, et c'est, en effet, l'épithète la plus convenable qu'on puisse appliquer à cette substance compacte, d'un *noir intense*, à cassure ordinairement conchoïdale, et dont les surfaces sont susceptibles de recevoir le poli. L'anthracite est complétement opaque, malgré sa texture compacte, homogène et semi-vitreuse. Les cassures sont, le plus souvent, déterminées par des délits naturels, ordinairement plans. Ces délits sont de deux sortes : les uns, suivant le plan de stratification, ternes, tachants et couverts d'un enduit graphiteux ; les autres, à peu près perpendiculaires, à surfaces miroitantes, d'un beau noir et ne tachant pas les doigts.

Un anthracite pur contient environ 92 pour cent de carbone. C'est à cette simplicité de composition qu'il doit son aspect compacte, sa densité de 1,36 à 1,40, sa couleur d'un noir intense, un peu graphiteux, enfin son éclat sombre, demi-métallique. La poussière de l'anthracite est toujours noire.

Ne distinguât-on pas l'anthracite à la seule inspection des échantillons, on le reconnaîtrait immédiatement à la manière dont il se comporte au feu. Il s'allume très difficilement, brûle avec une flamme bleuâtre, courte, et exhale une odeur dans laquelle le soufre se trahit presque toujours avec plus d'intensité que dans les autres combustibles minéraux. La combustion de l'anthracite est lente, ses fragments décrépitent souvent, mais ne changent pas de forme en brûlant; la flamme bleue cesse lorsque la combustion est avancée. Les fragments se couvrent alors de cendres, et si le tirage n'est pas très fort, le feu s'éteint en laissant un grand volume d'escarbilles.

Cette combustion difficile et sans flamme empêche l'usage du véritable anthracite de prendre une grande extension. Dans les foyers domestiques, il est d'un emploi quelquefois assez commode, en ce que le feu n'a pas besoin d'être souvent remué, mais la mise en feu est difficile, et l'aspect de ces foyers est tellement triste, qu'on ne se sert d'anthracite qu'à défaut de houille, ou par suite d'une très grande différence de prix. Pour les usages industriels, l'anthracite, sans être d'une application aussi facile et aussi commode que la houille, peut cependant se plier à presque toutes les exigences du chauffage ou de la métallurgie quand on opère avec un courant d'air forcé. Dans les foyers des générateurs de vapeur, l'anthracite brûle parfaitement sous l'action d'un ventilateur ou d'un jet de vapeur; dans les hauts-fourneaux des États-Unis, son usage est presque général pour toutes les variétés qui ne décrépitent pas.

Lorsque l'anthracite perd sa pureté, et se charge de matières terreuses, il perd en même temps son éclat et devient terne et graphiteux, tout en conservant les caractères pyrognostiques qui le distinguent des autres combustibles. Mélangé de 20 à 30 pour cent d'argile, il peut encore brûler, mais sans flamme et avec lenteur.

Le passage de l'anthracite au schiste anthraciteux s'effectue d'ailleurs comme le passage de tous les combustibles aux argiles schisteuses qui les accompagnent. Ainsi, on a exploité, dans les parties tout à fait inférieures du terrain houiller du Nord, vers Château-l'Abbaye, des couches d'anthracite comprises dans les bancs supérieurs du calcaire carbonifère; ces anthracites étaient composés de petites zones pures et brillantes d'un anthracite vitreux et spéculaire, alternant avec de petites zones d'une matière d'un noir mat, qui n'était autre chose qu'un anthracite terreux, chargé d'argile et de sulfure de fer. Les passages minéralogiques se faisaient, soit vers l'anthracite pur, soit vers le schiste anthraciteux, par la prédominance des zones brillantes ou des zones mates, de telle sorte que la couche se trouvait naturellement divisée en plusieurs petites couches ou planches distinctes, les unes assez pures pour le commerce, les autres, moins pures, mais suffisantes pour les besoins de la localité; d'autres, enfin, étaient tout à fait terreuses, et ne valaient pas la peine d'être extraites de la mine.

Les anthracites sont les combustibles caractéristiques de presque tous les bassins carbonifères antérieurs à la formation houillère; il en existe aussi dans cette formation elle-même, mais toujours à la partie inférieure, de telle sorte qu'ils doivent être regardés comme les combustibles les plus anciens de la série géognostique des terrains.

Ainsi, les anthracites sont les seuls combustibles du terrain carbonifère dévonien que nous avons précédemment cité aux environs de Roanne. La formation carbonifère de Sablé, antérieure au calcaire carbonifère, ne contient également que des anthracites ; enfin, dans le bassin de la basse Loire, le caractère dominant des charbons est leur nature sèche et anthraciteuse. A la base des formations houillères du nord de la France, de la Belgique, du pays de Galles et du Staffordshire, il existe également des anthracites, ou des houilles très sèches qui s'en rapprochent beaucoup.

Les anthracites de la Pensylvanie se rencontrent principalement dans des bassins isolés, et détachés du grand bassin houiller, situé à l'ouest des Alleghanis. Or, dans les bassins détachés qui affectent ainsi une position subordonnée à un bassin principal, il arrive presque toujours que les dépôts correspondent aux couches inférieures de ce bassin principal. Ainsi, dans le petit bassin de Rolduc, près Aix-la-Chapelle, isolé et détaché du bassin houiller de Liége et d'Eschweiler, les dépôts correspondent aux couches les plus inférieures de la formation houillère, et les houilles sont exclusivement anthraciteuses. Il en est de même pour les dépôts de Ternuay et Communay, qui forment un petit bassin isolé du grand bassin de la Loire. Le bassin d'Olympie, détaché de celui du Gard, ne contient que des couches inférieures et anthraciteuses. Enfin, les anthracites du Marais, dans l'Allier, sont dans une situation analogue.

Toutes ces positions géognostiques des anthracites sont des positions normales qui autorisent à les considérer comme antérieurs à la houille; cependant ce principe n'est pas absolu et d'importantes exceptions empêchent de le généraliser.

Dans la région des Alpes, dont les terrains sont jurassiques ou crétacés, il existe des anthracites, assurément bien plus modernes que la houille. Tels sont, dans le département de l'Isère, les gîtes de la Mure, qui contiennent non seulement l'anthracite terreux comme sur beaucoup d'autres points des Alpes, mais encore les anthracites purs, vitreux et spéculaires semblables à ceux de la Pensylvanie. Ces gîtes de la Mure sont les plus classiques de la région des Alpes, en ce qu'ils présentent les anthracites développés sur une grande échelle et parfaitement caractérisés sous le rapport minéralogique. La couche principale n'a pas moins de 7 mètres de puissance.

Ces anomalies ne sont, cependant, qu'apparentes. Dans les Alpes, ce ne sont pas seulement les couches combustibles qui sont dans un état exceptionnel, tout l'ensemble du terrain, composé d'alternances calcaires, argileuses et quarzo-schisteuses, est profondément altéré. Les caractères du terrain semblent marquer un retour vers les roches dévoniennes, et l'étude des Alpes avait conduit à considérer l'anthracite comme l'état métamorphique de la houille bien avant que celle du bassin des Alleghanis vînt le démontrer de nouveau. Or, comme le caractère général des roches anciennes, comparé à celui des roches secondaires, consiste précisément en ce que cet état de métamorphisme est l'état normal, l'exception vient ici confirmer la règle d'antériorité des anthracites comparativement aux autres combustibles.

Houilles.

Sous le rapport minéralogique, la houille est moins nettement définie que l'anthracite, car on applique cette dénomination à plusieurs variétés dont les propriétés sont très diverses.

Le véritable type de la houille est la houille *grasse*, dite *maréchale* parce que c'est celle que préfèrent les forgerons. Cette houille, lorsqu'elle est pure, est d'un beau noir velouté, fragile, pesant de 1,27 à 1,30. Elle contient de 80 à 85 pour cent de carbone.

La houille grasse se comporte au feu d'une manière toute particulière. Allumée sur une grille, même à l'air libre, elle prend feu facilement, et brûle avec une flamme blanche, longue et fuligineuse ; les fragments se déforment, se boursoufflent, se collent entre eux, et toute la masse tend à se transformer en coke. La combustion continue jusqu'à ce qu'il ne reste plus que des cendres. Lorsque la combustion a été très vive, comme dans les feux de forge, ces cendres fondent et se transforment en scories ou mâchefer.

La houille grasse peut encore être appelée la houille à coke par excellence ; car c'est celle qui en fournit la plus grande proportion. Cette proportion, en volume, est ordinairement supérieure au volume de la houille ; en poids, elle est de 0,60, et quelquefois de 0,70. Le coke, lorsqu'il a été bien fait, soit en tas, soit en fours, est fritté, c'est-à-dire bien soudé et finement bulleux, homogène, gris d'acier, sonore et dur ; les fragments sont anguleux et leurs arêtes sont tranchantes.

La houille grasse, type dans lequel se trouvent réunies toutes les qualités qu'on recherche ordinairement, s'unit par des passages minéralogiques, soit à l'anthracite, soit au lignite, et ces passages s'effectuent par des variétés distinctes : d'un côté, vers l'anthracite, par les *houilles sèches anthraciteuses*, de l'autre, vers le lignite, par les *houilles maigres flambantes et gazeuses*.

La houille *sèche anthraciteuse* est, en quelque sorte, définie par sa dénomination ; elle ne colle pas, donne peu de flamme, et est principalement employée à la cuisson de la chaux et des briques. En Angleterre, dans le pays de Galles, on en fait un grand usage pour les hauts-fourneaux ; elle s'y conduit très bien, et ne décrépite pas, comme nos anthracites, de manière à obstruer les fourneaux. La houille sèche ne convient aux foyers évaporatoires qu'avec l'emploi d'un courant d'air forcé, et sur des grilles d'une grande surface ; car elle brûle, à la manière des anthracites, lentement et avec une flamme très courte. Comparées à la houille maréchale, sous le rapport de la composition, les houilles anthraciteuses sont toujours plus chargées en carbone.

Les houilles sèches anthraciteuses comprennent une nombreuse série de variétés qui forment le passage à la houille grasse ; telle est la série des houilles désignées, dans le nord de la France et la Belgique, sous le nom de *charbons maigres*. Ces charbons ne sont pas propres à la fabrication du coke, et ne brûlent qu'avec peu de flamme.

La dénomination de charbons maigres s'applique aussi aux houilles maigres, flambantes et gazeuses, qui établissent le passage de la houille grasse maréchale aux lignites. Dans ces houilles la proportion des gaz augmente progressivement de manière à constituer trois variétés principales, savoir : 1° le *charbon flenu de Mons* ou *charbon à gaz de Saint-Étienne* ; 2° la *houille compacte* ou *cannel-coal* ; 3° la *houille maigre à longue flamme*.

Le *flenu* ou *charbon à gaz* ne diffère presque de la houille maréchale que par une propriété moins collante, et un rendement moins avantageux en coke ; il est plus solide et convient mieux à la grille qu'à la forge ; à la distillation, il fournit un gaz plus abondant et plus éclairant que toute autre houille.

La *houille compacte*, ou cannel-coal, est une variété accidentelle de ces houilles gazeuses ; elle ne colle pas, mais elle est encore plus avantageuse pour la production du gaz. Elle s'allume facilement, et brûle avec une flamme blanche et claire, qui l'a fait aussi nommer *candle-coal* ou charbon candelaire ; en Angleterre, c'est le charbon d'appartement par excellence. Sa texture compacte et homogène, sa structure plateuse, son aspect terne et ligniteux, en font réellement une anomalie mméralogique.

Le cannel-coal, est ainsi nommé du nom de la mine qui le fournit, à Worsley dans le Lancashire; il y constitue une seule couche dont l'épaisseur totale est de 1,90, et qui fait partie d'un système ou faisceau de couches de houille généralement grasse. C'est une variété accidentelle, présentant dans sa propre stratification une association avec la houille grasse. La couche est, en effet, divisée en quatre bancs distincts [1], dont l'épaisseur est à peu près égale, et auxquels les exploitants ont donné les noms de *blend*, *cannel-coal, bin* et *dixon-green*. Le blend, ou faux cannel, a l'apparence du cannel, mais c'est un charbon impur, pesant, employé seulement au chauffage domestique, et que l'on abandonne, en partie, dans les galeries; le cannel-coal est la variété pure et compacte si recherchée par les usines à gaz; le bin est une houille impure et schisteuse; enfin, le dixon-green est un bon charbon de forge.

Le cannel-coal a été trouvé accidentellement en France, dans la grande masse de Montrambert et des Littes (bassin de la Loire). Il y constitue une assise de 0,10 à 0,60, dont le développement n'est pas régulièrement soutenu, mais qui reproduit tous les caractères du type du Lancashire. La houille ordinaire de cette grande couche de Montrambert est d'ailleurs grasse et très recherchée pour la fabrication du gaz; elle se rapproche beaucoup du cannel-coal sous le rapport de la composition.

[1] *Mémoire sur les canaux souterrains et les houillères de Worsley*, par MM. Fournel et Isidore Dyèvre. 1842.

La *houille maigre à longue flamme* ne se distingue des houilles grasses à gaz qu'en ce qu'elle est plus plateuse et d'un noir moins brillant. Lorsqu'elle s'isole en petites zones pures et spéculaires, elle a souvent l'apparence compacte et un peu terne du cannel-coal; mais ces caractères ne la signalent qu'incomplétement, et on ne la reconnaît réellement qu'à l'usage : elle s'allume facilement, brûle vivement, avec une flamme longue et claire sans que les fragments se collent ou se déforment, et ne laisse qu'un coke léger et sans consistance. Cette houille convient essentiellement à tous les chauffages qui exigent une flamme longue; c'est donc un excellent charbon de grille; il passe assez rapidement, il est vrai, mais il est capable de donner des coups de feu énergiques. Le type peut en être pris à Lucy dans Saône-et-Loire, où elle est très plateuse, très dure à abattre, tombant bien en gros, mais ayant une tendance prononcée à s'exfolier et à se déliter à l'air. Elle ne contient que 75 pour cent de carbone.

La houille maigre à longue flamme se lie par des passages minéralogiques à la houille grasse à gaz. Ces passages sont établis par les variétés dites *demi-grasses* qui existent à Blanzy et Commentry, où elles sont employées pour la fabrication du coke. Ces cokes sont toujours moins homogènes, moins frittés, plus légers, plus aiguillés et plus fragiles que ceux qui proviennent des houilles grasses maréchales.

On voit, d'après cette énumération des diverses variétés de houille, qu'il doit être très difficile de les reconnaître

10.

par le seul examen de leurs caractères minéralogiques, bien que leurs propriétés combustibles et leurs aptitudes industrielles soient très différentes. La couleur de la poussière fournit quelquefois des indications utiles : les houilles anthraciteuses, par exemple, auront toujours une poussière noire, tandis que celles des houilles très gazeuses passeront souvent au brun et au brun roux. Mais ces caractères ne sont pas constants, car il existe des charbons très gazeux dont la poussière reste noire. Si, donc, on parvient dans les bassins houillers à distinguer les qualités de la houille, c'est parce que, en réalité, on reconnaît la provenance de tel puits, de telle couche, par les différences de dureté, par la forme et l'aspect des fragments, par des caractères, en un mot, qui n'ont qu'une valeur locale, et qui ne pourraient être appliqués dans un autre bassin.

Pour bien apprécier les qualités d'une houille, il faut en faire un essai pratique ; car si l'analyse chimique peut fixer sur la proportion des cendres, sur celle du carbone et des gaz, elle ne fournira aucune donnée certaine sur les qualités et la tenue au feu, non plus que la qualité du coke.

L'essai pratique d'une houille doit se faire, autant que possible, par une application à l'emploi auquel on la destine. Ainsi, les houilles destinées aux appareils évaporatoires doivent être essayées sous une chaudière à vapeur, et estimées d'après la quantité d'eau vaporisée par chaque kilogramme. Les houilles maréchales seront appliquées au chauffage d'une pièce de forge ; et c'est par la distillation qu'on éprouvera les houilles à coke et à gaz. Dans ces divers essais, on tiendra compte de toutes les circonstances de la combustion : le temps est, par exemple, un élément très important; et telle houille sera quelquefois regardée comme supérieure à une autre qui aura, cependant, un pouvoir calorifique plus considérable, uniquement parce qu'elle brûlera plus vite, et pourra fournir, dans un temps donné, une plus grande quantité de vapeur.

Structure des houilles.

Nous n'avons indiqué que d'une manière générale les caractères de structure des houilles; en les étudiant avec plus de détail, nous arriverons à en faire ressortir plusieurs faits intéressants, et à fournir quelques éléments de plus pour la distinction des diverses qualités.

Toutes les variétés d'anthracites et de houilles sont stratifiées en couches, et cette stratification, qui détermine leur structure plus ou moins plateuse, se manifeste dans tous les détails de leur texture. Ainsi, on voit, dans les cassures transversales, de petites zones plus ou moins brillantes, composées d'un carbone spéculaire, c'est-à-dire homogène et miroitant, alterner avec des zones plus ou moins ternes d'un charbon terreux. Ces zones, dont l'épaisseur varie de moins d'un millimètre jusqu'à plusieurs centimètres, donnent à la plupart des combustibles minéraux cet aspect rayé et plateux qui fait reconnaître facilement le plan de leur stratification.

Les zones brillantes et spéculaires sont formées du combustible le plus pur ; elles contiennent à peine 2 pour cent de cendres, tandis que les zones mates et ternes sont mélangées de 8 ou 10 pour cent de parties argileuses. Les premières sont fragiles, mais inaltérables à l'air, tandis que les secondes, plus solides et plus tenaces, sont sujettes à s'altérer et à se déliter. Une houille sera donc d'autant plus pure, et plus puissante en calorique, que les parties brillantes y domineront ; mais, en même temps, elle sera d'autant plus fragile. Il ne faut pas, cependant, confondre cette nature fragile des houilles pures avec la structure très fissurée et menue qui peut affecter indistinctement toutes les qualités.

Puisque la qualité d'une houille est déterminée par la prédominance des zones brillantes, on l'appréciera avec plus de certitude en étudiant spécialement ces zones, et laissant de côté les zones ternes. Ainsi, dans l'anthracite, les zones brillantes sont nommées anthracite vitreux, tant elles ont l'apparence et la cassure conchoïdale d'un verre noir, opaque ; dans les houilles maréchales, ces zones spéculaires sont d'un noir plus brillant et présentent l'aspect piciforme de la résine ; enfin, dans les houilles maigres à longue flamme, l'éclat spéculaire diminue, et l'aspect un peu terne de la cassure peut être comparé à celui de l'encre de Chine.

Les cassures de la houille, sur lesquelles on peut faire ces observations, ne sont pas ordinairement celles qui se produisent avec le plus de facilité, et pour les obtenir, il faut se rendre compte de tous les détails de la structure naturelle des combustibles minéraux. Lorsqu'on brise la houille, les délits principaux, parallèles au toit et au mur, sont ordinairement les premiers à se manifester; mais il existe, en outre, d'autres systèmes de délits, à peu près perpendiculaires aux premiers, délits qui déterminent la forme rhomboédrique des gros fragments qui, sous le nom de *pera*, de *carré de houille* ou *charbon à la main*, servent à former les murailles d'encaissement autour des tas.

Examinons les surfaces de ces gros fragments rhomboédriques. Les surfaces les plus planes sont celles qui sont parallèles au plan de stratification, et représentent ce qu'en termes d'exploitant on appelle le *lit de carrière*. Ce sont des cassures toujours ternes, lisses et tachantes, sur lesquelles on distingue très souvent des fragments d'un charbon léger et pulvérulent, d'apparence végétale. Les délits perpendiculaires à ce plan ont deux directions, croisées à peu près perpendiculairement entre elles; presque toujours, il y en a une qui est plus prononcée et plus facile que l'autre, et dont les clivages nets dominent quelquefois ceux de la stratification. Ces clivages présentent des surfaces éclatantes et pailleteuses, sur lesquelles on remarque souvent des zones circulaires à stries concentriques, formant de petits cercles miroitants, que les mineurs appellent *yeux de perdrix*, et dont le diamètre est proportionné à l'épaisseur des zones de houille spéculaire dans lesquelles elles se trouvent. Il semble que cette houille spéculaire devait être dans un état pâteux lorsque les délits se sont formés par le retrait de la dessiccation.

Les cassures les plus difficiles à obtenir, celles qui sont perpendiculaires à la fois au plan de stratification et au plan des principaux délits de retrait, présentent souvent des surfaces inégales et résineuses, sur lesquelles les alternances de houille spéculaire et de houille terne se trouvent très nettement exprimées. Ce sont donc les cassures qui permettent le mieux de juger le degré de pureté et la qualité de la houille.

Dans beaucoup de cas, la structure normale que nous venons d'indiquer est altérée et remplacée par une structure tout à fait *brouillée*. Les délits se croisent dans tous les sens; ils sont même courbes, et l'abattage ne produit qu'un menu plus ou moins pailleteux, mélangé de fragments arrondis. Cette structure, ainsi qu'on le verra par la suite, paraît être une structure modifiée par des accidents; toutes les houilles peuvent en être affectées, mais on a cru la trouver plus fréquemment dans les houilles grasses. Cela s'expliquerait par cette considération, que, les houilles grasses, étant d'une nature plus friable que les autres, ont été plus violemment atteintes par les accidents. Ainsi, les houilles de la basse Loire ont été fortement accidentées postérieurement à leur dépôt, et très altérées dans leur structure; or, dans des positions analogues, les houilles dures et anthraciteuses fournissent une proportion moyenne de morceaux, tandis que les houilles grasses de Languin ont été absolument broyées, et réduites à l'état de menu pulvérulent.

Certaines houilles affectent une structure fragmentaire à

plans striés, appelée structure *maillée*. Les fragments des houilles qui affectent cette structure sont anguleux, parce que les plans de clivage à surfaces striées, suivant lesquels ils se sont séparés, sont presque toujours obliques au plan de stratification. Les cassures de ces houilles maillées présentent des aspects divers ; le plus souvent, cet aspect est caractérisé par les faisceaux de stries qui sont gravés sur les surfaces ; mais, si l'on vient à déterminer des cassures perpendiculaires au plan de stratification, on voit que la houille possède sa structure rayée ordinaire, et que cette structure normale n'a été que masquée par une foule de clivages cannelés, obliques au plan de division naturelle, et qui ne peuvent provenir que de mouvements postérieurs. Il est, en effet, à présumer que ces stries ou mailles ont été produites par des glissements, alors que la houille était dans un état de consistance pâteuse. Les divers fragments ont dû glisser les uns sur les autres, et se mouvoir à la manière des masses serpentineuses, fragmentaires, à surfaces douces et onduleuses.

La structure maillée est surtout fréquente dans les houilles du nord de la France, de la Belgique, et de la Prusse rhénane. On la trouve dans les couches de toute qualité, tant dans les houilles anthraciteuses, à Mulheim sur la Ruhr, que dans les houilles grasses, à Anzin, et dans les couches flenues de Mons. Cependant elle se reproduit rarement dans les couches puissantes de nos bassins du centre, et nous ne pouvons guère citer que la grande couche de la Malafolie près Firminy, dans le bassin de Saint-Étienne, qui présente une structure maillée assez constante et bien caractérisée.

La disposition des stries des diverses houilles maillées présente des différences notables. Dans les unes, les stries sont courtes, interrompues et entrecroisées comme les mailles d'un filet; dans d'autres, au contraire, elles ont plusieurs décimètres de continuité. Les houilles à grandes mailles tombent, à l'abattage, en morceaux beaucoup plus gros que les houilles à mailles fines, et celles-ci manquent d'autant plus de solidité que leurs mailles sont plus courtes.

L'état de menus est, au premier abord, celui qui doit se présenter comme le plus défavorable pour juger la qualité d'un combustible; et cependant, comme les menus sont toujours formés de petits morceaux, on peut encore y reconnaître les parties spéculaires et en apprécier la proportion. Un menu brillant, pailleteux, ne tachant pas les doigts, fragile et léger, sera presque toujours un bon menu de forge; un menu terne, mais également léger et non tachant, à fragments durs, annonce une houille maigre à longue flamme; enfin, un menu tachant les doigts, dur et lourd, indique toujours une houille impure et mélangée de parties schisteuses.

De cet examen de la structure des houilles, il résulte que plus elles sont plateuses, moins elles sont pures; tandis que les fissures perpendiculaires au plan de stratification paraissent, au contraire, d'autant plus multipliées que les houilles sont plus pures. C'est, en effet, à cette multiplicité des fissures de retrait que les houilles très pures doivent leur grande fragilité; et c'est aussi dans ces houilles que les surfaces de clivages présentent une multitude de miroitements et de zones circulaires.

La proportion des matières terreuses joue un rôle important dans les propriétés des houilles, car lorsqu'elles sont pures et arrivent à ne contenir que 2 ou 3 pour cent de cendres, leur qualité s'élève généralement d'un demi-degré. Ainsi, une houille maigre à longue flamme atteindra la qualité d'une houille demi-grasse; une houille demi-grasse deviendra maréchale; une houille maréchale s'élèvera à une qualité exceptionnelle comme celle de la grande couche de Meons à Saint-Étienne. Réciproquement, la qualité de la houille s'abaisse avec la pureté : telle houille demi-grasse, comme celles de Blanzy, Bezenet, Commentry, se transformera en une houille maigre flambante, par cela seul qu'elle se chargera de 8 à 9 pour cent de matières terreuses. En même temps, de fragile et de fendillée qu'elle était, elle deviendra dure et plateuse.

Lignites et tourbes.

La dénomination de lignite s'applique à des combustibles très divers, en ce sens, que les uns sont véritablement des minéraux, tandis que d'autres ne sont que des bois fossiles.

Le *lignite parfait* est celui qui n'a conservé aucune trace de tissu organique; nous en trouvons le type dans les terrains tertiaires des environs de Marseille et de la Toscane. Comparé à la houille, ce lignite est toujours d'un noir mat et terne; sa cassure est conchoïde lorsqu'il est pur et compacte; sa structure est plus plateuse que celle de la houille, et les surfaces de ses délits de stratification sont souvent argileuses et luisantes. En menus, il est encore plus terne qu'en masse, et lorsqu'on vient à l'écraser, la poussière est toujours rousse.

Le lignite parfait ne contient que 70 à 73 pour cent de carbone; il pèse 1,25. Au feu, il brûle sans se déformer, avec flamme, mais en émettant une odeur différente de l'odeur bitumineuse de la houille. Cette odeur particulière, due à un reste d'acide pyroligneux, prend aux yeux, tandis que celle de la houille affecte la gorge. Lorsque la flamme cesse, la combustion est presque finie; c'est donc un combustible qui, suivant l'expression des chauffeurs, passe rapidement sur la grille et ne tient pas au feu. Le lignite ne fournit pas de coke; ses fragments se résolvent en cendres presqu'aussitôt qu'ils n'émettent plus de flamme.

Les lignites de Fuveau, du Rocher bleu, etc., aux environs de Marseille, ont l'aspect et presque la qualité d'une houille maigre à longue flamme; ils ont été appliqués avec succès au chauffage des bateaux à vapeur. Ces lignites appartiennent au terrain tertiaire moyen, et l'on a retrouvé, dans les mêmes terrains, au nord de l'Italie, des qualités encore supérieures. Le lignite de Monte-Bamboli, dans les maremmes toscanes, est ce qu'on peut appeler un lignite de forge, car il est fusible comme la houille maréchale, sans perdre, cependant, aucun des caractères minéralogiques du lignite.

Les combustibles auxquels on a souvent donné le nom de houille, tels que ceux des marnes irisées, à Gemonval

et Noroy, ceux du lias près Milhau, ceux du terrain weal-
dien près de Minden dans le Hanovre, ne sont en réalité
que des lignites parfaits, dont la qualité n'est pas supérieure à celle des lignites de la Provence.

Si nous nous élevons dans la série des terrains, et si
nous examinons les dépôts ligniteux de la vallée du Rhin,
qui appartiennent aux terrains tertiaires les plus récents,
nous voyons les combustibles faire un pas sensible vers les
combustibles végétaux. On n'y trouve plus, en effet, que
des *lignites ligneux*. Les Allemands appellent ces lignites
ligneux *braunkohle* ou *charbon brun*; épithète qui en exprime le caractère physique le plus saillant. Au milieu
d'une masse charbonneuse, toujours argileuse et très impure, ces bancs de lignite contiennent une multitude de
débris ligneux dans lesquels le tissu végétal est très recon-
naissable; dans beaucoup de cas, on a même pu reconnaître certaines espèces d'arbres, d'après les débris de feuilles
et de fruits. Ce combustible a, le plus souvent, l'apparence de plaques ligneuses irrégulières, tantôt d'un noir
d'ébène, tantôt d'un brun rougeâtre; il brûle avec flamme,
et en répandant une forte odeur pyroligneuse. L'acide acé-
tique que produit la combustion attaque fortement les
poêles et les tuyaux en fonte ou tôle, et rend ainsi très
limités les usages de ces lignites. Depuis quelques années,
on les a cependant utilisés dans certaines usines, en les
brûlant dans des gazogènes, et employant les gaz produits à l'affinage des métaux.

Dans certains cas, le lignite est terreux, et ne présente

qu'une masse argileuse d'un noir terne, qui ne peut être employée que moulée, sous forme de briquettes, et séchée à la manière de la tourbe.

Du lignite, nous sommes conduits aux dépôts tout à fait superficiels et récents, qui contiennent des *tourbes*, soit *feuilletées* et *ligneuses*, c'est-à-dire formées par l'accumulation de grands végétaux, soit, et le plus souvent, *mousseuses*, c'est-à-dire composées de végétaux herbacés. Ce combustible ne peut plus même porter la dénomination de combustible minéral, car les traces de son tissu organique sont trop générales et trop prononcées. C'est une matière spongieuse, qui ne peut être employée qu'après dessiccation, soit qu'on l'exploite au louchet, soit qu'on l'enlève avec des dragues, au fond des marécages.

Nous avons dit que la formation des anthracites avait précédé celle de la houille, et nous pouvons ajouter que la formation des lignites est constamment postérieure à celle-ci ; de telle sorte, que ces trois types combustibles, qui forment une série minéralogique continue, sont classés de même dans la série géognostique des terrains. Cette succession régulière des combustibles, à peine troublée par quelques anomalies, est confirmée par les observations que l'on peut faire sur les diverses variétés. Ainsi, dans les bassins houillers, non-seulement il est vrai que l'ensemble des couches de houille anthraciteuse est inférieur à l'ensemble des couches de houille grasse, mais, dans un même faisceau de couches, on observe déjà des différences marquées : telle couche, supérieure à une couche de houille très maigre, le seia déjà un peu moins ; la couche qui se trouve au-dessus marquera un nouveau pas vers les houilles grasses, et ainsi de suite ; de telle sorte que la transition se trouve ménagée et qu'il y a passage, non-seulement sous le rapport minéralogique, mais aussi sous le rapport géognostique.

Il en est de même dans la série des lignites. Ils sont d'autant plus parfaits, c'est-à-dire se rapprochent d'autant plus des qualités de la houille, qu'ils se trouvent dans des terrains plus anciens, et c'est seulement dans les terrains tout à fait récents que l'on trouve ces accumulations de lignites ligneux, ou de tourbes, dans lesquelles on peut reconnaître non-seulement l'origine ligneuse, mais jusqu'à l'essence des bois qui en constituent la masse.

Classification des combustibles minéraux.

Dans la plupart des bassins houillers, les exploitations produisent une série de charbons de qualités différentes. La classification de ces qualités s'est établie, suivant les caractères distinctifs que nous avons précédemment décrits, en houilles maigres anthraciteuses, houilles maréchales, houilles demi-grasses plus ou moins gazeuses, houilles maigres à longue flamme ; mais ces dénominations n'ont, en réalité, qu'une valeur relative. Telle variété, dite maigre dans le bassin de la Loire, serait considérée, dans le nord de la France, comme demi-grasse, parce que la houille maigre anthraciteuse n'existe réellement pas dans la Loire. De même, dans les bassins de Saône-et-Loire et de l'Allier, on applique la dénomination de houilles maréchales à des variétés qui ne sont, en réalité, que des demi-grasses, et qui ne méritent que, comparativement aux houilles maigres à longue flamme, la qualité qu'on leur attribue. Nous avons donc dû chercher à préciser la valeur des divers termes employés pour désigner la qualité des houilles, en les appliquant à des types pris dans tous les bassins; et c'est ainsi que nous sommes arrivés à une classification qui résume, à la fois, leurs caractères minéralogiques et leur succession géognostique.

1° ANTHRACITE. On peut prendre les types des variétés les plus anciennes dans les terrains du Forez, à Fragny et Bully; dans les terrains devoniens de la Sarthe et de la Mayenne; dans le calcaire carbonifère du département du Nord, à Château-l'Abbaye; enfin, dans les bassins houillers de la Pensylvanie. Par exception, on trouve l'anthracite dans les terrains secondaires métamorphiques, à La-mure, par exemple.

2° HOUILLE ANTHRACITEUSE. C'est la houille maigre exploitée dans le département du Nord, à Fresne, Vieux-Condé, Vicoigne, etc., où elle forme les couches inférieures du bassin, de même qu'à Charleroi et Namur; c'est la houille maigre du bassin de la Ruhr, où elle constitue également les couches inférieures; c'est encore la houille sèche des couches inférieures des bassins de Galles et du Staffordshire, où on l'emploie directement à la fusion des minerais de fer.

3° HOUILLE MARÉCHALE. On en trouve les types à Saint-Étienne. La couche Saignat de Roche-la-Molière, la cinquième couche du Treuil, sont les houilles de forge les mieux caractérisées de ce bassin. Il faut encore y rapporter les houilles grasses ou houilles à coke, dont le type peut être pris, soit dans la couche de Meons, près Saint-Étienne, soit à la Péronnière ou à la Grand'Croix, près Rive-de-Gier. On y rapporte également les couches de Mons, dites fines forges, dont le système est au-dessus de celui des houilles maigres anthraciteuses.

4° Houille demi-grasse. Cette variété comprend une partie des houilles à coke dont le rendement dépasse rarement $0^m,60$. La houille du Creuzot, dans le bassin de Saône-et-Loire, les bonnes houilles de Sarrebruck sont dans ce cas. Les charbons durs, dits *rafforts*, à Saint-Étienne et Rive-de-Gier, sont encore de bons types de cette variété ; enfin, les *flenus* de Mons, les houilles employées pour la fabrication du coke à Blanzy, à Commentry et à Bezenet, se confondent, à la fois, avec cette variété et celle qui suit.

5° La houille a gaz forme une variété spéciale dans la plupart des bassins riches en combustibles, et, quoique cette variété ne se distingue guère de la précédente par les caractères minéralogiques, les industriels ont bien su l'isoler. Le charbon des Littes à Saint-Étienne est le type de ces charbons à gaz, qui prennent accidentellement la texture compacte, et constituent alors le *cannel-coal*.

6° Houille maigre flambante. C'est la houille de la couche supérieure du Monceau près Blanzy ; elle fournit un gaz abondant, mais un coke peu consistant. Commentry, Épinac et Brassac fournissent aussi des charbons qui se rapportent à cette variété.

11

7° LIGNITE PARFAIT. Le type doit en être pris dans le bassin des Bouches-du-Rhône, à Fuveau, au Rocher-Bleu, etc. Les maremmes toscanes en fournissent également d'excellentes qualités, notamment à Monte-Bamboli.

8° Le LIGNITE LIGNEUX, dont les exemples se rencontrent, soit à la Tour-du-Pin ou aux environs de Chambéry, soit dans les nombreuses exploitations des bords du Rhin, au-dessus de Bonn et sur les plateaux du Westerwald, est un combustible moderne, mais antérieur au creusement des vallées actuelles.

9° La TOURBE est le combustible des vallées actuelles; celles de la Somme, de l'Aisne, de la Loire-Inférieure, présentent toutes les variétés.

L'industrie a créé, dans les combustibles minéraux, beaucoup plus de subdivisions que nous n'en indiquons ici, mais ces subdivisions sont purement locales On conçoit d'ailleurs que, dans les usines où l'on brûle d'énormes quantités de houille, soit pour faire le coke, soit pour le puddlage et le réchauffage du fer, pour faire du gaz ou chauffer des chaudières, on ait été amené à faire des distinctions qui échappent aux définitions minéralogiques. Ainsi, dans tous les types généraux précités, le commerce de Saint-Étienne distingue la première, seconde et troisième qualité, sans compter les sous-divisions, telles que bonne première, bonne première seconde, bonne seconde, etc... On classe également les charbons par le nom des puits qui les fournissent. Qui ne connaît à Saint-Étienne le magnifique charbon des Plattières et celui de l'Étang, tandis qu'à Rive-de-Gier les puits qui exploitent les bâtardes sont notés en sens inverse?

Dans tous les bassins, on désigne par des dénominations spéciales les charbons impurs, mélangés de parties schisteuses. Ces charbons, soit qu'ils constituent des couches différentes, soit qu'ils proviennent du triage, ne peuvent être exportés, et sont généralement consommés sur place, par les machines à vapeur employées pour l'exploitation, ou par les ouvriers. A Saint-Étienne, ce sont les charbons *crus* ou *nerveux*; à Blanzy, c'est ce que l'on appelle de la *chauffe*. En Belgique, la houille terreuse et altérée des affleurements est désignée sous la dénomination assez expressive de *terroule*.

On a encore adopté, dans les bassins houillers, diverses dénominations qui sont appliquées à l'état de la houille, lorsqu'elle est tirée en morceaux plus ou moins gros. Dans le Nord, un charbon est dit *houille* ou *gaillette*, lorsque ses morceaux sont assez gros pour être pris et chargés à la main; dans les houillères du Centre et du Midi, c'est ce qu'on appelle le *pera*. Le charbon en morceaux moins gros, dont plusieurs tiennent sur une pelle, est dit *gailleteux* dans le Nord, et *chapelé* dans le Midi. On distingue encore le *grêle* ou *grelasson*, qui reste sur les cribles dont les barreaux sont écartés de trois à quatre centimètres; puis enfin, le *menu*, qui passe à travers ces cribles. Le *tout-venant*, ou *malbrou*, est un charbon dont on n'a extrait que les charbons à la main.

Cette nomenclature commerciale a beaucoup d'importance dans l'appréciation de la valeur d'une couche, car

11.

cette valeur est, en grande partie, déterminée par la proportion de pera et de chapelé qu'elle fournit à l'abattage. Un charbon qui tombe en gros fournira, par exemple, 15 pour 100 de pera, 35 de chapelé et 50 de menu; dans les conditions moyennes, on arrivera aux proportions de 10, 30 et 60; mais lorsque le charbon est friable, on n'arrivera qu'à 15 ou 20 pour 100 de chapelé contre 80 de menu. La valeur des pera et chapelé étant généralement double de celle des charbons menus, on conçoit que ces différentes conditions exercent une grande influence sur les produits de l'exploitation.

Il ne faut pas, d'ailleurs, oublier qu'il n'y a pas dans la houille de qualités absolues, si ce n'est la pureté. Une houille grasse et maréchale sera regardée comme atteignant le maximum de qualité, si on l'applique à des usages de forge ou à la fabrication du coke, tandis que sa nature collante deviendra un embarras pour tous les usages de grille. Pour ces emplois de grille, comme, par exemple, le chauffage des chaudières à vapeur, il faut des houilles demi-grasses ou des houilles maigres flambantes, qui seraient, au contraire, très médiocres si on les appliquait à la forge. Les usages de la chaufournerie exigent les variétés les plus maigres; non-seulement on en tire un plus grand effet utile, mais les produits obtenus, tels que les briques et la chaux, sont de meilleure qualité, parce que la cuisson a été lente et progressive. La Belgique, qui importe chez nous quinze cent mille tonnes de charbon gras et de flenus, vient, au contraire, chercher dans les exploitations de

Fresne, Vieux-Condé, etc., une partie des charbons maigres nécessaires à ces fabrications.

Ainsi donc, ce qu'on recherchera toujours dans une houille, c'est la pureté; mais l'expérience seule indiquera les variétés qu'il faudra choisir pour tel ou tel usage : pour la grille, il n'est pas, par exemple, de meilleur charbon que celui qui est fourni par la grande couche de Rive-de-Gier, qui est demi-gras, flambant, dur, et qui a beaucoup de tenue au feu; pour la forge, la cinquième couche du Treuil est un type bien connu, qui se soude parfaitement, permet de faire la voûte au-dessus de la tuyère, et fournit peu de mâchefer. Dans le premier cas, la houille doit être employée en morceaux; dans le second, le menu est préférable.

Depuis l'extension des chemins de fer, on s'est beaucoup appliqué à améliorer la qualité des cokes, et, par conséquent, à distinguer les houilles qui fournissaient les meilleurs. On a, d'abord, posé en principe que les cokes les meilleurs étaient les plus purs, les plus homogènes, les plus durs et les plus denses. La pureté des cokes et leur homogénéité résultent évidemment de celles des houilles; mais la dureté et la densité doivent être attribuées, en grande partie du moins, au procédé de fabrication. Il est des houilles exceptionnelles, comme celles de la grande couche de Meons, près Saint-Étienne, qui sont naturellement pures et homogènes, et qui, carbonisées sans aucune précaution, fournissent des cokes bien fondus et frittés, durs et solides, sortant du four en gros fragments peu aiguillés, et ayant une densité telle qu'ils ont plus de tenue au feu que tout autre coke. Que de pareils charbons atteignent une plus-value considérable, cela est naturel ; mais ne peut-on pas obtenir des qualités presque égales avec des houilles qui ne présentent pas des conditions naturelles aussi complétement favorables ?

La pureté peut s'obtenir par le lavage des menus, soit au crible hydraulique, soit dans des caisses à courant continu, lavage à l'aide duquel on sépare de 5 à 10 pour 100 de petits nerfs ou fragments schisteux qui auraient altéré la pureté du coke. Ce point obtenu, peut-on, avec des houilles demi-maréchales, comme celles que l'on désigne à Saint-Étienne sous la dénomination de bonnes secondes, comme la plupart des houilles grasses de Mons, d'Abscon, de Saint-Vaast sous Anzin, comme les demi-grasses très gazeuses de Blanzy et de Commentry, obtenir des cokes aussi solides et aussi denses que ceux qui sont fabriqués à Meons, ou ceux que l'on obtient à Rouen et à Dieppe avec les bonnes houilles grasses de Newcastle ?

Il est à peu près admis, aujourd'hui, que le coke fait en grandes masses, dans des fours contenant 5,000 kilogrammes, par exemple, dout la cuisson est conduite convenablement pendant quatre-vingt-seize heures au moins, gagne beaucoup en solidité et densité. L'allumage doit être prompt et vif, pour que le premier dégagement des gaz se fasse avec abondance ; puis, lorsque le coke commence à se souder, le feu doit être ralenti de manière à ce que la carbonisation ne s'achève que très lentement. Sans avoir atteint la qualité des cokes spéciaux, on est parvenu à améliorer ainsi, d'une manière sensible, ceux des houilles demi-grasses. C'est, au surplus, la nature qui s'est chargée de nous indiquer ces procédés. En effet, lorsque certaines couches de houille ont pris feu, l'incendie, en se prolongeant lentement, a formé du coke pour ainsi dire naturel et fabriqué dans des conditions particulières ; ces conditions ont été la lenteur excessive de l'opération de carbonisation, et une certaine pression maintenue par les roches du toit et du mur, qui empêchaient la houille de se dilater. Dans cette double circonstance, il s'est produit, à Commentry par exemple, des cokes tellement denses, qu'on ne peut les brûler aujourd'hui dans un foyer libre. Puisque les houilles de Commentry, qui ne fournissent, par les moyens ordinaires, que des cokes légers et très aiguillés, ont pu, dans ces conditions spéciales, en fournir de très denses et de très durs, il faut évidemment, pour produire des effets analogues, rapprocher autant que possible les procédés artificiels du procédé naturel qui a si bien réussi.

Composition chimique des combustibles.

Nous n'avons indiqué que d'une manière approximative la composition, en carbone et substances gazeuses, des combustibles minéraux ; cette étude importante a, depuis longtemps, attiré l'attention des chimistes. Aussitôt que les procédés d'analyse eurent atteint un certain degré de précision, on reconnut que les proportions des éléments constituants étaient régies par des lois constantes, et ces lois, une fois étudiées, conduisirent à une classification en tout identique à celle qui résulte de l'examen des caractères minéralogiques, classification qui s'est déjà confondue, comme nous venons de l'indiquer, avec la classification géognostique.

Le travail chimique le plus récent et le plus complet sur les combustibles minéraux, est celui qui a été publié par M. Regnault en 1837. Le tableau suivant groupe les chiffres principaux obtenus par les analyses de ce savant, de manière à faire ressortir la classification chimique à laquelle il est arrivé ; pour rendre les chiffres plus facilement comparables, on y a fait abstraction des cendres qui forment toujours, dans les houilles, une proportion variable de 2 à 8 pour cent.

DÉNOMINATION.	DENSITÉ.	COMPOSITION, DÉDUCTION FAITE DES CENDRES.		
		Carbone.	Hydrogène.	Oxigène et azote
Anthracite. . . .	1,46 à 1,34	94,89 à 92,85	4,28 à 2,55	3,19 à 2,16
Houille grasse maréchale. . .	1,30	89,19 à 89,04	5,34 à 4,93	6 à 5,50
Houille maigre flambante. . .	1,30	78,26	5,35	16,39
Lignite parfait de Provence. .	1,25	73,79	5,29	20,92
Lignite ligneux.	1,10	66,96	5,27	27,77
Tourbe.	1,05	61,05	6,45	32,50
Bois.	1 à ,070	49,07	6,31	44,62

On voit que, plus un combustible est de formation récente, plus il contient d'oxygène et d'azote ; sa composition se rapprochant ainsi de plus en plus de la composition moyenne du bois. L'anthracite est donc, dans cette série, le terme opposé du bois; et, si l'on doit admettre que toute la série des combustibles dérive de l'accumulation et de la décomposition de végétaux, on est conduit à admettre également que les conditions de décomposition qui ont transformé ces végétaux ont eu une puissance décroissante, depuis les premiers temps géologiques jusqu'à l'époque actuelle.

La composition de chaque type de combustible explique également les phénomènes de sa combustion. L'anthracite et les houilles anthraciteuses doivent à l'excès du carbone la lenteur avec laquelle ils brûlent et l'absence de flamme; dans les houilles maréchales, la fusibilité résulte de ce que les proportions de l'hydrogène, de l'oxygène et du carbone sont telles que la quantité de bitume mélangé au carbone atteint son maximum; enfin, les houilles maigres à longue flamme et les lignites sont dans les conditions les plus favorables à la production de la flamme, mais, par contre, elles ne peuvent laisser, après la combustion des gaz, qu'une faible proportion de coke.

La table des densités qui, dans ce tableau, accompagne les variations chimiques des combustibles, indique une loi de décroissance qui est aussi un caractère des plus saillants dans la série des combustibles.

Ce caractère de la décroissance des densités est d'autant plus réel, qu'il est souvent mis à profit pour l'appréciation industrielle des houilles. On sait que telle houille sèche anthraciteuse doit peser 95 et 100 kilogrammes l'hecto-

litre ; telle houille grasse de 85 à 90 ; telle houille ligni-
teuse 80 au plus.

On voit, d'après les caractères chimiques particuliers à
chaque qualité de houille, que l'analyse pourrait rendre de
très grands services s'il existait des procédés prompts et
faciles. Malheureusement il n'en est pas ainsi ; une analyse
du genre de celles qui ont été faites par M. Regnault exige
non-seulement beaucoup de temps et de soin, mais des
appareils spéciaux, et cette analyse, la seule qui fourni-
rait des résultats concluants, est impossible en industrie.
On se borne donc à faire quelques essais sur la proportion
de carbone comparé aux matières gazeuses, et sur la quantité de cendres ; mais de pareils essais n'ont de signification
qu'autant qu'ils sont faits sur des échantillons représentant
une moyenne.

Toutefois, les distinctions minéralogiques ou chimiques
n'ont rien d'absolu, et, sous ce rapport, les combustibles minéraux sont dans les conditions de toutes les roches qui ne
sont pas formées d'éléments cristallins, et qui doivent être,
par conséquent, considérées comme des mélanges, plutôt
que comme des composés en proportions définies. Si, par
exemple, on analysait une série de houilles formant des
passages minéralogiques entre les divers types, on pourrait établir une série continue de compositions, depuis celle
de l'anthracite vitreux jusqu'à celle du lignite à tissu ligneux. Cela est tellement vrai, qu'on est arrivé à modifier
la nature des houilles par le mélange intime d'une substance
plus hydrogénée ; on a transformé, par exemple, les houilles

maigres en houilles demi-grasses dont le coke, au lieu d'être friable, est solide et bien agglutiné.

A cet effet, on mélange, à chaud, de la houille menue et pulvérulente avec un brai résultant de la distillation du goudron du gaz, et l'on agglomère, sous l'influence d'une compression énergique, la matière pâteuse qui résulte de ce mélange. Cette fabrication, connue sous la dénomination de *péra artificiel*, a été organisée pour les houilles maigres flambantes de Blanzy, à une époque où l'on cherchait un débouché pour les menus; les charbons agglomérés résultant de cette fabrication sont d'une solidité remarquable, et brûlent avec tous les caractères d'une houille demi-grasse. Soumis à la distillation, ils donnent un gaz plus éclairant que la houille ordinaire, et le résidu est un coke plus fritté et plus solide.

Gaz qui se dégagent de la houille.

Les combustibles minéraux, lorsque leurs surfaces sont mises à découvert par les travaux des mines, exhalent des gaz délétères dont l'abondance rend quelquefois l'exploitation très difficile. Ces gaz sont l'hydrogène protocarboné, que les mineurs appellent *grisou*, et l'acide carbonique qu'ils appellent *mofette*.

L'*hydrogène protocarboné* ou *grisou* existe quelquefois dans les houilles anthraciteuses, très fréquemment dans les houilles grasses, rarement dans les houilles maigres, presque jamais dans les lignites. Lorsqu'une couche en contient, toutes les parties n'en sont pas également pénétrées; il abonde surtout dans les parties accidentées, dans les charbons froissés et menus. Il s'échappe sous forme de sources plus ou moins abondantes, connues sous la dénomination de *soufflards*, mais, plus souvent encore, d'une manière générale, et surtout des surfaces récemment mises à nu. Celles-ci l'exhalent avec un petit bruit, semblable à celui d'une liqueur en fermentation, et dû au décrépitement de paillettes de houille; c'est ce qui fait dire aux mineurs qu'on *entend* le grisou.

Dans beaucoup de circonstances, et surtout lorsqu'il constitue des soufflards, on peut dire aussi qu'on *voit* le grisou, car il forme des linéaments blanchâtres qui serpentent dans l'air et gagnent les parties supérieures des excavations. Cette apparence est due à ce que ce gaz, étant beaucoup plus léger que l'air, devient visible par la différence de réfraction. En vertu de sa grande légèreté comparative, le grisou s'élève vers les parties supérieures des mines, s'y accumule, ou, ce qui est encore plus dangereux, se mêle à l'air, et détermine des mélanges explosifs qui, périodiquement et malgré toutes les précautions, causent de grands désastres.

D'après l'étude des dégagements de grisou, on peut dire que ce gaz existe dans la houille sous deux états distincts. Tantôt il la pénètre d'une manière générale et uniforme, sans pression, et, pour ainsi dire, comme l'eau pénètre une éponge; tantôt il y semble comprimé et se dégage des surfaces nouvellement mises à nu, d'une manière d'abord assez vive, puis plus lente, et réglée de telle sorte, que, plusieurs mois après l'entaille, les massifs continuent encore à l'exhaler.

On a cru observer, dans plusieurs circonstances, que la pression barométrique avait quelque influence sur ces exhalaisons, qui devenaient plus actives par les temps d'orage, lorsque la pression de l'atmosphère était à son minimum. Le cas le plus fréquent est celui où le grisou est, en quelque sorte, parqué et comprimé dans plusieurs parties de la houille et des roches qui l'avoisinent. A Blanzy, lorsque le puits Ravez, après avoir traversé la grande couche supérieure qui ne contient pas de grisou, approcha de la couche inférieure et demi-grasse qui est fortement chargée de ce gaz, les schistes et grès fins du toit en étaient pénétrés à tel point que le gaz sortait par les coups de mine. Quand on eut pénétré dans la couche, les dégagements devinrent très considérables, et bien qu'ils ne se soient pas arrêtés depuis, ils sont cependant moins abondants que dans le principe.

La compression du grisou est surtout à craindre dans le voisinage des failles et des brouillages. Ces portions de terrains à tissu brisé et relâché, hachées par une multitude de fissures et de vides communiquant entre eux, sont souvent de véritables réservoirs dangereusement chargés de gaz comprimés, ainsi que l'a prouvé le funeste accident de la mine de Wallsend.

En Belgique, comme en Angleterre, et comme dans les bassins du centre de la France, on a remarqué que le grisou était plus abondant dans les houilles grasses que dans les houilles maigres, et que son dégagement était d'autant plus vif que les couches étaient plus accidentées. Ainsi, aux environs de Liége, dans le quartier de Seraing, là où les couches présentent des replis nombreux, le grisou est tellement abondant, que, dans une galerie tranquille, on l'entend se dégager avec un bruit semblable à celui que ferait entendre une pluie assez forte qui tomberait en rase campagne. Lorsqu'il y a de l'eau dans les galeries, le grisou la traverse en bouillonnant. Enfin, on attribue aux efforts que fait ce gaz pour se dégager le gonflement que l'on observe quelquefois dans les tailles, lorsqu'on les a abandonnées pendant quelque temps [1].

Le grisou date-t-il généralement des phénomènes de formation et d'enfouissement de la houille, ou s'y développe-t-il d'une manière continue, et par une sorte de décomposition? Cette question est loin d'être éclaircie; mais, à voir les habitudes de ce gaz, nous sommes disposés à penser qu'il a été engendré sous l'influence de la dessiccation très lente de la houille, qui, n'ayant été enfouie sous les roches superposées qu'à un état humide, et pour ainsi dire tourbeux, a dû rester un très long temps avant d'arriver à cet état que les anciens appelaient la parfaite minéralisation. C'est à ce travail de dessiccation et de lente fermentation que nous avons déjà attribué les huiles, bitumes, etc...., dont sont fréquemment pénétrées les roches immédiatement superposées aux combustibles minéraux.

[1] Devaux, *Essai sur la constitution géognostique de la province de Liége.*

L'*acide carbonique* joue dans les houillères un rôle différent de celui du grisou Il n'imprègne pas la houille, n'y est pas contenu par la cohésion de la roche et par la pression des terrains superposés, mais paraît ne s'y développer qu'après la mise à découvert des surfaces, et par leur contact avec l'air. Si l'on doit admettre qu'il préexiste dans certaines fissures, dans certaines houilles dont le tissu lâche laisse beaucoup de vides, ce cas est l'exception.

L'acide carbonique ne se dégage pas comme le grisou, en faisant pétiller et décrépiter la houille; il se manifeste d'une manière générale dans les anciens travaux, et dans les excavations inférieures dont l'air n'est pas renouvelé par le courant d'aérage. Son dégagement se fait donc lentement, et d'une manière plus ou moins intense, mais presque générale. Ce dégagement est très abondant lorsque les houilles sont de nature à s'altérer facilement à l'air, c'est-à-dire quand elles sont très flambantes et très oxygénées. Lorsque, dans certaines parties d'une mine, les charbons s'échauffent naturellement, on peut être certain qu'il y a formation abondante d'acide carbonique, et, comme ce gaz est beaucoup plus lourd que l'air atmosphérique, il peut arriver, qu'à l'intervalle d'un jour, et sans que le suréchauffement soit très considérable, les parties inférieures et mal aérées d'une mine deviennent inaccessibles, au point que ceux qui y descendent soient instantanément frappés de mort.

Ces dégagements d'acide carbonique nous conduisent à examiner une des circonstances les plus singulières que présentent les combustibles fossiles, leur *inflammation* et leur *décomposition spontanées*. La plupart des faits relatifs à ces phénomènes sont encore inexpliqués. Voici en quoi ils consistent :

Certaines houilles, lorsqu'on les laisse en tas, soit dans les mines, comme cela arrive souvent pour les menus qu'on y abandonne, soit au jour, sur les baldes, ou dans les magasins, s'échauffent graduellement en émettant une grande quantité d'acide carbonique, et finissent par s'enflammer spontanément. Cette propriété varie suivant la nature de la houille. Ainsi, tandis que certaines qualités, abandonnées longtemps, et en tas considérable, à l'influence de l'air chaud et humide des mines (circonstances qui paraissent accélérer l'inflammation spontanée), ne donnent aucun signe d'échauffement, quelques mètres cubes de certaines houilles légères, et fortement oxygénées, oubliés dans une galerie, développent aussitôt une chaleur considérable et finissent par prendre feu.

On avait cru d'abord que cette propriété résultait de la décomposition des pyrites qui se trouvent dans la houille ; mais, en examinant de plus près, on a constaté que les houilles les plus chargées de soufre n'étaient pas toujours les plus inflammables, et que plusieurs de celles qui présentent au plus haut degré ce dernier caractère sont remarquables par le peu de soufre qu'elles contiennent.

Ce qui peut mettre sur la voie des causes de ce phénomène, c'est que les lignites sont éminemment inflammables ; témoin ceux du bassin de Marseille. Ces lignites sont, il est vrai, un peu plus sulfureux que les houilles ;

mais il ne paraît pas, en les comparant entre eux, que les plus sulfureux soient les plus inflammables. En rapprochant, au contraire, le fait de l'inflammabilité des lignites de cette observation que, parmi les houilles, les variétés légères et oxygénées sont les plus sujettes à l'échauffement et à la combustion spontanée, on serait conduit à penser que le phénomène est dû à une décomposition putride très active. L'oxygène se porterait sur le carbone, sous l'influence de l'air humide, et causerait ce dégagement considérable d'acide carbonique qui accompagne l'échauffement.

Lorsque l'échauffement spontané se déclare avec intensité dans une mine, et sur des masses un peu considérables, le seul moyen d'arrêter la décomposition est de déterminer une ventilation active qui sèche et rafraîchisse l'air, d'enlever et d'aérer les charbons les plus échauffés. Si, comme cela arrive souvent, on parque la houille échauffée dans des corrois (murs imperméables), le développement de la chaleur continue, l'incendie se déclare et ne peut bientôt plus être éteint, comme si la houille, bien que noyée dans l'acide carbonique, trouvait dans sa propre composition l'oxygène nécessaire à sa combustion.

La décomposition de la houille a souvent lieu d'une manière partielle, mais encore très sensible, sous l'influence d'une exposition prolongée à l'air et sans qu'il y ait inflammation ; ces phénomènes de décomposition spontanée expliquent la suppression fréquente, et quelquefois presque complète, des affleurements des couches.

Le bassin des lignites tertiaires de la Provence présente

ce dernier phénomène à un degré d'autant plus remarquable, que des couches marneuses, bien plus délitables que les lignites, ont conservé leurs caractères et leur épaisseur sur les coteaux dénudés où elles affleurent, tandis que telle couche de lignite, d'un mètre et plus d'épaisseur, n'est plus représentée que par une trace charbonneuse, qu'il faut connaître à l'avance pour admettre, qu'à dix ou vingt mètres de là, cette trace est transformée en une belle couche d'un combustible parfaitement minéralisé.

L'eau est un agent énergique de ces décompositions, et MM. Diday et de Villeneuve [1] ont fait des observations importantes sur son action souterraine dans les couches de lignite. Certaines portions de ces couches, au lieu d'avoir conservé les conditions normales, sont converties en un charbon désagrégé, terreux et menu, qui ne peut être d'aucun emploi ; elles sont complétement perméables aux eaux, et l'on a reconnu qu'elles leur servaient de passage, et constituaient des espèces de canaux spongieux. Cette propriété a fait donner à ces portions de couches le nom de *mouillères*. Dans les parties supérieures des exploitations, au-dessus des écoulements naturels ou artificiels, les mouillères sont absorbantes ; mais, au-dessous, elles débitent des quantités d'eau considérables, et font souvent obstacle aux exploitations, qui n'y trouvent que des produits sans valeur et y sont entraînées à des épuisements coûteux.

Les eaux qui sortent des mouillères sont fortement oxy-

---

[1] *Annales des mines,* 2ᵉ série, tome V et suivants.

génées, et contiennent un peu de sulfate de fer ; elles portent ainsi le témoignage de leur action chimique sur le combustible.

La décomposition des houilles exposées à l'air est d'autant plus rapide qu'elles sont plus oxygénées. Cette décomposition ne se manifeste pas seulement par les suréchauffements et par l'inflammation spontanée, elle s'effectue encore lentement et imperceptiblement ; de telle sorte, que les houilles perdent d'autant plus de leurs qualités, qu'elles restent plus longtemps soumises à l'action de l'air. Nous pourrions citer des cas où des approvisionnements restés sur les haldes ou sur les rivages, pendant plusieurs années, ont été complétement perdus et refusés par la consommation. En général, les consommateurs qui, par une longue pratique, ont été conduits à bien apprécier les qualités industrielles des combustibles, admettent que les houilles consommées dix mois ou un an après leur extraction ont perdu, au moins, 5 pour cent de leur pouvoir calorifique ; et l'un des principaux avantages du transport par chemin de fer, est d'apporter la houille aux usines, pour ainsi dire, au sortir des puits d'extraction.

Origine des combustibles minéraux.

La pensée d'attribuer les combustibles minéraux à la décomposition des végétaux nous est suggérée par tous les caractères de ces combustibles, et souvent même par ceux des dépôts arénacés dans lesquels ils sont stratifiés. L'abondance des plantes fossiles, accumulées dans les grès fins et les schistes qui sont en contact avec les couches de houille ; les caractères géologiques, qui nous montrent une succession de formations carbonifères, commençant aux anthracites siluriens les plus lithoïdes, et finissant aux tourbes produites sous nos yeux par les végétaux ; les caractères minéralogiques, qui, de l'anthracite, conduisent à la houille, et de la houille aux lignites et aux tourbes, par les passages les plus ménagés ; tout concorde pour nous prouver que la série des combustibles minéraux représente les résultats des mêmes épisodes de végétation et de décomposition, se modifiant suivant les divers états de la surface du globe. Mais cette idée générale ne suffit pas encore, et, pour arriver à bien connaître les conditions géologiques du gisement de la houille, à expliquer et prévoir toutes les variations de l'allure des couches, il faut nécessairement étudier la formation de ces couches, dans tous leurs détails théoriques.

Nous avons vu que la houille était stratifiée, et que la puissance des couches variait depuis quelques décimètres jusqu'à une épaisseur de vingt mètres et au delà ; quelle que soit cette épaisseur, elle n'est généralement qu'une fraction minime de l'étendue. Or, ces couches, déjà si peu puissantes comparativement à la surface qu'elles recouvrent, sont, elles-mêmes, subdivisées en une série de couches superposées, non-seulement par les lignes de la structure stratifiée, mais encore par l'intercalation de lits schisteux, ou *barres*, qui se maintiennent souvent sur des surfaces de plusieurs kilomètres carrés, et fractionnent, par exemple, en trois ou quatre bancs distincts, une couche ayant moins d'un mètre de puissance. Il nous faut donc chercher l'origine de la houille dans une action successive, qui a pu s'exercer d'une manière générale et uniforme sur toute l'étendue d'un bassin, et superposer les uns aux autres chaque décimètre et même chaque centimètre de l'épaisseur d'une couche. Une couche sera plus ou moins puissante, suivant que l'action génératrice aura agi pendant une plus ou moins longue période de temps.

Les combustibles minéraux stratifiés alternent avec des dépôts arénacés résultant de transports et de sédiments. Or, une couche d'anthracite, de houille ou de lignite, comprise entre deux actions sédimentaires, ne peut pas avoir une origine qui s'éloigne beaucoup de ces actions, car il a fallu nécessairement que les phénomènes qui donnaient naissance aux combustibles pussent s'exercer sur des surfaces horizontales, et plus ou moins couvertes d'eau. Ainsi, l'étude des conditions ordinaires des dépôts arénacés démontre qu'ils ont été déposés suivant des plans sensiblement horizontaux; nous sommes donc forcés, en comparant une couche de schiste houiller aux couches limoneuses qui se forment aujourd'hui dans les mers, de nous représenter les surfaces premières des schistes, sur lesquels la houille s'est formée, comme des plaines tellement unies, qu'aucune de celles qui sont émergées aujourd'hui ne peut leur être comparée.

Nous serions ainsi amenés à considérer l'origine de la houille comme sédimentaire, tant cette origine se trouve intimement liée à celle des dépôts qui lui servent de toit et de mur, qui s'y intercalent sous forme de nerfs et de barres, ou qui, se mélangeant avec les substances combustibles, donnent lieu à des variétés terreuses. Mais, ici, une différence fondamentale se présente : les grès et les schistes houillers sont arénacés, c'est-à-dire formés de matériaux préexistants, que les eaux enlevaient aux terrains émergés au-dessus des bassins de dépôt ; c'est ainsi que nous y retrouvons, comme éléments constituants, le feldspath, le quarz et le mica des terrains antérieurs. Mais, pour les houilles, il n'en est pas ainsi : qui aurait fourni aux eaux le carbone qui forme le trait principal et caractéristique de leur composition ? Ici la matière ne préexistait pas ; il faut donc trouver dans des phénomènes spéciaux, non-seulement l'explication du mode de formation des couches, mais jusqu'à l'origine des éléments constituants.

Nous trouverons cette double explication dans la végétation dont les roches de l'époque houillère ont conservé des empreintes si nombreuses, et dans la manière dont les produits de cette végétation ont été accumulés et décomposés. Pour bien nous rendre compte de ces phénomènes, il nous faut d'abord jeter un coup d'œil sur la nature des végétaux fossiles, et les comparer aux végétaux de l'époque actuelle. Cette comparaison nous permettra d'apprécier les principales conditions physiques de la surface du globe pendant la période houillère, et nous fournira quelques éléments de plus pour nos conclusions théoriques.

Débris végétaux des dépôts houillers.

Les empreintes végétales sont, avons-nous dit, un des caractères distinctifs du terrain houiller; de plus, leur abondance est généralement proportionnelle à la richesse de ce terrain en couches combustibles. Ces végétaux fossiles se trouvent quelquefois debout, le plus souvent couchés dans les plans de stratification, et comprimés par le poids des dépôts superposés. Les végétaux debout se rencontrent dans presque toutes les couches de grès et de schiste, mais les empreintes stratifiées et comprimées sont particulièrement concentrées dans les psammites et les argiles schisteuses qui forment le toit et le mur de la houille.

La plupart des impressions de feuilles ont une analogie évidente avec les feuilles des fougères qui abondent encore dans les climats tempérés; tandis que les troncs et branches ont un caractère tropical que nous avons déjà signalé. Les feuilles sont, il est vrai, séparées des grosses tiges, mais elles doivent en avoir été isolées par l'action des eaux. Cette hypothèse est d'autant plus probable que certains végétaux actuels des contrées équinoxiales, tels que les fougères arborescentes, les cycadées, les palmiers, etc., nous offrent de nombreux exemples où les caractères des feuilles et des tiges houillères se trouvent réunis.

Les végétaux de l'époque actuelle ont été classés d'après leur mode de germination : condition qui détermine ensuite leur mode d'accroissement, et, par conséquent, les plus grandes différences qui peuvent exister entre elles. Or, toutes les plantes à l'état embryonnaire ont la forme d'une graine ou utricule qui, rencontrant en terre les conditions d'humidité et de chaleur qui lui sont nécessaires, se développe et pousse. Cette germination, ou manifestation de la plante au dehors, présente à l'analyse des conditions bien distinctes; le plus souvent, un axe se développe, sur lequel on distingue trois ou deux parties : l'une, située sur le prolongement de l'axe, est ce qu'on appelle bourgeon ou gemmule; l'autre, ou les deux autres, rejetées sur les côtés, présentent deux petits mamelons ou lobes sur lesquels se développeront plus tard deux feuilles séminales ou cotylédones. Ces feuilles cotylédones ne sont pas semblables à celles qui doivent se développer plus tard sur l'axe végétal, et donner un caractère définitif à la plante ; ce sont des feuilles arrondies ou allongées, qui paraissent uniquement destinées à couvrir le bourgeon, et qui tombent lorsque le bourgeon n'a plus besoin de leur protection. Suivant que le bourgeon est accompagné de deux de ces feuilles ou d'une seule, la plante est *dicotylédone* ou *monocotylédone*.

Ces principes de la naissance des plantes déterminent leur mode d'accroissement, et, par suite, les conditions de tissu qui permettent de les classer plus tard. Ainsi, dans les plantes dicotylédonées, les tiges ont un caractère tout à fait spécial : si l'on coupe une de ces tiges, on distingue, dans la section, une espèce de moelle qui forme l'axe central, et une série de zones concentriques formées de bois plus ou moins dense, dont la séparation est marquée par des points. Ces zones indiquent l'accroissement annuel de la plante, accroissement qui se fait toujours à l'extérieur; l'écorce est elle-même divisée en zones concentriques, mais beaucoup moins visibles. On remarque encore, dans la section de la tige dicotylédone, des rayons dits rayons médullaires : les uns allant de la circonférence jusqu'à la moelle centrale, les autres ne sortant pas du cercle formé par l'accroissement de l'année. Enfin, on reconnaît que la solidité du bois diminue du centre à la circonférence, ce qui s'explique aisément, puisque les parties les plus extérieures, constituant ce que l'on appelle l'aubier, sont les plus nouvellement formées.

Les plantes dicotylédonées forment plus des trois quarts de la flore actuelle, et, dans nos contrées tempérées, elles dominent exclusivement; les autres classes n'existent qu'à l'état herbacé. Or, parmi les végétaux houillers, les tiges dicotylédones sont tout à fait exceptionnelles, et l'on a pu en citer à peine quelques exemples.

Les tiges monocotylédonées ont une construction toute différente; elles ne présentent pas de couches concentriques; leur solidité décroît de la circonférence vers le centre; celui-ci est même souvent creux; enfin, il n'y a pas de rayons médullaires, et la tige est composée de faisceaux fibreux disposés sans ordre, et simplement plus serrés vers la circonférence. Dans cette classe, toutes les feuilles sont ordinairement réunies au sommet, les plus jeunes au centre; or, comme les faisceaux fibreux qui y aboutissent sont aussi les plus nouveaux, il en résulte que l'accroissement se fait au centre, et que les parties les plus anciennes sont successivement poussées vers la circonférence. L'aspect bien connu des palmiers exprime les conditions principales de ces plantes, dont le développement caractérise principalement les contrées tropicales, tandis que, dans nos climats, elles sont basses et annuelles (le maïs, le roseau, l'asperge, etc.).

Il existe une troisième espèce de plantes, dont l'accroissement embryonnaire ne présente pas de parties distinctes, et par conséquent pas de cotylédones, ce qui leur a fait donner le nom d'*acotylédonées*. L'embryon se développe par l'addition d'un tissu cellulaire qui forme la racine et la tige. En Europe, les végétaux de ce genre sont herbacés : tels sont les chara, les mousses, les fougères, etc.; mais, dans les contrées intertropicales, cette famille des fougères atteint des dimensions beaucoup plus grandes, et leurs tiges ont quelquefois plus de dix mètres de hauteur. La figure 1 indique les caractères généraux de port et de structure des fougères arborescentes, qui, à l'époque houillère, paraissent avoir eu un développement encore plus considérable comme dimension et comme abondance. La section d'une tige de ces fougères présente une construction encore différente de celle des deux classes précédentes : on y trouve des faisceaux fibreux, non pas disposés sans ordre comme dans les monocotylédonées, mais diversement groupés en un seul cercle.

Les plantes acotylédones ressemblent souvent par leur forme aux monocotylédones, mais elles en diffèrent essentiellement par leur mode d'accroissement : le développement est d'abord bien plus rapide en diamètre qu'en hauteur, et la fougère, à peine élevée au-dessus du sol, est déjà aussi forte qu'elle le sera plus tard ; les faisceaux fibreux s'allongent, sans se multiplier, et c'est ainsi que l'accroissement ne se fait qu'en hauteur.

Fig. 1. — FOUGÈRES ARBORESCENTES. Ad. Brong.

Ces trois classes de végétaux sont représentées, dans les divers climats du globe, par des espèces très distinctes ; de telle sorte qu'on pourrait préciser les conditions de température, etc., d'une contrée, d'après le seul examen des plantes qui en auraient été rapportées. Il en est de même pour les dépôts houillers ; et, puisque nous avons sous les yeux les principales conditions de la végétation caractéristique de la période pendant laquelle ces dépôts ont été formés, nous pouvons en conclure immédiatement que le climat y était bien différent de ce qu'il est aujourd'hui.

Le premier caractère de la *flore houillère* est son uniformité dans toutes les latitudes; le second est l'analogie qui existe entre cette flore et celle des régions les plus chaudes et les plus humides de l'époque actuelle. Ainsi, la plus grande partie de la *flore houillère* est formée par les fougères et familles voisines *acotylédones* qui y constituent près des cinq sixièmes des espèces; quelques palmiers contestés représentent les *monocotylédones*, et les *dicotylédones* n'y sont indiquées que par des conifères ou pins, dont les gisements sont fort rares.

Voici comment M. de Humboldt énumère, dans son *Cosmos*, les plantes du terrain houiller. « Nous nous bornerons, dit-il, à citer les calamites et les lycopodiacées arborescentes, des lépidodendrons squameux, des sigillaria de vingt mètres de longueur, quelquefois debouts et enracinés; des stigmaria semblables aux cactus; un nombre immense de feuilles de fougère souvent accompagnées de leurs troncs, et dont l'abondance prouve que la terre ferme des époques primitives était purement insulaire; des cycadées et des palmiers, en moins grand nombre que les fougères; des astérophyllites aux feuilles verticillaires, alliées aux naïades; des conifères semblables à certains pins du genre araucaria, avec de faibles vestiges d'anneaux annuels. Tout ce règne végétal s'est largement développé sur les parties soulevées et mises à sec, et les caractères qui le distinguent du monde végétal actuel se sont maintenus à travers les périodes suivantes jusqu'aux dernières couches de la craie. La flore, aux formes si étranges, du terrain houiller, présente, sur tous les points de la terre

primitive (dans la Nouvelle-Hollande, au Canada, au Groënland, comme dans les îles Melville), une uniformité frappante dans les genres, sinon dans les espèces. »

M. Adolphe Brongniart a étudié d'une manière complète
la flore houillère, représentée par des collections d'échantillons rapportés de tous les bassins houillers; en comparant
cette flore aux flores actuelles, il est arrivé à reconnaître
qu'il fallait aller dans les îles des contrées intertropicales
pour lui trouver quelques analogies. Passant ensuite à l'appréciation des conditions de température et de climat nécessaires au développement de ces plantes, il conclut que la
végétation houillère a dû se développer sous l'influence d'un
climat uniforme par tout le globe, caractérisé, à la fois, par
des chaleurs équatoriales et par une grande humidité.

Ces conclusions sont en tout point identiques à celles
que peuvent fournir les études géologiques. Les terres émergées ne devaient présenter que des surfaces peu étendues,
comparativement aux continents actuels, et, par conséquent, il n'existait pas de ces grandes étendues terrestres
dont l'influence refroidit les climats; les sols émergés n'a-
vaient point été sillonnés par les soulèvements, partant point
de hautes montagnes où pussent s'accumuler les glaces éter-
nelles, mais seulement des plaines basses et des vallées peu
encaissées. Enfin, quant à l'uniformité de température, elle
devait résulter de ce que la portion de cette température
fournie par la chaleur centrale du globe étant alors considérable, nivelait, en quelque sorte, les températures moyennes des diverses latitudes.

Les végétaux houillers n'ont pas seulement un intérêt théorique, ils constituent de véritables fossiles caractéristiques. Dans la plupart des dépôts anthraxifères, comme dans tous les dépôts houillers riches en combustibles, l'abondance de ces végétaux fossiles est, en effet, proportionnelle à celle du carbone disséminé ou rassemblé en couches. Les praticiens n'ont jamais beaucoup étudié ces fossiles, parce que leur *facies* est assez uniforme et que le seul fait de leur grande abondance est déjà un caractère houiller distinctif; mais il est probable que, s'ils avaient examiné avec soin les détails de leur structure et leur répartition dans les diverses couches houillères, ils seraient arrivés à reconnaître que certaines espèces caractérisaient particulièrement les divers étages de la formation. Cette étude, recommandée par M. Ad. Brongniart [1], aurait donc une application très utile.

Considérés comme fossiles, les débris végétaux se présentent sous forme d'impressions plus ou moins complètes, parmi lesquelles les feuilles sont toujours assez bien con-

---

[1] L'étude des plantes fossiles de chaque couche pourrait seule conduire à réunir les diverses parties, tiges, feuilles ou fruits, qu'on ne rencontre que séparées. Ainsi, dit M. Brongniart : « Les végétaux qui se trouvent dans les roches qui recouvrent une même couche de houille ont seuls vécu simultanément; ce sont les membres de la dernière génération de cette forêt, et les diverses parties d'un même végétal doivent s'y trouver réunies; elles ne peuvent, au contraire, se rencontrer dans les roches recouvrant deux couches différentes de houille, qu'autant que l'existence d'une même plante se serait prolongée pendant plusieurs de ces périodes secondaires.

« Ce principe fait espérer qu'on parviendra à reconstituer les grands végétaux du terrain houiller en formant de nombreuses collections des empreintes végétales qui accompagnent chaque couche de houille. »

servées, tandis que les tiges sont plus difficiles à déterminer, parce qu'il faut des fragments plus étendus et plus intacts que pour les feuilles. Ces tiges s'individualisent par différentes formes et dispositions de *stries* et *cannelures* longitudinales, de *nervures* transversales, et surtout de *cicatrices* circulaires, elliptiques, polygonales, qui y ont été laissées par l'ablation des feuilles.

Comme il suffit, pour la pratique, de pouvoir bien distinguer les caractères des espèces principales, nous indiquerons sommairement ces caractères, d'après la nomenclature et la classification adoptées par M. Ad. Brongniart[1].

Les fougères forment le trait caractéristique de la flore houillère. Leurs tiges sont cylindriques, simples, rarement bifurquées ; elles se reconnaissent surtout aux impressions ou cicatrices laissées par les pétioles, cicatrices qui sont circulaires, elliptiques ou rhomboïdales, à grand axe vertical. Ces tiges sont assez rares, tandis que les feuilles ou frondes qui en formaient le couronnement sont, au contraire, très abondantes. Les nombreuses découpures de ces frondes, leur régularité, leurs nervures fines, leur analogie avec les frondes des fougères actuelles, les font immédiatement reconnaître : on a cherché à les classer par le mode de nervation des feuilles, et d'après les rapports de cette nervation avec les formes des pinnules et des frondes.

Les impressions les plus variées et les plus répandues se rapportent aux genres *pecopteris*, *nevropteris* et *sphenopteris*.

---

[1] *Histoire des végétaux fossiles.* 1828 à 1837. — *Dictionnaire universel d'histoire naturelle.* 1849.

Les *pecopteris* sont des frondes à pennes allongées (fig. 2), à pinnules adhérentes par la base au rachis, et souvent même adhérentes entre elles, dans une étendue plus ou moins longue; contiguës ou presque contiguës. La nervure médiane des pinnules est généralement très prononcée; les nervures secondaires partent toutes de cette nervure médiane; elles sont simples ou bifurquées.

L'espèce *pecopteris gigantea* (figure 3) est une de celles qui fournit les plus beaux échantillons et qui résume le mieux les caractères généraux.

Fig. 2. — PECOPTERIS.

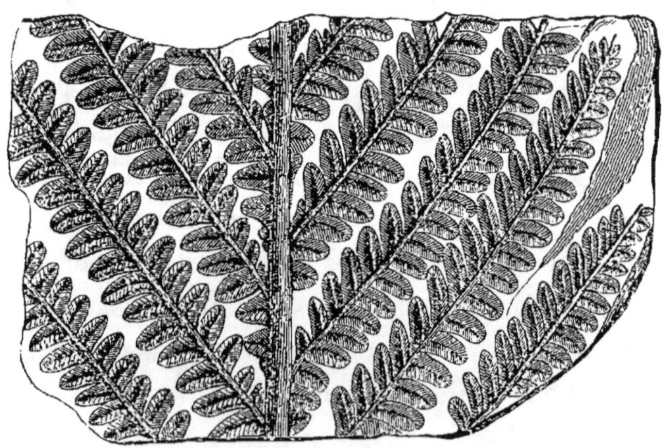

Fig. 3. — PECOPTERIS GIGANTEA. Ad. Brong.

Les *nevropteris* sont des frondes également très variées, mais moins répandues dans la plupart des bassins houillers. Leurs pinnules sont ordinairement plus arrondies que celles des *pecopteris* (fig. 4), contractées à leur base, insérées seulement par leurs parties médianes (fig. 5), et rarement

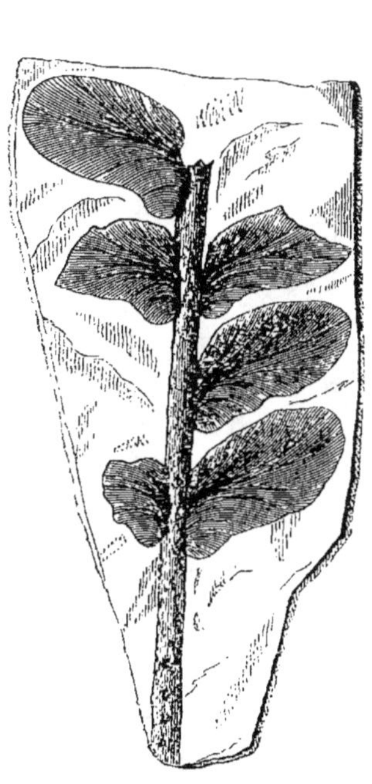

Fig. 4.
NEVROPTERIS HETEROPHYLLA. Ad. B.

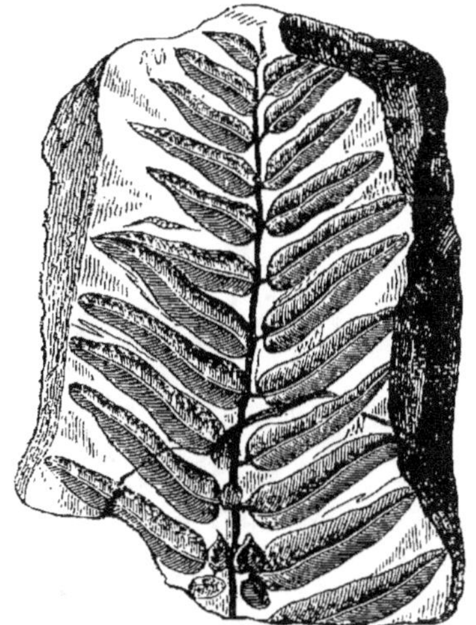

Fig. 5. — NEVROPTERIS DUFRENOYI. Ad. B.

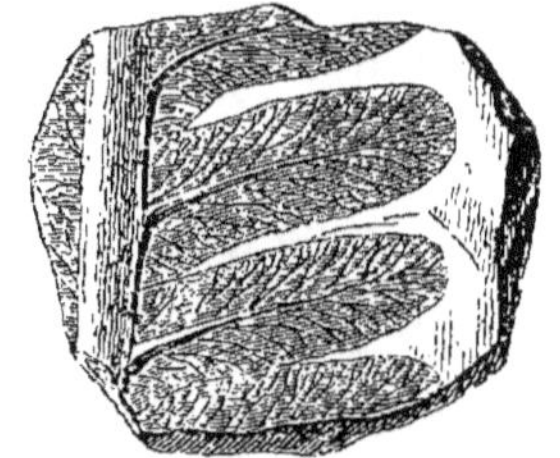

Fig. 6. — NEVROPTERIS ELEGANS. Ad. B.

adhérentes par toute leur base au rachis commun, comme dans la figure 6. La nervure médiane est peu distincte (fig. 4) ou marquée seulement à la base (fig. 6); les nervures secondaires sont nombreuses, égales entre elles, naissant très obliquement du milieu de la base de la pinnule ou de la nervure médiane, arquées, dichotomes, ordinairement très fines et non réticulées (fig. 6).

Les *sphenopteris* ont un caractère tout particulier; leurs pinnules sont rétrécies à la base, et les folioles sont lobées et surlobées.

Les *sphenopteris* présentent une série assez nombreuse

Fig. 7. — SPHENOPTERIS ELEGANS. Ad. Brong.

d'espèces qui diffèrent entre elles par le dessin et les dimensions de leurs feuilles.

Les plus répandues sont des feuilles petites et délicates, dont le *sphenopteris elegans*, représenté fig. 7, est le meilleur exemple; quelques espèces, telles que le *sphenopteris latifolia* (fig. 8) atteignent de

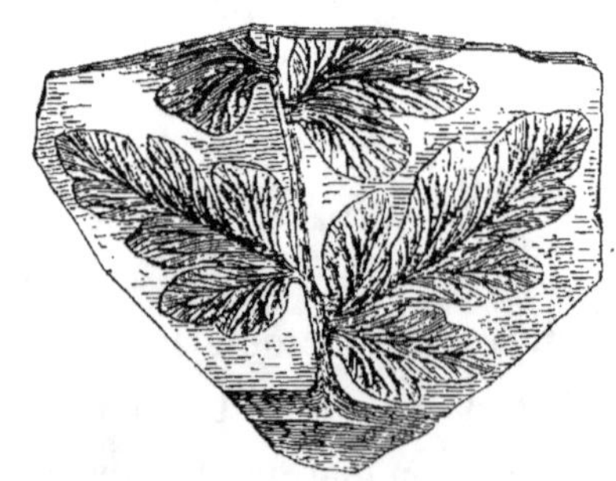

Fig. 8.
SPHENOPTERIS LATIFOLIA. Ad. Brong.

grandes dimensions, tout en conservant toujours le caractère générique des pinnules lobées.

Citons encore, parmi les fougères, les *odontopteris*, grandes frondes dont les pennes étaient allongées, d'une largeur uniforme, à pinnules distinctes, mais adhérentes, par toute leur base, au rachis, fig. 9.

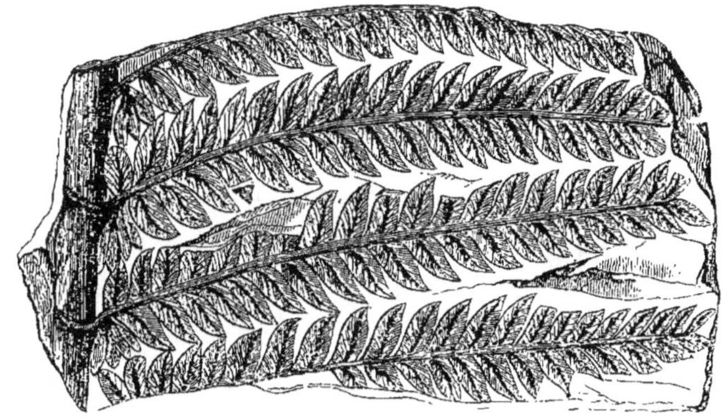

Fig. 9. — ODONTOPTERIS BRARDII. Ad. Brong.

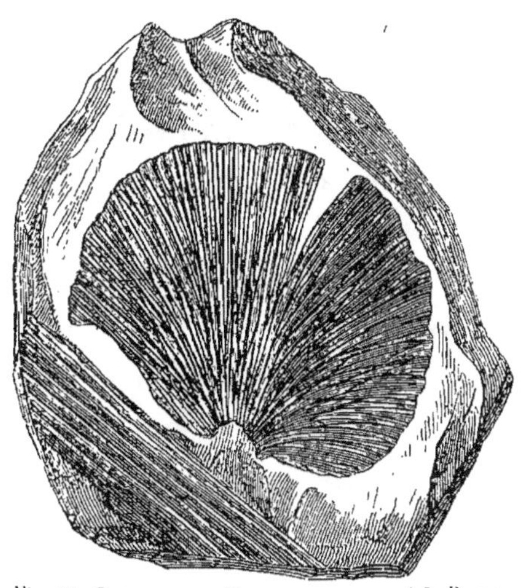

Fig. 10. CYCLOPTERIS TRICHOMANOIDES. Ad. Brong.

Les *cyclopteris* sont les feuilles qui s'éloignent le plus du type ordinaire de nos fougères. Ce sont des frondes simples, arrondies, entières ou lobées, sans apparence de nervure médiane; toutes les nervures partent de la base du limbe, et se

13.

divisent, en se dichotomant, jusqu'à la circonférence.

Le *cyclopteris trichomanoides*, représenté fig. 10, résume tous ces caractères.

On a distingué et classé environ deux cent cinquante espèces de fougères représentées par leurs frondes, tandis que les tiges sont, au contraire, rares et peu variées. Malgré cette anomalie, on admet que la plupart de ces fougères devaient être arborescentes, et analogues aux espèces que les contrées intertropicales présentent encore, au nombre de quarante ou cinquante.

Après la famille des fougères vient celle des *lycopodiacées*, représentée par des tiges de grande dimension, tandis que les feuilles sont très peu répandues. Ces tiges sont désignées sous la dénomination de *lépidodendron*.

Les *lepidodendron*, lorsqu'ils sont complets, comme le *lepidodendron Sternbergii* (fig. 11), présentent des impressions qui, dans certains échantillons, ont atteint cinq et dix mètres de longueur, comme dans les houillères de Swina en Bohême, et dans celles de Jarrow en Angleterre : ce sont des tiges arborescentes, cylindriques, dichotomes, conservant, à leur surface, les traces des feuilles insérées en spirales (fig. 12). Ces feuilles étaient insérées sur des mamelons rhomboïdaux, ovales ou lancéolés, contigus ou presque contigus, séparés par des sillons qui formaient un réseau très régulier. La cicatrice d'insertion des feuilles est transversale et marquée de points vasculaires. La plupart des échantillons que l'on trouve consistent en plaques de schistes, sur lesquelles se reconnaissent les impressions des cicatrices, tantôt en saillies, tantôt en creux (fig. 13). Quelques échantillons ont été trouvés avec des feuilles encore adhérentes, comme dans la fig. 12.

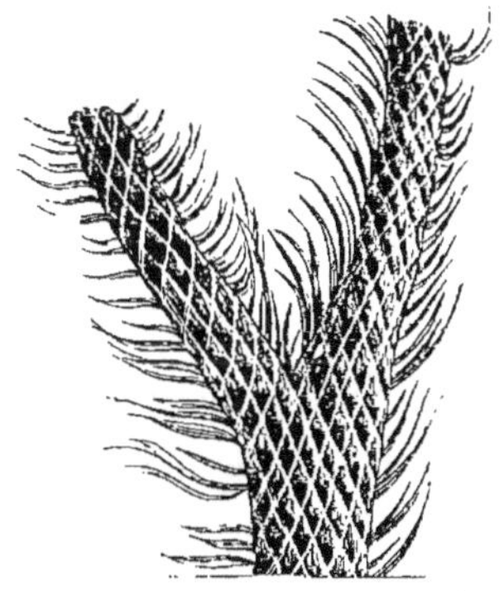

Fig. 12. LEPIDODENDRON ELEGANS.
Portion d'une branche, garnie de ses feuilles.

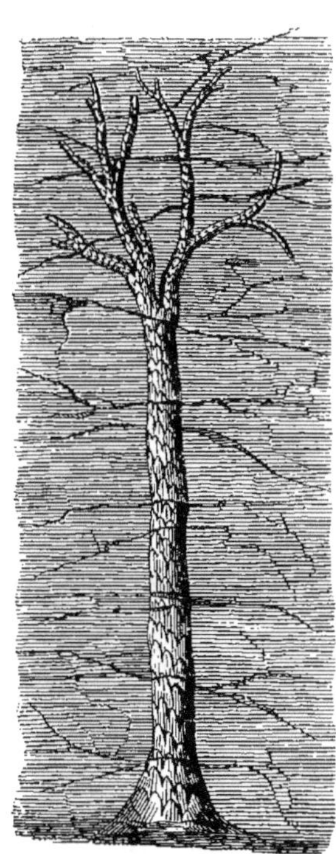

Fig. 11.
LEPIDODENDRON STERNBERGII.

Fig. 13. LEPIDODENDRUM CRENATUM.
Portion de l'écorce, grandeur naturelle.

Certaines espèces de tiges portent des cicatrices circulaires, formant des dépressions cratériformes ou des tubercules coniques en saillies; elles ont été désignées sous la dénomination d'*ulodendron*. Ces tiges ont été rapportées à la famille des *lepidodendron*, dont elles diffèrent cependant en ce que les grandes ci-

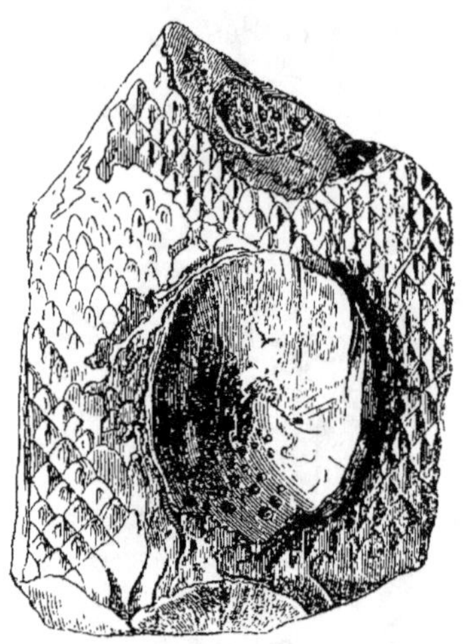

Fig. 14. — ULODENDRON. Ad. Brong.

catrices sont disposées sui-vant des lignes droites. La plupart de ces *uloden-dron* sont écailleux comme les *lepidodendron*, mais quelques variétés présen-tent une surface lisse.

On attribue également aux *lepidodendron* quel-ques débris d'épis termi-naux en forme de fruc-tification.

Les *sigillaires* sont encore plus répandus dans les terrains houillers que les *lepidodendron*; ce sont des tiges qui portent, en même temps, des cannelures et des cicatrices en spirales. Ces tiges (fig. 15) atteignent jusqu'à 0,75 de diamètre et 15 mètres de longueur; on en a trouvé qui étaient bifur-quées ou dichotomes au sommet.

Les impressions de *sigillaires*, lorsqu'elles sont horizon-tales; de fragments excessivement aplatis, se présentent sous forme leurs dessins ont généralement moins de relief que ceux des familles précédentes. Les cicatrices qui les couvrent sont d'une forme remarquable : arrondies en haut et en bas, anguleuses sur les côtés, et montrant trois cicatricules vasculaires : une petite, centrale, et deux latérales, plus grandes et sublunées (fig. 16 et 17). Cette structure les rapproche des fougères.

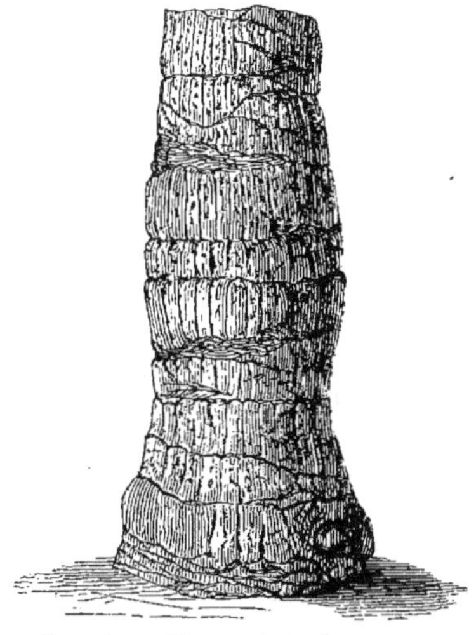

Fig. 15. — Tronc d'une Sigillaire.
Échelle 1/40. Sopwith.

On n'a aucune idée précise sur ce que devaient être les feuilles des *sigillaires*; et, lorsqu'on rapproche cette absence complète des feuilles, du fait inverse signalé pour les fougères, on ne peut s'empêcher de supposer que les sigillaires devaient se rapprocher beaucoup de nos fougères arborescentes. Les botanistes ont, il

Fig. 16. — Sigillaire. Buckland.

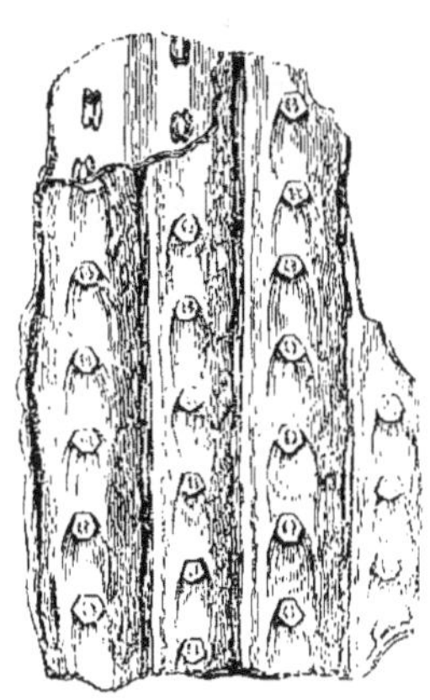

Fig. 17. — Sigillaria lævigata.
Ad. Brong.

est vrai, reconnu des différences dans la structure interne des deux familles, mais tout ce que l'on sait de la flore houillère est si vague, qu'on arrivera difficilement à les séparer aux yeux des exploitants, qui rencontrent leurs débris toujours associés et confondus.

Les *stigmaria* nous fournissent un exemple frappant de l'incertitude qui règne encore sur la véritable nature des végétaux houillers. M. de Humboldt les rapprochait des cactus, tandis que M. Ad. Brongniart les considère comme les racines des sigillaires. Ce sont des tiges cylindriques, souvent verticales, portant des cicatrices circulaires d'où partent quelquefois des branches horizontales, ainsi que

Fig. 19. — STIGMARIA.

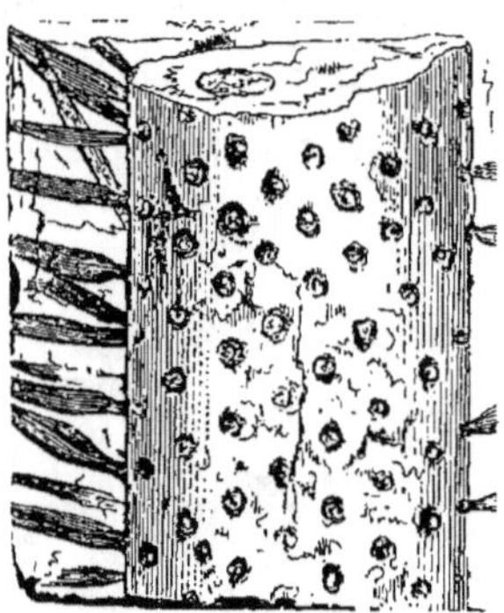

Fig. 18. — STIGMARIA FICOÏDES.

l'indique la figure 18, qui représente un des échantillons de la collection du Musée d'histoire naturelle.

Le plus souvent les *stigmaria* se trouvent sous forme de fragments cylindroïdes, aplatis, portant des saillies circulaires avec une petite dépression au centre (fig. 19). Ces saillies sont inégales, inégalement espacées et donnent aux fragments d'impression un caractère tout spécial. On a remarqué que ces impressions de *stigmaria* sont très fréquentes dans les argiles schisteuses qui forment le mur des couches de houille (underclay).

Les cicatrices profondes que portent toutes les tiges de *sigillaires*, de *lépidodendron*, de *stigmaria*, constituent un des caractères les plus étranges de la flore houillère. Ces cicatrices sont arrondies, et le plus souvent elliptiques ou rhomboïdales, leur grand diamètre étant vertical; elles sont, en outre, disposées en spirales. Ces caractères sont essentiellement acotylédones; car, dans les végétaux monocotylédones, tels que les palmiers, les pétioles embrassent la tige de manière à laisser des cicatrices transver-

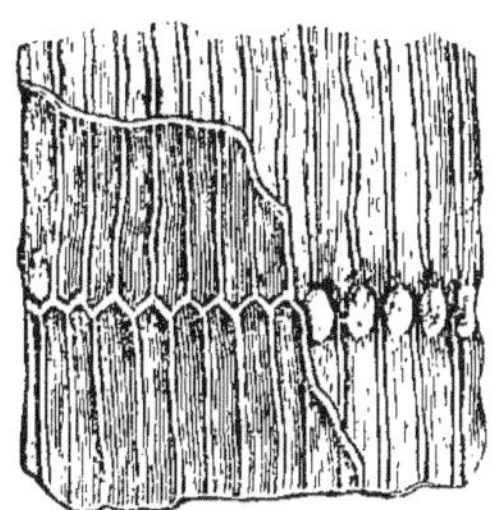

Fig. 21. CALAMITES SUCKOVII.

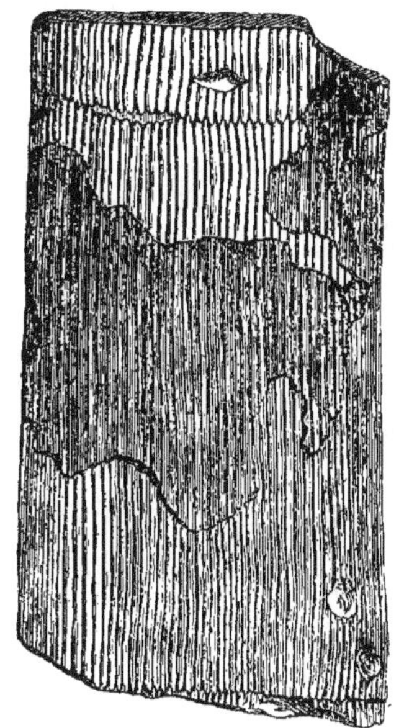

Fig. 20. CALAMITES PACHYDERMA.
Ad. Brong.

sales, allongées en forme d'anneaux, et dont le grand axe est horizontal.

Les tiges de *calamites*, attribuées à la famille des *équisétacées*, sans atteindre les dimensions des lépido-

dendrons et des sigillaires, en ont cependant de bien

supérieures aux équisétacées actuellement vivants. Ce sont des tiges cannelées, à stries longitudinales, dont la largeur est ordinairement proportionnée à la grosseur des tiges, (fig. 20 et 21). Ces stries sont interrompues de distance en distance par des nervures transversales, ou articulations plus ou moins répétées. Les calamites, en très grande prédominance dans certaines couches de schiste houiller, doivent représenter des tiges fistuleuses, cloisonnées, dont les parois, souvent très minces, présentaient des crêtes internes, fibreuses, correspondantes aux cannelures externes.

Quelques impressions de feuilles paraissent se rapporter à des familles tout à fait distinctes de celles que nous venons de décrire. Ce sont, d'abord, les *noggerathia*, feuilles larges et allongées; puis des feuilles verticillées, radiées, flabelliformes, que l'on appelle *astérophillites*, et dont la fig. 22 indique le caractère général. Ces feuilles se divisent en deux familles distinctes, les *astérophillites* et les *annullaria*.

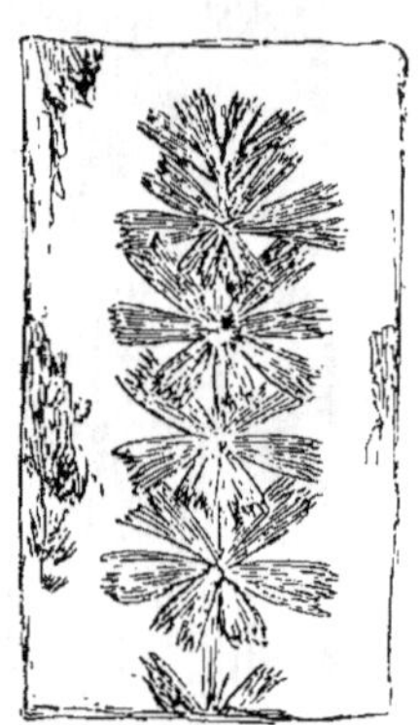

Fig. 22. ASTÉROPHILLITE.

Les *astérophillites* sont des plantes à tiges articulées, rameuses, portant des feuilles verticillées, étendues perpendiculairement au rameau qui les porte. Ces feuilles sont égales entre elles, libres, et très légèrement unies par leur base; elles sont quelquefois accompagnées de fructifications, désignées sous la dénomination de *volkmannia*.

Les *annularia* se distinguent des astérophillites en ce que leurs feuilles verticillées sont dans le plan du rameau qui les porte; elles donnent lieu, dans les schistes, à des impressions élégantes et bien étalées. Les feuilles sont réunies à leur base de manière à former une sorte d'anneau qui entoure la tige. Les variétés caractérisées par les dénominations de *longifolia* et *brevifolia* sont très répandues dans presque tous nos bassins houillers.

M. Brongniart a résumé ainsi qu'il suit les familles et espèces qui constituent la flore houillère:

Algues, etc.	6 espèces.
Fougères.	250
Lycopodiacées (*Lepidodendron*).	83
Équisétacées (*Calamites*).	13
Sigillariées.	60
Noggérathiées..	12
Astérophillitiées.	44
Cycadées.	3
Conifères.	15
Monocotylédones douteuses.	15
Total.	501 espèces.

Cette flore, si singulièrement caractérisée par les tiges creuses et charnues, et par sa grande simplicité acotylédone, disparaît après la période houillère. Les végétaux du grès bigarré, ceux des terrains secondaires supérieurs et des terrains tertiaires, ont un caractère tout à fait différent. Les monocotylédones, qui figurent à peine dans le terrain houiller, s'y développent peu à peu ainsi que les dicotylédones, de manière à indiquer, dans la succession des flores géologiques, la même progression vers la variété, la complication et le perfectionnement des organes, que dans les faunes successives.

Les feuilles et les petites tiges du terrain houiller sont souvent rassemblées dans un même plan de stratification des argiles schisteuses, où elles ont été comprimées et fossilisées comme dans les feuillets d'un herbier. Leur interposition a détruit, en partie, l'adhérence de la roche, et y détermine des clivages très faciles. Lorsque ces accumulations se trouvent au-dessus d'une couche exploitée, et à quelque distance du toit, elles causent souvent la chute de l'épaisseur intermédiaire, appelée le *faux-toit*; alors, si le grain de la roche est fin, si sa couleur est d'un gris clair et uniforme, on voit, sur les surfaces nouvellement mises à nu, les dessins végétaux se détacher en noir, et reproduire les détails les plus minutieux de la structure des plantes. Les stries des tiges comprimées, les folioles les plus délicates avec leurs nervures, les grandes tiges couchées dans toute leur longueur, permettent de distinguer les espèces et d'admirer dans toute sa perfection cet admirable phénomène de conservation.

Toutes les plantes fossiles, ainsi rassemblées dans les roches du toit ou du mur d'une couche de houille, doivent être considérées comme appartenant à cette couche; or, en rapportant ainsi, à une même couche, toute une série de fossiles, on en trouvera qui seront caractéristiques, sinon pour cette couche seule, du moins pour un étage du terrain houiller.

« Ainsi, dit M. Ad. Brongniart [1], les couches qui paraissent les plus inférieures dans le bassin de Saint-Étienne renferment abondamment l'*odontopteris Brardii* (fig. 9) à très larges pinnules, sans traces d'autres *odontopteris*; tandis que les couches supérieures des carrières du Treuil présentent très fréquemment l'*odontopteris minor* (fig. 23), sans mélange de l'autre espèce.

Fig. 23. — ODONTOPTERIS MINOR. Ad. Brong.

« En général, chaque couche de houille n'est accompagnée que par les débris d'un nombre assez limité de végétaux. Quelquefois même, dans les couches les plus anciennes, ce nombre paraît atteindre à peine huit à dix. Dans d'autres cas, et plus généralement dans les couches moyennes et supérieures, le nombre des espèces devient

[1] *Végétaux fossiles*, Dictionnaire universel d'histoire naturelle.

plus considérable, mais il dépasse bien rarement trente à quarante. Chacune de ces petites flores locales et temporaires, qui accompagnait la formation d'une couche de houille, est donc extrêmement limitée. C'est, du reste, ce que nous voyons encore, de nos jours, dans nos grandes forêts, et surtout dans celles qui sont composées de conifères; une ou deux espèces d'arbres recouvrent de leur ombrage quatre ou cinq plantes phanérogames différentes, et quelques mousses. »

Dans un autre passage, M. Ad. Brongniart dit encore « qu'il paraît résulter de beaucoup d'observations locales, que les *lépidodendron* seraient plus abondants dans les couches anciennes que dans les couches supérieures de la plupart des terrains houillers; que les vraies *calamites* seraient souvent dans le même cas; que les *sigillaires* paraîtraient dominer dans les couches moyennes et supérieures; que les *astérophyllites*, et surtout les *annularia*, se trouveraient beaucoup plus abondamment dans les couches supérieures; qu'il en serait de même des conifères, dont les débris n'ont été rencontrés que dans les couches tout à fait supérieures du bassin d'Autun, etc. »

La position des plantes fossiles dans les dépôts houillers peut conduire à reconnaître les phénomènes qui les y ont amenés. Ainsi, lorsqu'elles sont accumulées et stratifiées dans certaines couches de schistes ou de grès, en abondance telle, quelquefois, qu'elles impriment à ces couches une structure onduleuse comme celle qui résulte naturellement d'un entassement de végétaux aplatis, il y a eu évidemment charriage par les eaux et concentration de ces végétaux sur certains points.

Lorsque les végétaux sont verticaux, ou plutôt lorsque leurs tiges sont perpendiculaires au plan des dépôts, on reconnaît souvent qu'ils sont dans leur position normale, et qu'ils ont été moulés et fossilisés sur le point même de leur croissance. Tels sont les nombreux fossiles que M. Brongniart a dessinés dans les grès de la carrière du Treuil; ces végétaux étaient tous en place, clair-semés, et dans une position qui lui ont paru avoir tous les caractères d'une véritable forêt fossile, ensablée par l'envahissement des grès.

On a constaté depuis beaucoup d'autres exemples de végétaux verticaux : dans les bassins houillers de l'Amérique du Nord, cette position est, en quelque sorte, la position habituelle des grandes tiges. Dans le bassin du nord de la France, et notamment dans les houillères d'Anzin, on a trouvé, et examiné en détail, plusieurs exemples dans lesquels les tiges étaient toujours perpendiculaires aux plans de stratification des couches qui les contiennent. La fig 24 indique la position d'une de ces tiges en place, dans les couches de grès (5) et de schistes plus ou moins charbonneux (1, 2, 3, 4, 6, 9, 12) qui recouvrent une petite couche de houille (8) où elle devait évidemment avoir ses racines implantées [1]. On voit que cette tige a été progressivement ensablée, et que les détritus dont chaque banc est

____

[1] Note adressée à la Société géologique par M. de Jennings. *Bull.* 1837.

composé formaient, autour de la tige, une espèce de bour-
relet saillant, jusqu'à ce que cette tige, altérée par la décomposition , eût été rompue. Elle appartenait à une sigillaire, et a été trouvée à 232 mètres de profondeur dans
la mine dite la *Bleuse-Borne*.

Cette position normale des végétaux en place, toujours

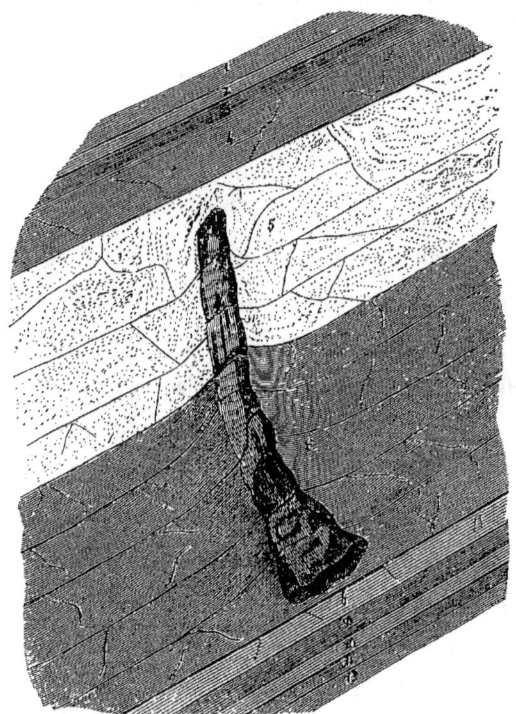

Fig. 24.

perpendiculaires au plan de stratification des couches,
lors même que ce plan est très incliné, fournit une nouvelle démonstration de l'horizontalité première des dépôts
houillers.

Les végétaux en place ont conservé leur forme cylindrique (fig. 15); ils ont presque toujours leurs racines dans une couche de schiste ou de grès fin et charbonneux; leurs tiges traversent les diverses couches superposées, et les roches ont pénétré dans l'intérieur, de manière à en fossiliser d'une façon différente les parties engagées dans un milieu différent. Il en résulte que ces tiges se divisent en tronçons successifs ou disques, les uns transformés en grès, les autres en psammite ou en argile schisteuse. A une certaine hauteur, ces végétaux sont ordinairement brisés, comme dans l'exemple précédent; quelquefois, cependant, les branches se sont conservées, et l'arbre est à peu près complet.

Les végétaux fossiles, debout ou couchés, cylindriques ou aplatis, présentent presque toujours, sur leur surface extérieure, une pellicule charbonneuse. Cette pellicule de houille, souvent très pure, forme une écorce de plusieurs millimètres d'épaisseur; elle est évidemment le résultat de la décomposition des tiges, dont l'intérieur a été remplacé par les roches. Lorsque les végétaux verticaux se sont développés sur une couche de houille, si l'exploitation vient leur enlever leur support naturel, comme l'écorce charbonneuse qui les entoure a détruit leur adhérence aux roches extérieures, ils tombent dans la mine. Ces végétaux implantés sur la houille sont assez fréquents, et désignés par les mineurs sous le nom de *cloches*, à cause de la forme conique de leur partie inférieure.

La suppression complète du tissu ligneux dans les végétaux verticaux et l'aplatissement des tiges couchées, concordent pour démontrer que ces végétaux devaient être creux à l'intérieur, ou remplis d'une moelle peu dense, comme les analogues de l'époque actuelle.

Formation des couches de houille.

L'étude des végétaux fossiles de l'époque houillère nous donne une idée assez précise de l'état du globe à cette époque. Cette flore, composée seulement de cinq cents espèces identiques dans toutes les latitudes, se développait sur des plaines marécageuses, analogues à nos tourbières, et devait former des taillis épais, au-dessus desquels s'élançaient des fougères arborescentes, des sigillaires, des lépidodendron et des calamites gigantesques. Une température élevée, une atmosphère humide et surchargée d'acide carbonique, donnaient une activité toute particulière à ces foyers de végétation.

Nous avons signalé, dans les végétaux fossiles debout ou couchés, l'existence fréquente d'une enveloppe charbonneuse qui semble avoir pris la place de l'écorce. La surface extérieure de cette écorce exprime les caractères superficiels des tiges, mieux que la surface de l'argile ou du psammite qui remplit l'intérieur. Ainsi, dans la fig. 16, la pellicule charbonneuse est encore fixée à la base de l'empreinte; on voit, à sa surface, les cicatrices formées par l'articulation de la base des feuilles, cicatrices où sont encore marquées les trois ouvertures qui donnaient passage aux vaisseaux vers l'intérieur du tronc. L'écorce charbonneuse n'est pas visible à la partie supérieure,

mais elle a laissé l'empreinte striée de sa surface interne,
et l'on voit correspondre, à chaque cicatrice extérieure,
deux ouvertures parallèles et de forme oblongue, à travers lesquelles les feuilles pénétraient dans le tronc.
D'autres fois, la pellicule charbonneuse a été, pour ainsi
dire, entièrement transportée à l'extérieur de la plante;
ce n'est plus qu'une enveloppe appliquée sur le grès ou le
schiste substitué au corps de la tige.

Dans ces divers cas, l'écorce charbonneuse des végétaux fossiles représente évidemment les restes de la matière ligneuse; mais, sous l'influence de la pression et de la
lenteur des décompositions, le carbone intérieur a été ex-
pulsé vers l'extérieur du fossile.

Les couches de schiste charbonneux sur lesquelles on
trouve implantées les grandes tiges, doivent nécessairement
représenter une longue période de temps, pendant laquelle
les dépôts étaient réduits à de faibles épaisseurs d'argiles
limoneuses. Ces dépôts argileux, abondants en empreintes,
fortement colorés par le carbone, constituaient, en quelque
sorte, une terre végétale, sur laquelle se développait la
flore houillère, et qui ne pouvait être recouverte d'une
couche d'eau, même d'une faible épaisseur.

Il n'est donc pas probable que les grands végétaux qui
constituent la plupart des espèces de la flore houillère,
soient ceux qui ont produit la houille, et nous sommes
conduits à supposer, comme dans les tourbières actuelles,
deux espèces de végétation, l'une superficielle, l'autre
aquatique et composée de végétaux herbacés qui auraient

fourni la matière de la houille. Nous trouvons la confirmation de cette hypothèse dans l'absence fréquente des grands végétaux. Ainsi, plusieurs dépôts houillers ne contiennent pas de grandes tiges fossiles, et l'on ne trouve aucun de leurs débris dans les dépôts ligniteux de la.Provence ; de telle sorte que la production des couches combustibles a pu avoir lieu sans être accompagnée de la grande végétation houillère.

Cette hypothèse, qui rapprocherait beaucoup les houillères des tourbières, rencontre une objection dans le grand nombre d'alternances que présentent les couches de houille avec les grès et les schistes. Mais il faut nécessairement admettre que les conditions d'immersion des bassins ont été soumises à de grandes variations. Si, par exemple, nous trouvons aujourd'hui des centaines de mètres de dépôts, superposés à une couche d'argile schisteuse à empreintes, cela ne veut pas dire que les eaux dans lesquelles ces dépôts ont été effectués avaient une profondeur correspondante ; cela prouve seulement que les dépôts supérieurs ont été surajoutés sous l'influence d'une lame d'eau qui persistait à la surface du bassin. Cette lame d'eau a pu avoir une grande épaisseur pendant la formation de certains bancs de grès grossiers et puissants, mais elle en avait très peu toutes les fois qu'il s'est produit des dépôts d'argiles schisteuses abondantes en empreintes végétales. Or, puisque ces argiles servent souvent de mur et de toit aux couches de houille, nous pouvons en conclure que la houille elle-même a été formée comme les tourbes, sur des plaines marécageuses et horizontales.

L'étude directe de la houille nous conduira à des conclusions identiques. Chaque roche porte, en effet, dans ses caractères minéralogiques, les stigmates de son origine, et l'on peut, en interprétant tous les détails de ces caractères, arriver à reconnaître les influences sous lesquelles cette roche a été formée.

Si l'on examine avec soin la plupart des couches de houille, lorsque leur surface vient d'être avivée par un abattage récent, on y reconnaît d'abord les phénomènes de structure que nous avons précédemment décrits. La couche est composée de petites zones alternantes de houille spéculaire et de houille terne. La houille spéculaire est vitreuse, fendillée, fragile, pure et légère; la houille terne est solide, plateuse, impure et dense, et ces petites zones hétérogènes déterminent quelquefois, dans la houille, la structure onduleuse que nous avons précédemment signalée dans les argiles pénétrées d'une grande abondance de végétaux couchés.

La houille spéculaire ne présente jamais aucune trace de tissu végétal. Cela s'explique en ce que la houille, n'étant formée que d'une partie des principes ligneux, ne peut être parfaite qu'à la condition que ces éléments ligneux auront subi une décomposition complète; dans ce cas, la destruction de la composition des végétaux a entraîné la destruction de leur forme. S'il y a eu, au contraire, dans les schistes et les grès, conservation de la forme, c'est que les végétaux ont été moulés sur place, par une pâte indécomposable, qui en a fixé les empreintes avant qu'ils fussent désorganisés.

Dans les schistes et grès à empreintes, on trouve, avons-nous dit, les résultats de la décomposition ligneuse sous la forme d'une pellicule ou écorce charbonneuse qui entoure les fossiles ; or, cette écorce est précisément formée de houille spéculaire, et c'est ce qui fait souvent dire aux mineurs que la houille la plus pure est celle qui est disséminée dans le rocher. La houille spéculaire résulte donc de la décomposition des végétaux ; il est à remarquer qu'elle contient à peu près la même quantité de cendres.

Dans la houille terne, la proportion des matières terreuses est de beaucoup supérieure à celle qui aurait pu être fournie par les tissus ligneux ; elle s'élève à 10 et 12 pour cent, et doit, nécessairement, avoir été fournie par l'intervention sédimentaire de l'eau. Il y a donc, dans cette houille, un rapprochement vers les argiles schisteuses ; elle n'est plus le résultat pur et isolé des décompositions végétales, et les parties ternes qui la composent peuvent, dans certains cas, avoir conservé quelques signes de l'historique de la formation.

En effet, si on clive les houilles de manière à mettre à découvert les surfaces de ces petites zones ternes, on remarque qu'il y existe très souvent des traces d'origine végétale. Ce sont, d'abord, les petits fragments très aplatis, composés d'un charbon léger, ligneux et semblable à du fusain, que les mineurs désignent sous la dénomination de *charbon de bois* ; ce sont, ensuite, de véritables empreintes dont les stries parallèles sont très fines et quelquefois réticulées. Ces empreintes, conservées dans la houille même, sont très visibles sur les clivages des variétés très plateuses, dans lesquelles la structure rayée, produite par l'alternance des zones ternes et spéculaires, est le mieux exprimée.

Les végétaux dont les houilles ont ainsi conservé quelques vestiges appartiennent généralement à de petites espèces; et M. Adolphe Brongniart, en les examinant sur de nombreux échantillons de houilles de Blanzy, a cru y reconnaître la structure des *noggerathia*.

L'origine ligneuse de la houille est donc prouvée, non seulement par l'ensemble de ses caractères géologiques, mais, pour beaucoup de couches, par l'examen direct de la texture minérale. Ce fait, une fois admis, il reste à expliquer les phénomènes qui ont pu déterminer l'accumulation et la stratification du carbone. Or, il n'y a que deux hypothèses possibles : ou bien, les végétaux ont été charriés par les eaux qui parcouraient les terrains émergés pour se rendre dans les bassins; ou bien, la végétation s'est développée sur place et à la manière des tourbières. La dernière de ces deux hypothèses est généralement regardée comme la seule admissible, surtout depuis les calculs publiés par M. Élie de Beaumont [1], calculs qui

____

[1] Comptes rendus des séances de l'Académie des sciences, 1er août 1842. Rapport sur un mémoire de M. A. Burat, intitulé : *Description géologique du bassin houiller de Saône-et-Loire*. (Commissaires : MM. Brongniart, Adolphe Brongniart, Élie de Beaumont; Dufrénoy, rapporteur.)

ont été ainsi résumés dans un rapport fait à l'Académie.

« La pesanteur spécifique de la houille est moyennement de $1^m,30$; celle des bois dont nos forêts se composent peut être évaluée en moyenne à $0^m,70$. De là il résulte que si l'on concevait que du bois fût condensé de manière à acquérir la densité de la houille, son volume se réduirait dans le rapport de 130 à 70, ou de 1 à $0^m,5385$. De plus, le bois ne renferme pas, à poids égal, autant de carbone que la houille, ce qui exige une nouvelle réduction.

« D'après les analyses de M. Regnault, les diverses houilles contiennent, généralement, entre 90 et 80 pour cent de carbone; moyenne, 85 pour cent. Le bois vert contient, moyennement, environ 36 pour cent de carbone. D'après cela, si un poids donné de bois pouvait être changé en houille, sans perte de carbone, il se réduirait dans le rapport de 1 à $\frac{36}{85}$, ou de 1 à $0^m,4235$. Si donc, une couche de bois, sans interstices, pouvait être changée en houille, sans perte de carbone, son épaisseur diminuerait dans le rapport de 1 à $0^m,5385 \times 0^m,4235 = 0^m,2280$.

« La quantité de matière ligneuse contenue dans un hectare de forêt est variable, et il est difficile d'en donner une valeur moyenne exacte. Dans le département des Ardennes, M. Sauvage, ingénieur des mines à Mézières, évalue à 180 stères le produit d'un hectare de taillis de vingt-cinq ans entièrement coupé, sans laisser aucune réserve. Le poids de chaque stère de bois, d'essences mélangées, serait (eu égard aux vides) d'environ 330 kilogrammes, ce qui donnerait pour l'hectare entier 59,400 kilogrammes; en admettant une pesanteur spécifique moyenne de $0^m,70$, cela donnerait 85,86 mètres cubes de bois, qui pourraient former sur toute la surface de l'hectare une couche continue et sans interstices de $0^m,008486$ d'épaisseur. Transformée en houille, d'après les évaluations précédentes, cette couche de bois reviendrait à une couche de houille de $0^m,008486 \times 0^m,2280 = 0^m,001935$ ou environ *deux millimètres* d'épaisseur.

« Il est probable que la plupart des futaies ne renferment pas trois fois autant de matière ligneuse qu'un taillis de vingt-cinq ans bien garni ; par conséquent, la plupart des futaies doivent contenir moins de carbone qu'une couche de houille de même étendue et de 6 millimètres d'épaisseur.

« Il existe probablement peu de futaies, même parmi les plus épaisses, qui contiennent autant de carbone qu'une couche de houille de même étendue et d'un centimètre d'épaisseur. La surface des terrains houillers reconnus en France forme $\frac{1}{214}$ de la surface totale du territoire. Si l'on tient compte de la stérilité de certains terrains, ou verra qu'une futaie de la plus belle venue possible qui couvrirait la France entière serait loin de contenir autant de carbone qu'une couche de houille de 2 mètres d'épaisseur étendue dans les seuls bassins houillers connus.

« Ces résultats, qui, je le répète, sont de simples approximations, suffisent cependant pour donner une haute idée du phénomène, quel qu'il soit, par suite duquel a eu lieu l'accumulation de matière végétale nécessaire pour produire une couche de houille ayant 1 mètre, 2 mètres, et jusqu'à

30 mètres d'épaisseur, comme celle du bassin houiller de l'Aveyron.

« La question de savoir comment ce carbone a pu s'accumuler exerce les géologues depuis longtemps. On a quelquefois supposé que les couches de houille pouvaient résulter de l'enfouissement de radeaux de bois flotté ; mais les calculs précédents conduisent à reconnaître que ces radeaux devraient avoir eu une épaisseur énorme et tout à fait inadmissible.

« Le bois, lorsqu'on le coupe en bûches d'une longueur uniforme, et qu'on le range en stères, présente de nombreux interstices qu'on évalue à plus des $\frac{38}{128}$ du volume total ; le bois n'en remplit donc réellement que les $\frac{90}{128}$. Pour des branchages, la somme des vides est encore plus grande. Dans un radeau naturel, les troncs ne pourraient être aussi bien rangés que dans du bois en stères, et l'on peut supposer sans exagération qu'un radeau naturel renfermerait $\frac{61}{128}$, ou la moitié de son volume de vide : par conséquent, un pareil radeau, s'il pouvait se réduire en houille, sans aucune perte de carbone, en donnerait une couche dont l'épaisseur serait $\frac{1}{2} \times 0^m,2280$ ou $0^m,1140$, c'est-à-dire moins du *huitième* de la sienne. Ainsi, une couche de houille épaisse d'un mètre supposerait un radeau de $8^m,76$ d'épaisseur ; une couche de houille de 2 mètres supposerait un radeau de $17^m,52$; une couche de houille de 30 mètres supposerait un radeau de 263 mètres. Il faut, en outre, remarquer que la houille provient de végétaux d'une faible densité, et, pour tenir compte de cette différence, il faudrait tripler les épaisseurs, c'est-à-dire supposer des radeaux de $26^m,52$ et 788 mètres, ce qui dépasse les limites du possible. »

L'impossibilité de la formation de la houille par le charriage des végétaux, ainsi démontrée par les calculs de M. Élie de Beaumont, se trouve confirmée, dès qu'on examine les conditions auxquelles ces phénomènes auraient dû satisfaire. Comment, en effet, les accumulations de bois auraient-elles pu se produire assez régulièrement pour former des couches parfaitement stratifiées, qui souvent, sur une étendue de plusieurs kilomètres, ne présentent pas, dans leur épaisseur, des différences d'un demi-mètre. Quant à supposer que l'accumulation a été graduelle, ainsi que cela arrive à l'embouchure de quelques fleuves, on rencontre encore plus d'objections. Ces charriages n'auraient pu être effectués sans un mélange considérable d'éléments arénacés : les charriages actuels, tels que ceux de l'embouchure du Mississipi, ne nous présentent, en effet, les végétaux que noyés dans une énorme proportion de limon ; un cours d'eau, fût-il aussi lent que la Seine, n'aurait pu entasser l'immense quantité de bois qu'il faut pour former une couche ayant seulement un mètre d'épaisseur, sans les mélanger d'une quantité de limon bien supérieure au carbone charrié. Or, dans la plupart des couches bien réglées, l'ensemble des matières terreuses, appréciable par les cendres et par les résidus du triage, ne dépasse pas 10 à 20 pour cent.

L'hypothèse du charriage des végétaux étant écartée, il faut nécessairement admettre celle de la végétation sur place, et revenir à l'assimilation des houillères aux tourbières ; mais il reste à expliquer les différences qui existent entre les houilles et les tourbes, qui, bien que produites par des phénomènes analogues, n'ont cependant que bien peu de caractères communs.

La houille présente, en effet, l'apparence d'une roche minérale, stratifiée et, en même temps, mélangée de principes qui ont dû être amenés par les eaux sédimentaires. Or, toutes ces conditions de composition et de structure peuvent avoir été déterminées sous l'influence de mouvements des eaux animées d'une vitesse minime, mais suffisante pour séparer les parties pures de celles qui l'étaient moins, et les stratifier. Ainsi, nous admettrons qu'une couche de houille devait former, dans le principe, une masse spongieuse comme la tourbe, et que les eaux, mises en mouvement à travers son tissu, ont donné lieu à ces départs et à ces transports moléculaires qui ont complété la désorganisation des végétaux.

Ces mouvements des eaux à travers les houilles nous sont encore démontrés par les nodules de fer carbonaté, les rognons arrondis, de grès et de schistes, qui s'y trouvent intercalés ; car c'est seulement par le mouvement des eaux que les molécules tenues en dissolution ou en suspension ont pu se réunir sous un volume aussi considérable. Dans le département du Nord, les nodules de fer carbonaté, interstratifiés dans la houille, affectent souvent la structure oolitique, structure qui indique encore un certain mouvement dans les eaux qui les déposaient.

L'identité presque générale de la structure des houilles démontre que les influences qui l'ont produite ont été partout les mêmes. Ces mouvements des eaux doivent donc être attribués à des phénomènes généraux et partout identiques. On peut supposer, par exemple, qu'ils résultaient des phénomènes climatériques. Un climat chaud et humide, comme celui qui existait alors, devait déterminer des pluies considérables et intermittentes; de là les oscillations régulières et générales des eaux contenues dans des bassins fermés et circonscrits. C'est en appelant ainsi à notre aide l'intervention d'un mécanisme lent et régulier, prolongé pendant des périodes de temps considérables, que notre esprit peut, sinon expliquer tous les phénomènes de cette époque géologique, du moins en concevoir la possibilité.

Ainsi, pour résumer ces idées théoriques, supposons des végétaux houillers en place, envahis par des dépôts arénacés. Ces dépôts les entourent, les brisent, pénètrent dans leur axe vide, et les moulent avant que la décomposition ait pu commencer. Lorsque cette décomposition se produit, le bois, en perdant la plus grande partie de son oxygène, hydrogène et azote, diminue de volume, tandis que les vides qui en résultent sont comblés par la matière encore molle des dépôts. Cette diminution de volume, et les tassements qui en résultent, déterminent les indices d'affaissement que présentent la plupart des grands végétaux verticaux, et les stries de glissement qui se trouvent dans toutes les argiles abondantes en empreintes. A mesure que les végétaux se décomposent, les eaux s'emparent

d'une partie du carbone isolé et le distribuent dans les dépôts, où on le trouve, quelquefois même, rassemblé en vei-
nules et en petits amas lenticulaires, formés évidemment
sous la double influence des lavages sédimentaires et de
l'affinité des molécules charbonneuses.

Supposons actuellement une masse tourbeuse, formée
par les végétaux herbacés de l'époque houillère, et les
eaux se mouvant lentement dans le feutrage de ces végétaux, comme nous les voyons aujourd'hui se mouvoir souterrainement dans des sables et galets ; le phénomène de
la stratification agira alors en même temps que celui de la
décomposition ; les parties de même nature se rechercheront
en vertu de leur affinité, et s'isoleront alternativement en
zones spéculaires et zones ternes ; en un mot, la houille se
produira telle que nous la voyons, et toute trace de tissu
ligneux disparaîtra.

Les couches de houille durent être les foyers d'émissions
considérables de gaz provenant des fermentations et des
décompositions végétales ; et ces émissions gazeuses durent
se continuer même après l'enfouissement des couches sous
les dépôts superposés. Nous trouvons la preuve de ce fait
dans la présence de l'hydrogène carboné, qui imprégne
souvent la houille et même les schistes du toit, et nous
avons même attribué à des émanations analogues les huiles
dont sont pénétrés les schistes bitumineux. Toutes ces émanations, postérieures à l'enfouissement de la houille, prouvent que sa minéralisation s'est, en quelque sorte, complétée pendant la période de sa dessiccation.

D'autres conséquences de l'enfouissement des houilles durent encore avoir leur part d'influence sur le résultat final ; c'est d'abord la pression considérable exercée par les dépôts superposés, pression qui dut contribuer à donner à la houille sa densité et son état d'agrégation ; c'est, en second lieu, une surélévation de température due à la chaleur centrale. Les terrains de transition sur lesquels reposent les dépôts houillers ont nécessairement laissé passer dans l'atmosphère une quantité considérable de la chaleur centrale ; cela est rendu évident par cette considération, que la progression du refroidissement du globe a été très marquée depuis la période houillère ; dès lors, le calorique perdu a dû traverser l'écorce solide déjà formée, et les dépôts houillers ont subi l'influence de cette transmission. C'est à cette influence que nous attribuons les différences signalées dans la nature minéralogique des houilles, à mesure que l'on s'élève de la base du terrain vers les dépôts supérieurs. Les couches combustibles inférieures sont plus sèches parce que leur minéralisation a été complétée sous l'influence d'une pression plus forte et d'une température plus élevée ; tandis que les couches supérieures, qui ont subi une action métamorphique moins énergique, ont retenu une plus grande quantité de gaz.

Toutefois, nos conclusions théoriques sur la formation des couches combustibles rencontrent une difficulté réelle dans l'épaisseur des dépôts accumulés sur des espaces circonscrits. Comment expliquer, en effet, ces accumulations de 1,000, 2,000, 3,000 et jusqu'à plus de 4,000 mètres de dépôts, alors que la condition essentielle de ces dépôts paraît avoir été, constamment, de présenter une surface unie et très rapprochée de la surface horizontale des eaux ? Dans le bassin de la Loire, les couches de houille commencent à se développer immédiatement après la stratification des conglomérats et grès à gros éléments ; elles existent ensuite au nombre de plus de 30, alternant avec des dépôts arénacés qui, dans leur partie centrale, ont une puissance probable de plus de 800 mètres. Or, puisque la houille qui existe ainsi à tous les niveaux du terrain n'a pu se former que sous une lame d'eau, il reste démontré, par cette distribution des couches de houille dans tous les étages, aussi bien que par celle des arbres verticaux, que le niveau des eaux, ou le niveau des dépôts, ont varié, de manière à reproduire cette condition d'une lame d'eau sur un fond horizontal, malgré l'accumulation graduelle des dépôts arénacés.

Si les dépôts houillers avaient moins de puissance, on pourrait admettre que le niveau des eaux a pu se maintenir naturellement au-dessus du niveau des dépôts ; ainsi, dans certains bas-fonds, les eaux atmosphériques et les eaux d'infiltrations latérales, ne trouvant pas d'issues, maintiennent des lagunes sur des fonds qui s'exhaussent, soit par l'accumulation des tourbes, soit par la formation intermittente de dépôts limoneux ; mais on ne peut étendre des causes aussi bornées à des bassins comblés par 1,500 ou 3,000 mètres de dépôts.

N'est-il pas plus rationnel de supposer, qu'à l'époque houillère, une cause qui n'existe plus aujourd'hui a pu intervenir pour aider au développement des dépôts? Cette cause aurait été l'élasticité de l'écorce solide du globe, et le peu de résistance qu'elle pouvait opposer au poids des couches superposées. Ne peut-on pas supposer, par exemple, qu'à mesure que certaines surfaces étaient trop chargées par les dépôts, le fond des bassins cédait, et déterminait un enfoncement graduel? Cette dépression, une fois admise, expliquerait l'alternance des combustibles minéraux, intercalés dans les couches arénacées, à toutes les hauteurs. Après l'époque houillère, la croûte du globe, déjà consolidée, ne permit plus ce grand développement de l'épaisseur des dépôts carbonifères, et c'est peut-être pour cette raison que ce phénomène n'est plus représenté que d'une manière si incomplète dans les terrains secondaires et tertiaires.

Formation des anthracites.

Si nous acceptons ces explications pour la formation des couches de houille, elles s'étendront évidemment aux autres combustibles minéraux. Cependant, il reste à justifier certaines anomalies dans la série normale de ces combustibles; tels sont les anthracites des dépôts jurassiques et crétacés des Alpes, anthracites qui, en rompant la succession régulière des caractères géologiques, semblent infirmer, au premier abord, une partie de nos conclusions.

L'anthracite est, avons-nous dit, un état métamorphique comparativement à la houille et au lignite; son gisement est normal lorsqu'il se trouve dans les dépôts les plus anciens, où cet état métamorphique est partagé par les autres roches. Ainsi, il est naturel de rencontrer les combustibles les plus minéralisés dans les schistes lustrés, dans les calcaires semi-saccharoïdes, dans les grès-quarzites des terrains siluriens et devoniens; puis de passer progressivement, et par des houilles de moins en moins anthraci-teuses, à la houille maréchale et à la houille gazeuse, à mesure qu'on s'élève dans la série des dépôts houillers, et que ces dépôts ont conservé un aspect de plus en plus aré-nacé; mais comment se fait-il qu'une succession aussi régulière et aussi générale des caractères minéralogiques et géognostiques soit interrompue tout à coup par la réapparition des anthracites les plus prononcés, dans la partie supérieure des terrains secondaires?

On a d'abord supposé que les anthracites des Alpes n'étaient que des lignites, métamorphosés par des influences postérieures; mais cette hypothèse est complétement détruite par l'existence de toute la flore houillère, dont les débris ont été retrouvés dans le terrain. On y a, en effet, reconnu les *sigillaires*, les *stigmaria*, les *lépidodendron*, les *annularia*, en tout identiques aux espèces les mieux caractérisées du terrain houiller.

Cette identité des fossiles végétaux a constamment empêché M. Ad. Brongniart d'admettre comme récent l'âge du terrain anthraxifère des Alpes. « Quand on voit, dit-il, que les recherches entreprises par tant de savants et de collecteurs ont montré que les végétaux contenus dans ces couches sont, sans aucune exception, ceux de l'époque houillère, sans mélange d'un seul fragment des végétaux fossiles du Lias, de l'époque jurassique, du keuper ou du grès bigarré, on se demande en vain quelle explication donner à ce fait unique, et si les coquilles si peu nombreuses qui ont surtout contribué à faire ranger ces terrains dans l'époque jurassique sont une preuve bien positive de cette position géologique. Leur petit nombre, leur état de conservation si imparfait que leur détermination spécifique est ou impossible ou fort douteuse, permettent-ils de leur donner plus de valeur qu'à cet ensemble de végétaux nombreux, et la plupart bien déterminables, qui se trouvent dans les couches d'anthracite? »

L'objection de M. Ad. Brongniart serait décisive si la classification de ces terrains des Alpes reposait uniquement sur les coquilles fossiles trouvées dans quelques localités. Mais ces coquilles fossiles n'ont été, en réalité, que des faits accessoires dans une classification fondée principalement sur la continuité des couches, continuité qui réunit les parties les mieux caractérisées des terrains jurassiques et crétacés à celles qui présentent les caractères les plus métamorphiques.

En étudiant les Alpes françaises, sur la carte géologique de France, on voit, entre les vallées de la Durance et du Drac, une région circulaire, de granite et gneiss, circonscrite par les terrains crétacés et jurassiques. Cette région montagneuse, qui s'élève à plus de 4,000 mètres au-dessus du niveau de la mer (mont Pelvoux), orme un îlot éruptif, où l'on rencontre, à chaque pas, les traces des perturbations dynamiques et des modifications métamorphiques les plus profondes. C'est autour de ce massif que les recherches de M. Élie de Beaumont ont mis en évidence l'âge récent des alternances de schistes, calcaires, grès et poudingues, qui avaient été jusqu'alors classés parmi les dépôts de transition, et la postériorité des granites qui les ont soulevés. Il démontra que les anthracites de petit cœur, en Tarentaise, liés avec des couches argilo-calcaires contenant des bélemnites, servaient de base à un immense développement de roches arénacées et calcaires (contenant elles-mêmes les ammonites, bélemnites et pentacrinites), qui ne descendent pas au-dessous du terrain jurassique, et se terminent, à la montagne du Chardonnet, par des grès et schistes avec empreintes végétales et couches d'anthracite. M. Élie de Beaumont suivit la superposition de ces couches jusque dans les points où elles reprenaient leurs caractères secondaires, démontra qu'elles étaient supérieures aux calcaires noirs du Lias à Digne, et arriva, de proche en proche, à constituer les grands systèmes jurassique et crétacé qui forment la plus grande partie des Alpes.

Les nombreux gîtes d'anthracite qui se trouvent dans cette région, notamment aux environs de Briançon, dans la vallée de la Durance, et près de la Mure dans la vallée du Drac, constituent une anomalie d'autant plus prononcée, que les couches atteignent une puissance considérable, et qu'elles sont composées d'un anthracite vitreux parfaitement caractérisé, dont la composition et l'aspect sont identiques à ceux des anthracites les plus anciens. La végétation anomale, que M. Brongniart a signalée, loin d'être un élément de confusion dans ce problème géologique, en donnerait plus tôt la clef, si l'on considère l'état anthraciteux de ces couches, non pas comme un métamorphisme postérieur aux dépôts, mais comme un métamorphisme contemporain.

Il est indubitable que toutes ces immenses perturbations de la région des Alpes furent, sinon préparées, du moins précédées par des phénomènes du même ordre ; en d'autres termes, il exista dans cette région des communications de la surface avec le foyer intérieur. Ces phénomènes durent nécessairement se traduire par un suréchauffement général de la contrée, qui produisit, à la fois, le développement anomal des végétaux houillers et leur transformation en anthracites.

Autour de la Mure, les dépôts qui accompagnent les anthracites ne sont réellement pas dans un état d'altération qui puisse justifier l'idée de leur formation par le métamorphisme postérieur de couches qui auraient été primitivement à l'état de houilles ou de lignites ; et, dans les points où il y a réellement une profonde altération de tout le système des roches, comme au col du Chardonnet, le combustible est passé à l'état de graphite luisant et tachant, qui paraît le véritable état métamorphique des combustibles minéraux.

Cette hypothèse d'un métamorphisme contemporain, qui aurait ramené, dans une contrée secondaire, les conditions de température de la période anthraxifère, s'accorde tout à fait avec les observations précédemment citées sur les caractères métamorphiques que présentent les houilles au contact des roches ignées. Nous avons dit, en effet, que les houilles, traversées par les porphyres ou les diorites, n'étaient pas précisément ramenées à l'état anthraciteux, mais se rapprochaient des caractères du coke et du graphite.

Il resterait à éclaircir quels sont les véritables caractères du métamorphisme des anthracites des Alléghanis, anthracites qui sont considérés par les géologues américains comme des houilles grasses transformées par un métamorphisme postérieur. N'y a-t-il pas plutôt, dans les bassins houillers de cette région, une disposition qui aurait permis aux couches inférieures d'affleurer vers l'est, tandis que toutes les couches qui affleurent vers l'ouest seraient les couches supérieures? Les dépôts houillers offrent beaucoup d'exemples de ce déplacement des axes de dépôt, et, dès lors, tous les faits connus rentreraient dans la classification normale.

CHAPITRE IV

ALLURES ET ACCIDENTS DES COUCHES DE HOUILLE.

Bien qu'il existe encore quelques incertitudes sur les
détails des phénomènes qui ont produit les couches de
houille, on peut considérer comme démontré que ces couches ont été formées par une végétation sur place, et sous
une lame d'eau de peu d'épaisseur, c'est-à-dire dans des
conditions analogues à celles des tourbières actuelles.

Si les couches de houille étaient restées dans leurs positions premières, elles seraient donc sensiblement horizontales, et ne présenteraient d'autres solutions de continuité que des lacunes naturelles, dont on pourrait même pressentir l'existence d'après l'altération graduelle des conditions du dépôt. L'exploitant, une fois engagé dans le plan d'une couche, aurait dès lors une tâche bien simple à remplir, puisqu'il pourrait poursuivre ses travaux dans toute l'étendue de cette couche, dont l'exploration se ferait d'une manière continue et de proche en proche.

Mais il n'en est pas ainsi. Les dépôts houillers ont éprouvé, depuis leur formation, des perturbations de toute nature ; ils ont été soulevés à des niveaux souvent considérables, comprimés et ployés par des pressions énergiques, fracturés et sillonnés par des cassures et des failles, traversés par des roches éruptives. Aujourd'hui, nous trouvons tous ces dépôts tellement modifiés par ces diverses perturbations, que c'est un travail, souvent très compliqué et très difficile, que de suivre les couches d'une extrémité à l'autre d'un bassin, de déterminer, sur des points éloignés, les relations comparatives des divers gîtes ; enfin, de reconstituer, par la pensée, les dépôts dans leur situation première.

Sous le point de vue de l'exploitation, la connaissance des accidents qui ont affecté les couches de houille est de la plus grande importance, car ces accidents ont divisé leur plan en tronçons plus ou moins considérables, et ces tronçons, isolés les uns des autres, constituent aujourd'hui des *champs d'exploitation* distincts. Sur les limites de ces champs d'exploitation la houille a disparu, et l'ingénieur doit déterminer les travaux nécessaires pour retrouver le prolongement de la couche ; or, déterminer ces travaux, c'est interpréter et définir les accidents qui les interrompent.

On a cherché, depuis longtemps, des règles théoriques qui pussent guider dans ces interprétations et dans ces recherches ; on n'en a trouvé aucune qui fût générale et absolue, mais les ingénieurs sont arrivés à résoudre les problèmes de l'exploitation par la connaissance minutieuse du terrain, et par des calculs de probabilités fondés sur les analogies. Pour se préparer à résoudre ces problèmes, il est donc nécessaire d'étudier un grand nombre de faits pris dans des localités diverses, faits qui devront embrasser, autant que possible, tous les accidents qui peuvent se présenter. Nous avons cherché à rassembler dans ce chapitre une série d'exemples basés sur des documents authentiques, assez variés pour former un résumé des accidents des couches, et servir d'introduction aux études pratiques de l'exploitation.

Définitions générales des accidents.

L'inclinaison est l'indice le plus général des perturbations éprouvées par les couches de houille. Ainsi, on trouvera rarement des couches horizontales, c'est-à-dire telles qu'elles ont dû être formées par les phénomènes de la végétation houillère ; le plus souvent elles seront très sensiblement inclinées. Celles que l'on signale comme à peu près horizontales, telles que les couches de la plaine du

Treuil près Saint-Étienne et les *plats* ou *plateures* dans le bassin du Nord, sont encore inclinées de 5 et 15 degrés, conditions incompatibles avec celles de leur formation. En suivant d'ailleurs ces couches peu dérangées, on les rencontre, sur d'autres points des mêmes bassins, relevées sous des angles de 45, 75 degrés et au-delà; quelques-unes, même, sont verticales; bien plus, il est des cas où elles sont tout à fait renversées, de telle sorte que le mur naturel est devenu le toit, et réciproquement. Les couches de la Ricamarie près Saint-Étienne, les droits de Mons et de Charleroi, la grande couche du Creuzot dans le bassin de Saône-et-Loire, etc., représentées par les figures et les planches ci-après, sont autant d'exemples de ces grandes inclinaisons des couches de houille déterminées par des soulèvements postérieurs à leur dépôt.

Mais il n'est pas besoin de ces phénomènes d'inclinaisons exagérées pour faire reconnaître l'influence de perturbations postérieures. Cette influence est tout aussi bien prouvée par des inclinaisons de quelques degrés seulement, affectant non-seulement les couches de houille, mais encore les dépôts arénacés dans lesquels ces couches se trouvent comprises.

L'*inclinaison* est donc un premier *accident* des couches combustibles.

Des inclinaisons dans un sens en entraînent presque toujours d'autres dans un sens inverse; et ces inclinaisons inverses sont raccordées par des *plis* d'un rayon plus ou moins grand. Une même couche peut donc présenter, dans son parcours souterrain, une série plus ou moins compliquée d'*allures* différentes, ces allures étant définies par les inclinaisons et directions du plan de la stratification.

On distingue parmi ces allures : les *maîtresses allures*, c'est-à-dire celles qui sont dominantes et continues sur de grands espaces; et les *allures secondaires*, qui ne sont que passagères et déterminées par des accidents de détail. Si, par exemple, on examine les diverses coupes qui ont été faites en travers du bassin belge, notamment aux environs de Liège et de Charleroi[1], on voit que les maîtresses allures, en droits et en plats, sont raccordées par des plis très compliqués, qui ne sont que les détails du ploiement général des couches.

Outre ces premiers accidents qui déterminent les conditions générales de l'allure, il en est d'autres dont les causes sont plus difficiles à apprécier, parce qu'ils sont tout à fait locaux et indépendants de l'allure générale, et parce qu'en outre ils interrompent quelquefois la continuité des couches. Ainsi, qu'une couche soit relevée et ployée, de manière à présenter, comme dans le bassin belge, des coupes en zig-zag ou festons les plus compliqués, l'exploitant arrivera aux crochons des plis et s'engagera dans la nouvelle allure située au-delà, sans qu'il en résulte aucun embarras ni aucune interruption dans ses extractions. Mais d'autres accidents pourront interrompre sa marche en in-

---

[1] *Description géologique de la province de Liége*, par M. Dumont. — *Mines de houille des environs de Charleroi*, par M. Bidault. Bruxelles, 1843.

terceptant la continuité de la couche ; ceux-là appartiennent à deux catégories bien distinctes : l'une comprend les accidents qui n'affectent que l'épaisseur de la couche, et qui peuvent être attribués aux circonstances mêmes du dépôt ; ce sont, en quelque sorte, des vices de conformation ; l'autre comprend les accidents évidemment dynamiques et postérieurs au dépôt, accidents qui interrompent presque toujours le plan des couches.

Pour qu'une couche soit régulière, il faut, non-seulement que son plan soit bien réglé, mais encore que sa puissance ne présente que peu de variations, le toit et le mur restant toujours à peu près parallèles. Si le toit et le mur s'écartent de manière à produire un *renflement*, ou se rapprochent de manière à déterminer un *étranglement*, et même une suppression momentanée de la couche appelée *crain* ou *coufflée*, ce sera un accident, et il y aura lieu d'examiner s'il est dû aux circonstances mêmes du dépôt, ou à des perturbations postérieures.

Enfin, la couche peut être interrompue par des cassures ou fentes plus ou moins larges, qui constituent ce que l'on appelle les *failles* et les *brouillages*. Ces failles et brouillages, toujours postérieurs au dépôt, déterminent non-seulement des solutions de continuité, mais aussi des déplacements des parties brisées ou *rejets* qui, dans les exploitations, donnent lieu aux problèmes les plus difficiles et les plus coûteux à résoudre.

Rien n'est assurément plus simple que cette définition des accidents qui peuvent affecter les couches ; mais leurs variations de forme et d'intensité donnent lieu à des dispositions si diverses, qu'il en résulte souvent beaucoup d'embarras et d'hésitation dans la conduite des travaux. On nous excusera donc de les décrire avec des détails souvent minutieux, car ces détails ont une importance réelle dans les applications pratiques.

Étranglements, renflements, crains et coufflées. Relations qui existent entre la structure de la houille et les accidents des couches.

La valeur d'une couche de houille résulte d'abord de sa puissance, c'est-à-dire de l'épaisseur de houille pure qui est comprise entre son toit et son mur, abstraction faite des bancs rocheux qui peuvent s'y trouver interstratifiés; elle résulte ensuite de la pureté et de la qualité de la houille.

En comparant, dans les bassins les mieux explorés, les épaisseurs réunies des couches de houille aux épaisseurs totales des dépôts houillers (page 108), nous avons indiqué quelles étaient les limites dans lesquelles variait la puissance des couches. Ainsi, les veinettes de $0^m,10$ à $0^m,20$ d'épaisseur ne sont, en quelque sorte, notées et mentionnées que pour mémoire, même dans les bassins les plus avantageusement situés. A $0^m,30$ une couche peut être exploitée, si elle est régulière et de bonne qualité. Dans les bassins du nord de la France, de la Belgique et des bords du Rhin, la majeure partie des couches varie de $0^m,30$ à $0^m,80$ et 1 mètre de puissance, et celles qui dépassent 1 mètre sont citées comme exceptionnelles. La grande veine d'Anzin, par exemple, a $1^m,10$ d'épaisseur, celle de Vicoigne, $1^m,40$; à Mons, la veine à Mouches, la plus puissante du bassin, s'élève à $1^m,80$ dans la partie la plus favorable de son développement.

Il y a bien loin de ces épaisseurs à celles que nous avons déjà mentionnées dans les bassins du centre et du midi de la France, où la plupart des couches exploitées dépassent 1 et 2 mètres. Les couches de 4 mètres et au delà sont fréquentes dans les bassins de la Loire, de Saône-et-Loire, de l'Allier, de l'Aveyron, du Gard, etc., et, sur beaucoup de points, cette puissance dépasse même 10 et 15 mètres. Enfin, par exception, on peut citer certaines couches qui atteignent 30 mètres, celle de Bezenet par exemple, où cette puissance, mesurée normalement du toit au mur, a été constatée sur une longueur en direction de plus de 500 mètres. Dans les renflements accidentels, ces grandes couches présentent des dimensions encore plus considérables, et nous pouvons citer la couche de Mont-chanin, où cette épaisseur atteint plus de 60 mètres.

Mais ces grandes couches ont bien rarement une régularité comparable à celle des petites couches des bassins du Nord, et l'on peut dire, en considérant les extrêmes, que la continuité et la régularité semblent en raison inverse de la puissance. En effet, les accidents contemporains, inhérents au mode de formation, se multiplient dans les grandes couches et y prennent de grandes proportions; ce sont des renflements, des étranglements, des intercalations de barres qui se dilatent aux dépens du charbon, des mélanges rocheux, sous forme d'une multitude de petits nerfs qui rendent certaines parties inexploitables. Ajoutons que les accidents qui interrompent complétement les couches, tels que les crains, les failles et les brouillages, sont aussi plus nombreux dans les grandes couches des bassins lacustres du centre et du midi de la France que dans les grands bassins marins du nord, dont les petites couches éprouvent, il est vrai, des plis nombreux, mais sont rarement interrompues par les accidents, et conservent, sur des surfaces considérables, leurs caractères de puissance, de régularité et de composition.

Malgré ce contraste, on conçoit qu'il y a une grande différence entre les conditions d'exploitation des couches qui ne rendent que de 8 à 16 hectolitres de houille par mètre carré de surface exploitée, comme la plupart des couches du Nord, et celles qui rendent 150, 180 hectolitres, et au-delà, comme les grandes couches de Blanzy, la grande masse de Rive-de-Gier, etc. En compensation, les petites couches du Nord sont nombreuses et rapprochées, et si l'une d'entre elles éprouve quelque accident ou s'altère dans sa puissance et sa pureté, l'exploitation peut être immédiatement portée dans les couches voisines. Dans nos bassins du centre et du midi, les grandes couches sont, au contraire, en petit nombre et généralement séparées les unes des autres par de grandes épaisseurs de roches; lors donc qu'une de ces couches éprouve des altérations graves, et qu'elle est interrompue par des coufflées ou des failles, il n'est pas permis de rien négliger pour franchir ces accidents, et définir aussi complétement que possible l'allure et le parcours souterrain de son plan.

C'est donc principalement dans nos exploitations du centre et du midi que nous trouverons les exemples les mieux caractérisés des accidents qui affectent la puissance et la régularité des couches. Nous chercherons d'abord à distinguer, parmi ces accidents, ceux qui peuvent être attribués aux circonstances du dépôt et ceux qui leur sont postérieurs.

D'après ce qui a été dit dans le chapitre précédent, il existe pour les houilles une *structure normale*, plateuse, stratifiée dans tous les détails de sa composition, et dans laquelle les principaux délits, parallèles au toit et au mur, sont recoupés par deux systèmes de fissures perpendiculaires, attribuées au retrait.

Cette structure normale existe surtout dans les couches, ou portions de couches qui, postérieurement à leur dépôt, n'ont subi que peu de perturbations, et qui ne sont point accidentées. Lorsque ces mêmes couches éprouvent des dérangements ou accidents, la structure normale est d'autant plus modifiée que ces accidents sont plus considérables ; cette structure prend alors de nouveaux caractères, et subit des transformations quelquefois complètes.

Le plus souvent, les houilles dont la stratification est altérée par des renflements, étranglements, crains ou coufflées, présentent des clivages curvilignes ; les morceaux ont des formes arrondies, et le menu se détache en petits feuillets courbes, comme si la matière, encore douée de ductilité, avait éprouvé une sorte de pétrissage. A l'abattage, ces houilles tombent presque entièrement en menu.

Ces altérations du tissu normal de la houille se retrouvent dans les roches stratifiées avec elle ; les barres, les lits de gore, les nerfs argileux sont eux-mêmes fragmentaires, brisés et froissés, de manière à présenter, de même que les roches du toit et du mur, une multitude de surfaces convexes ou concaves, striées, polies et brillantes, que les mineurs appellent des *miroirs*.

La structure *brouillée* des houilles est constante et très prononcée dans les couches fortement accidentées. Telles sont les houilles grasses du bassin de Vouvant et Faymoreau dans la Vendée ; l'abattage n'y fournit que du menu, et l'on a peine à trouver, sur les haldes, des morceaux assez solides pour qu'en les serrant dans la main, ils ne soient aussitôt brisés en une multitude de fragments arrondis. Toutes les couches du bassin de Vouvant affectent cette structure, et ces couches sont en même temps non-seulement redressées jusqu'à 60 et 80 degrés, mais encore accidentées par une multitude de serrages et de coufflées.

Cette structure des houilles accidentées est quelquefois absolument pulvérulente. Certaines houilles des mines de Languin, aux environs de Nort, ont ce caractère au plus haut degré ; elles sont à l'état de poussière terne, et ressemblent tellement à du noir animal qu'on est obligé de les expédier en sacs ; mais, malgré cette apparence défavorable, elles sont collantes, propres à la forge et à la fabrication du coke. Sous le rapport du gisement, les couches composées de cette houille pulvérulente sont tellement accidentées par des coufflées, qu'elles se trouvent réduites à l'état d'amas lenticulaires, dont la continuité en direction dépasse rarement 25 à 30 mètres, et qui se suivent dans des plans de stratification inclinés à 60 et 75 degrés. Cette houille est désignée par les mineurs sous le nom de charbon *sourd*, parce que, à l'abattage, elle ne rend aucun son sous les coups de pic; par opposition, on appelle charbons *clairs*, des charbons pailleteux et brillants, plus sonores, qui sont accidentés de la même manière, mais dont les menus ont conservé l'apparence fragmentaire de la houille brisée.

En étudiant les gîtes de Languin, nous nous sommes convaincus que, après avoir été primitivement sous forme de couches régulières, ils avaient été soulevés et comprimés par des efforts latéraux, au point d'être réduits à l'état d'amas lenticulaires, dont la série se succède sous forme d'*allure en chapelet*. Les lacunes d'isolement étant généralement plus longues que les parties lenticulaires, il a fallu que la houille, refoulée par les pressions latérales, parcourût des distances considérables, et de là cette rupture complète de toute structure.

Le bassin de Saône-et-Loire présente quelques exemples intéressants de la solidarité que nous signalons entre la plupart des accidents et la structure anormale des houilles. Sur la lisière méridionale, vers Lucy, le Monceau et Blanzy, le terrain, incliné de 10 à 20 degrés, présente des couches bien réglées dans leur puissance, et qui, bien que découpées par des failles nombreuses, ont conservé des allures assez régulières dans leur ensemble ; aussi, dans toute cette partie du bassin, la structure de la houille est-elle normale et essentiellement stratifiée. Sur le pendage opposé, vers Toulon sur l'Arroux (mine des Petits-Châteaux), les couches, violemment redressées sous des angles de 60 à 80 degrés, sont à tel point criblées de crains, qu'elles ne sont plus représentées que par une série de masses lenticulaires ou sphéroïdales *en chapelets*, dont l'exploitation a dû être abandonnée; aussi, toutes ces houilles sont-elles menues, et présentent-elles, au plus haut degré, la structure brouillée et pétrie que nous avons précédemment signalée.

Mais on ne peut admettre, sans quelque preuve directe, cette transformation d'une allure régulièrement stratifiée, en allure en chapelets, et cette suppression de la houille sur des espaces considérables, par le refoulement latéral dans les parties renflées. Pour arriver à cette démonstration, nous allons prendre une série d'exemples qui, de la régularité absolue des couches, nous conduiront à leur maximum de perturbation par les crains.

Les couches de lignite tertiaires des environs de Marseille peuvent être citées, parmi les couches combustibles, comme celles qui présentent les caractères de stratification les plus nets et les plus réguliers. Les calcaires qui alternent avec ces lignites contrastent tellement avec eux par tous leurs caractères minéralogiques, qu'ils font ressortir toutes les irrégularités avec une netteté qu'on ne retrouve pas dans les autres terrains carbonifères. Ces couches de lignite, si bien stratifiées, qu'on peut souvent y distinguer une lumière suspendue à l'extrémité de descenderies de 200 mètres de longueur, ont cependant aussi leurs irrégularités, et nous devons à M. Grafft la communication de plusieurs observations intéressantes sur les déformations qu'elles ont subies.

Dans les mines d'Auriol, une des couches principales, dite la *grande mine*, puissante de 1^m,20, et ordinairement très régulière, éprouve des refoulements dont la fig. 25

Fig. 25. — Coupe horizontale d'un écrasement de la couche dite la Grande-Mine, à Auriol.

donne un tracé exact. La couche, suivie par une galerie d'allongement qui en a défini les contours, est froissée de manière à présenter, sur une longueur d'environ 15 mètres, des déformations auxquelles la matière charbonneuse s'est parfaitement prêtée. Le lignite fragmentaire remplit exactement toutes les anfractuosités du toit et du mur, ce qui démontre que, dans cet état brisé, et sous l'influence des pressions énergiques auxquelles il a été soumis, il jouissait d'une véritable malléabilité.

Ces phénomènes de déformation des couches existent surtout dans des plis dont la fig. 26 présente un exemple. Ici, le double pli qui a interrompu le pendage régulier justifie, en quelque sorte, le mouvement de froissage que la couche a éprouvé, et sa puissance un peu diminuée in-

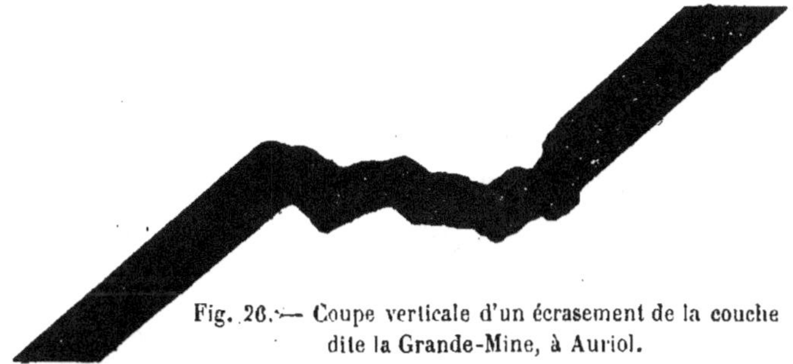

Fig. 26. — Coupe verticale d'un écrasement de la couche dite la Grande-Mine, à Auriol.

dique, en même temps, un étirage de la matière charbonneuse.

Cet effet d'étirage est démontré d'une manière encore plus évidente par l'accident représenté fig. 27. Une autre couche dite des *quatre pans* est brisée en deux points, et

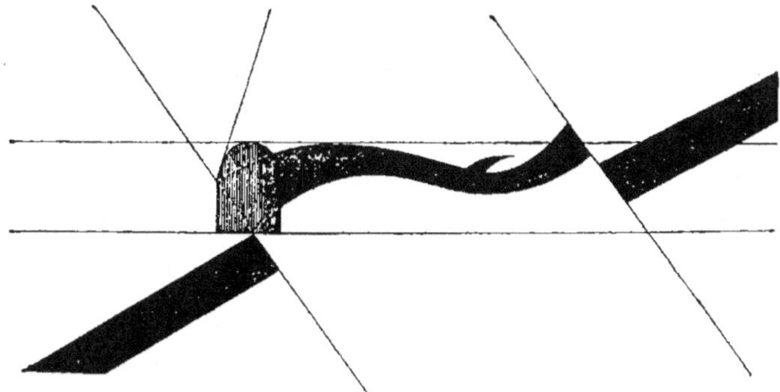

Fig. 27. — Coupe verticale d'un accident dans la couche dite des Quatre-Pans, à Auriol.

éprouve, en outre, un double pli analogue au précédent. Dans toute la partie ployée, la couche a été étirée de telle sorte que sa puissance est réduite de moitié vers le milieu du pli; on voit, en outre, que la matière charbonneuse a été refoulée par la pression, dans une petite fissure en forme de coin, placée au toit de la couche.

Ces exemples pris dans les couches de lignite nous paraissent démontrer d'une façon concluante que des *étranglements* ou des *renflements* ont été déterminés par des mouvements du sol; d'abord, parce que les effets produits sont peu considérables, et, en second lieu, parce que les couches de lignite sont si bien réglées dans la localité dont il s'agit, qu'on ne peut douter que les effets produits ne soient bien réellement dus à des perturbations postérieures à leur dépôt. Nous pouvons ajouter enfin, qu'en aucun point la solidarité qui existe entre les accidents et les altérations de la structure normale n'est mieux prouvée que dans ce bassin des lignites de la Provence.

Cette malléabilité dont est douée une roche solide et brisée n'est pas, d'ailleurs, sans analogies dans les faits géologiques. Ainsi, l'on admet que certaines roches serpentineuses, dont la structure est fragmentaire, et dont les fragments présentent tous des surfaces de glissement, douces au toucher et striées dans un même sens de marche, ont dû être soulevées et amenées au jour dans un état solide. L'état brisé de ces roches leur tenait lieu de fluidité; or, leur structure fragmentaire, polie et striée, est précisément reproduite dans beaucoup de cas par les houilles accidentées. C'est ainsi que les *miroirs* et indices de glissement du toit et du mur, les stries de la *structure maillée*, doivent évidemment

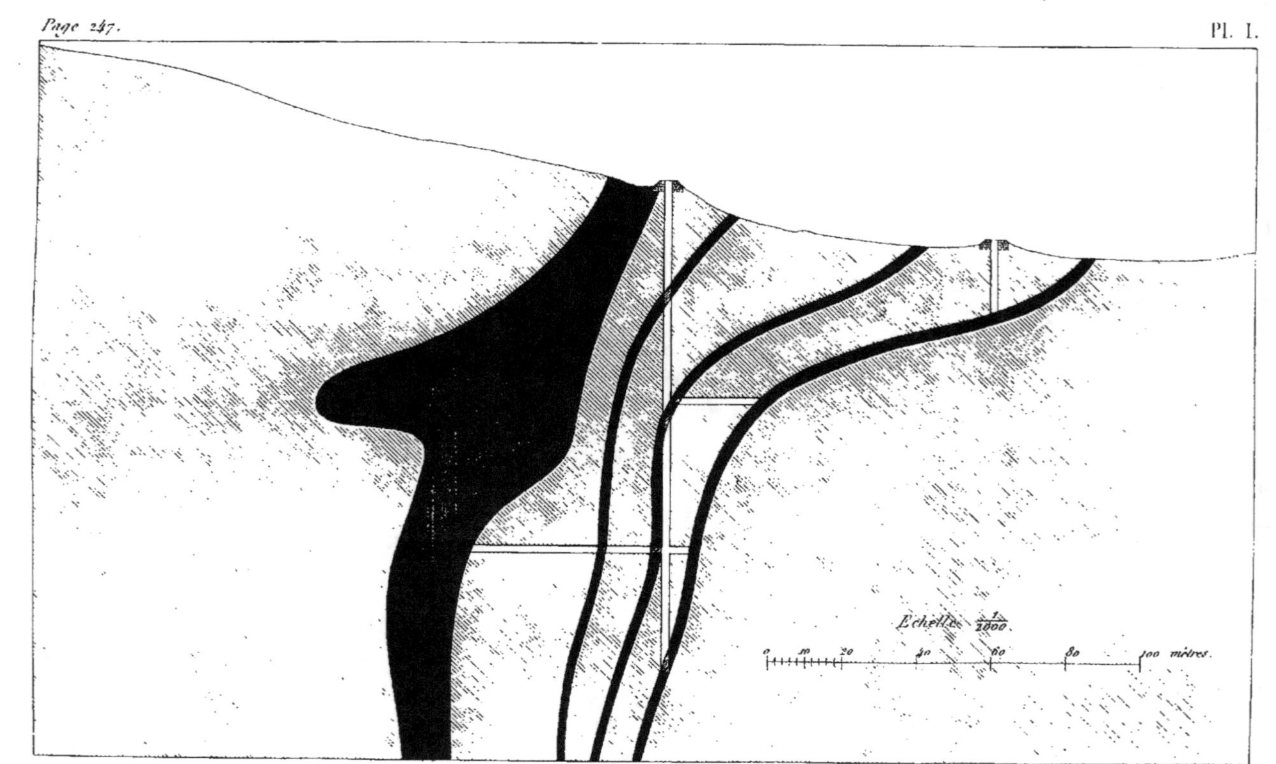

Coupe verticale de la grande masse et des trois couchantes, à la Ricamarie
près St Étienne (Loire)

être attribués à cette rupture de la structure normale, et à ces mouvements de substances solides, ou à demi solides, refoulées par les pressions latérales. Si nous étions à même d'étudier les couches de schistes et de grès qui alternent avec la houille, avec autant de soin et de détail que la houille elle-même, nous verrions que ces couches ont subi, dans beaucoup de cas, les mêmes brisements et les mêmes déformations.

Ces déformations des couches de lignite seront facilement admises, parce qu'elles sont de peu d'importance; mais examinons des exemples où elles sont plus prononcées, et par conséquent plus difficiles à expliquer. L'ancienne exploitation de la petite Ricamarie, dans la concession de la Beraudière (bassin de la Loire), nous en fournira un dans lequel la déformation est développée sur une grande échelle (Pl. I).

La carte des concessions de la Beraudière et de Montrambert (Pl. XVII) indique les affleurements des couches reconnues dans ce district, et la coupe (Pl. XVI, fig. 2) faite suivant la ligne A B de la carte, représente les conditions ordinaires de l'inclinaison et de l'allure de ces couches. En étudiant cette carte, on voit que, dans ce district comme sur presque tout le territoire houiller de Saint-Étienne, les couches plongent en sens contraire des versants sur lesquels elles affleurent; on voit, en outre, qu'elles sont découpées par plusieurs failles. Malgré ces perturbations, l'allure générale est régulière, du moins pour les quatre couches les mieux connues, qui sont : 1° la grande masse,

2° les trois couches inférieures, désignées sous les noms de première, seconde et troisième brûlantes.

La grande masse a régulièrement 12 à 15 mètres de puissance; elle se renfle graduellement en profondeur, en se divisant par une ou deux barres, ainsi que l'indique la coupe (Pl. XVI). Les brûlantes ont trois à quatre mètres d'épaisseur et sont ordinairement parallèles à la grande masse. Cet ensemble de couches bien stratifiées plonge sous des angles de 35 à 50 degrés, sur tout le périmètre des affleurements qui suivent le chemin de fer, depuis Montrambert jusque vers le Moncel, où ils se contournent en forme de fer à cheval; vers la Ricamarie, les couches sont violemment comprimées et redressées dans une position presque verticale, par le soulèvement des terrains inférieurs. Ce relèvement des couches concorde avec une déformation évidente de leur allure normale, déformation dont la coupe verticale, représentée par la Pl. I, fait apprécier tous les détails.

En examinant la grande masse, sur cette coupe, on voit que le toit et le mur cessent d'être parallèles, et que la houille a été refoulée vers la partie centrale, de manière à déterminer un renflement qui porte la puissance à plus de soixante mètres. L'effet de ce refoulement a été de rapprocher les trois brûlantes vers la partie renflée, tandis que, près de la surface, elles s'écartent beaucoup plus; c'est-à-dire que les bancs de schistes qui séparent les couches de houille sont étranglés aux points qui correspondent aux renflements de la houille, et dilatés vers la surface ; ils semblent avoir éprouvé, comme nous l'avons dit précédemment, des déformations analogues à celles de la houille.

L'étude de ce terrain, dans tous ses détails de position et de structure, prouve donc que la déformation de l'allure normale de la grande masse est bien le résultat des perturbations éprouvées par le sol ; tandis que la coupe verticale (Pl. I), relevée d'après les travaux de l'exploitation, démontre que ces déformations peuvent atteindre les proportions les plus considérables. Une couche peut ainsi être renflée de trois, quatre fois, et plus, sa puissance normale.

Mais un renflement entraîne toujours des étranglements ; car la houille, qui surabonde sur un point, a nécessairement été enlevée à des parties latérales, où elle manque. Or, ces étranglements ont une grande importance dans les exploitations, surtout lorsque la suppression de la houille est complète, et qu'il y a ce que l'on appelle *crain, coufflée, étreinte*. Examinons les conditions d'allure des couches en coufflée, et montrons par quelques exemples qu'en effet, par des perturbations postérieures, la houille a pu être supprimée complétement sur une certaine étendue de son développement.

La couche, dite la grande masse de Rive-de-Gier, n'est nulle part plus puissante et plus richement développée qu'aux mines de la Gourle, dans la concession de la Peronnière. La puissance totale de cette couche y atteint 20 et 25 mètres, et ce riche dépôt, comme dans tout le bassin de Rive-de-Gier, est divisé en deux parties par l'interposition d'une barre dite *nerf blanc*. Cette barre est même développée outre mesure, ainsi que l'indique la coupe verticale ci-jointe, due aux travaux de M. Brochin (Pl. II).

On voit, d'après cette coupe, que la houille subit un crain très prononcé, et que ce crain affecte aussi bien la couche supérieure que la couche inférieure. Cette simultanéité suffit pour démontrer que la suppression de la houille résulte d'une perturbation postérieure. Comment concevoir, en effet, une pareille coïncidence, si on l'attribuait à des causes contemporaines du dépôt? tandis, qu'en supposant un étranglement par compression, cette coïncidence est forcée pour deux couches aussi rapprochées. On remarquera, en outre, que l'axe suivant lequel la pression s'est propagée d'une couche à l'autre, est à peu près normal au plan d'inclinaison, c'est-à-dire que cette compression est un effet du relèvement des couches.

Si un crain était déterminé par une pression exercée sur un seul point de la couche, il en résulterait évidemment une espèce d'îlot circulaire ou elliptique, autour duquel l'exploitation s'arrêterait par suite de l'étranglement produit; mais ce cas est le plus rare, et les pressions se sont généralement exercées suivant des lignes sinueuses, qui déterminent des *zones* de stérilité plus ou moins larges.

Prenons pour exemple le champ d'exploitation de la mine des Communautés, près Blanzy (Saône-et-Loire). La couche exploitée sur ce point était une des couches supé-

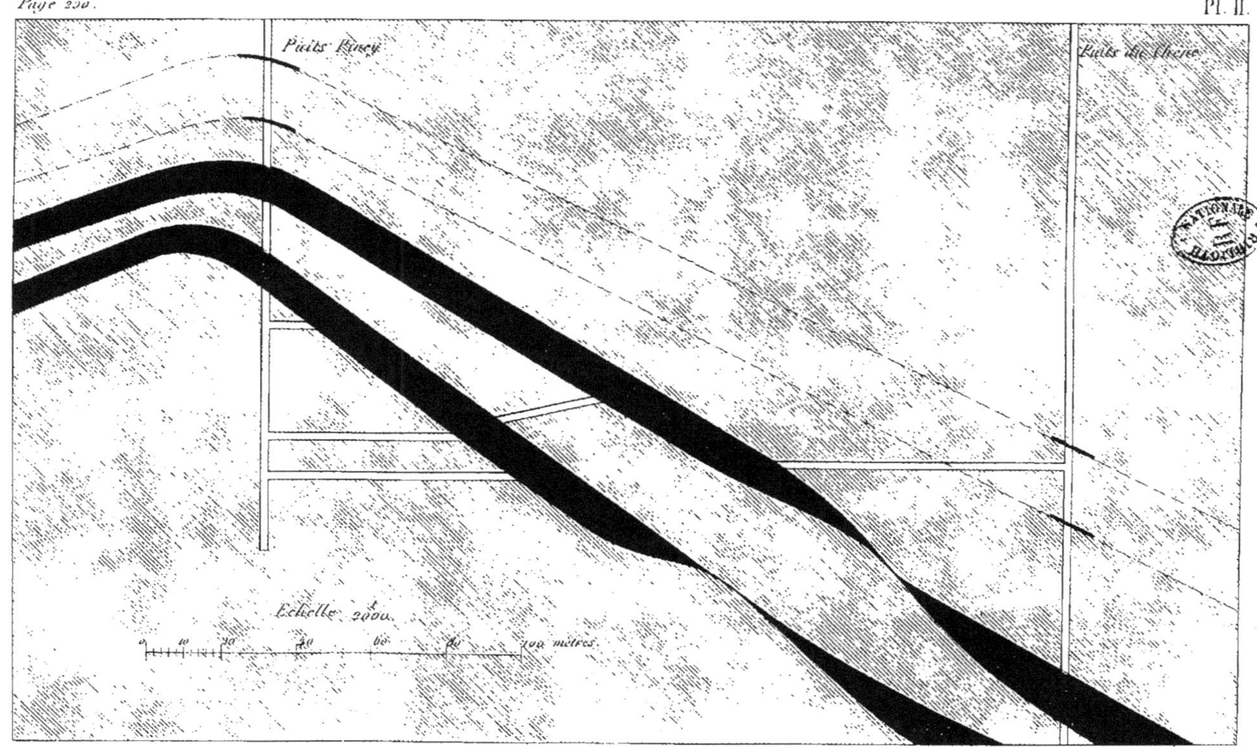

Coupe verticale de la grande masse de Rive de Gier
aux mines de la Géraix, comprise de la Bérardière.

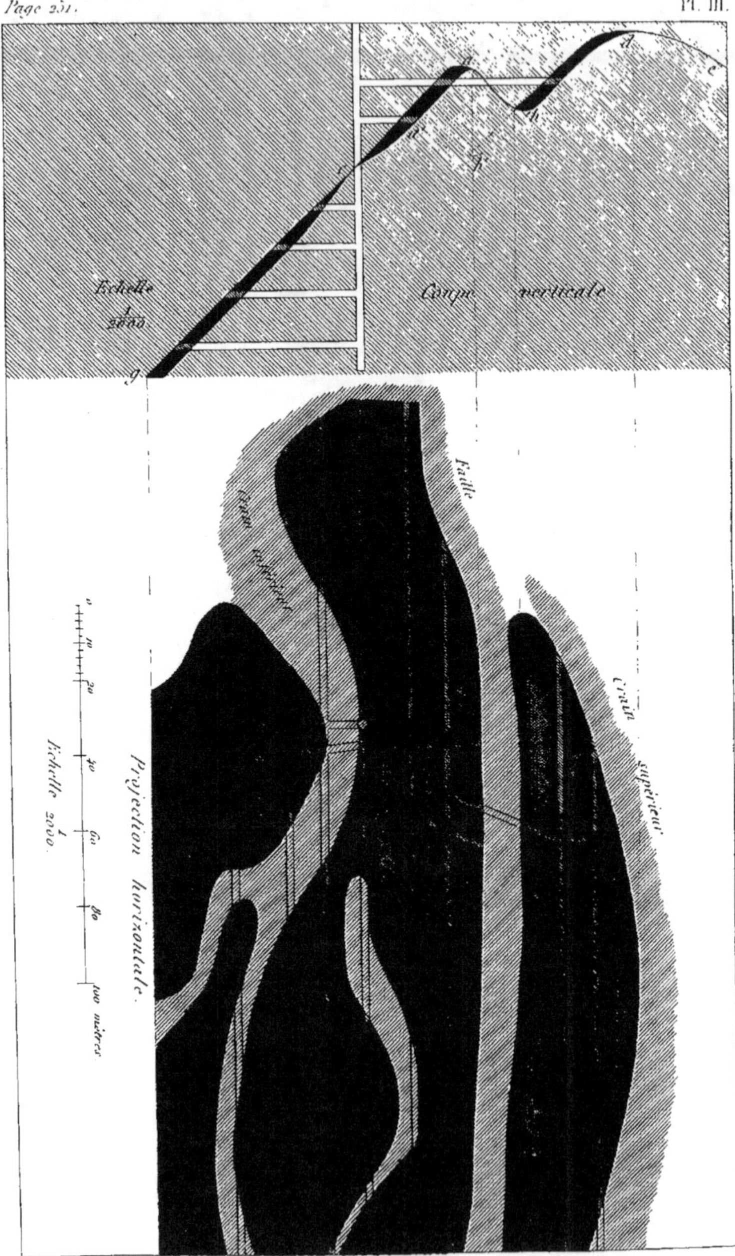

Coupes verticale et horizontale de la couche des Communautés près Blanzy.

rieures du bassin, et avait deux mètres de puissance moyenne; elle était inclinée à soixante degrés; de telle sorte qu'on a pu l'attaquer, à partir d'un même puits, par sept niveaux d'exploitation, dont les galeries sont représentées en coupe verticale et en projection horizontale dans le plan ci-contre (Pl. III).

La partie supérieure de la couche était coupée par une faille, représentée en *a*, *b*; au point *c*, où le puits avait croisé le plan de la couche, ce puits l'avait trouvée serrée par un crain. L'exploitation successive des sept niveaux permit de définir parfaitement la marche de la faille et des crains, suivant les contours représentés par la projection horizontale. La faille était linéaire, et formait une zone assez droite suivant la direction de la couche, ainsi qu'un crain supérieur qui limita les travaux; quant au crain recoupé par le puits, il était très sinueux, et s'est contourné et bifurqué de manière à isoler complétement certaines parties du champ d'exploitation, ainsi que l'indique la projection horizontale des travaux.

Dans presque tous les bassins lacustres du centre de la France, les couches sont sujettes aux crains; et, lorsque ces crains ont une grande largeur et une grande continuité, les exploitations sont limitées, et divisées en champs distincts et indépendants. C'est ainsi que certaines couches ont été réduites, par des crains rapprochés, à des séries d'amas lenticulaires, isolés de toutes parts. Dans les couches puissantes, ces amas lenticulaires ont même pris la forme de boules, dont le gisement semble tout à fait anormal, et en dehors de toutes les conditions de la théorie. Il arrive, en effet, que, les travaux ne pouvant trouver la suite de ces boules, on semble autorisé à en conclure que la houille a pu se former en amas non stratifiés.

Comme la majeure partie des crains affecte une disposition linéaire, dont la direction moyenne se rapproche de la direction de la couche, ainsi qu'il est indiqué par le plan de la couche des communautés, il est ordinairement plus rationnel, pour les traverser et retrouver la couche, de procéder par des galeries suivant l'inclinaison, plutôt que par des galeries d'allongement. Certains crains ont eu plus de 300 mètres de continuité en direction, tandis que, suivant l'inclinaison, ils n'avaient pas plus de 30 à 50 mètres de largeur moyenne.

Tous les renflements, étranglements et coufflées qui affectent les couches de houille, ne doivent pas être considérés comme résultant nécessairement d'accidents postérieurs; les conditions mêmes de la formation ont pu, dans certains cas, produire les mêmes résultats. Or, il peut quelquefois être utile de constater si un crain est un accident postérieur au dépôt d'une couche, ou s'il résulte des circonstances mêmes de ce dépôt; et il faut alors, non-seulement consulter la structure de la houille, qui peut faire apprécier l'origine de l'accident, mais aussi la disposition des nerfs et des barres interstratifiées.

Dans le cas d'accidents postérieurs à la formation de la couche, les nerfs et les barres interstratifiées sont brisés et sillonnés, ainsi que le toit et le mur, de miroirs et de stries caractéristiques. Prenons, pour exemple, la couche supérieure du Monceau (Saône-et-Loire), dont les accidents multipliés ont été très bien étudiés par M. Harmet [1]. Cette couche, de 12 mètres de puissance, est divisée en trois parties, par deux barres d'argile schisteuse qui s'y maintiennent avec une grande régularité; dans un étranglement qu'elle subit, les barres, brusquement infléchies, sont brisées, et leurs fragments sont dispersés dans la houille menue qui forme la partie étranglée (fig. 28). N'est-il pas évident que la structure eût été toute différente dans un étran-

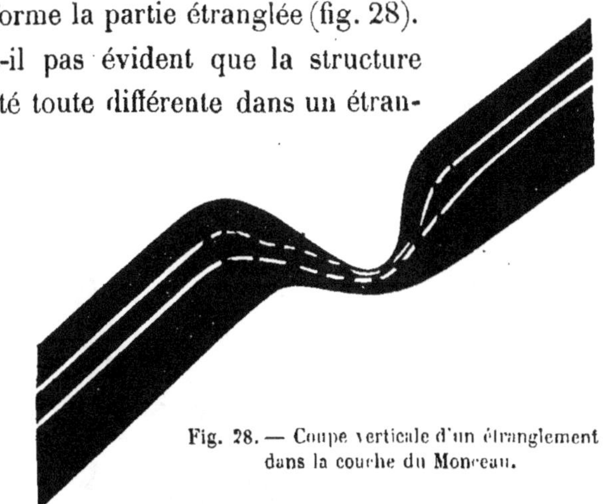

Fig. 28. — Coupe verticale d'un étranglement
dans la couche du Monceau.

glement produit par des causes contemporaines du dépôt? Cette même couche offre plusieurs exemples de ces étranglements; ils sont déterminés par l'accroissement des barres rocheuses qui se dilatent aux dépens de la houille; la houille elle-même se mélange de parties schisteuses, et la

---

[1] Correspondance des élèves brevetés de l'École des mineurs de Saint-Étienne. Année 1844.

couche diminue de puissance, sans désordre, sans que les lois de la stratification cessent d'être rigoureusement suivies et exprimées par la houille, par les barres et par les roches du toit et du mur.

La couche du Creuzot (Saône-et-Loire) nous présente aussi des exemples de renflements et d'étranglements qui dérivent des deux principes. Cette couche, dont la puissance est de 10 à 14 mètres, est inclinée à 70° et au-delà. Un pareil relèvement n'a pu être opéré sans que l'épaisseur de la houille ait subi des modifications considérables, et nous citerons la coupe prise par *le puits de la machine* (fig. 29) comme exprimant les conditions d'un renflement bien évidemment lié aux phénomènes de compression ; car, après avoir dépassé, sur ce point, une puissance de 40 mètres, la couche s'étrangle, à peu de distance, au moment même où elle subit un contournement. Mais si, d'une part, nous devons admettre qu'une couche de cette épaisseur

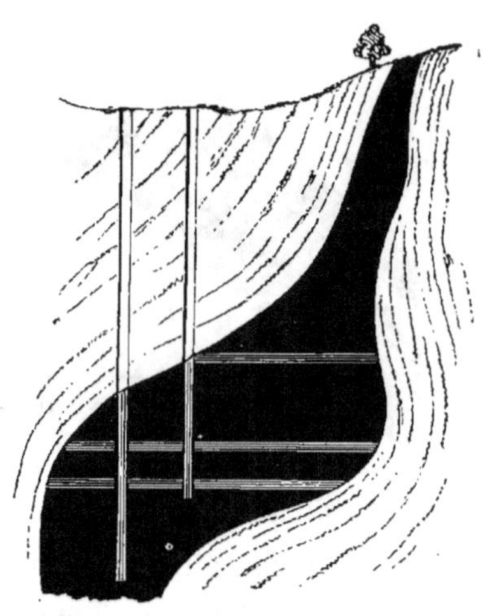

Fig. 29.
Coupe de la couche du Creuzot, par le puits de la machine.

n'a pu être ainsi relevée et contournée sans éprouver des perturbations considérables, d'autre part, il ne faut pas attribuer à ces perturbations toutes les variations que présente son épaisseur. Ainsi, dans certains cas, sa régularité est troublée par des intercalations de barres rocheuses qui la divisent en plusieurs couches et tendent à augmenter sa puissance. La coupe par le *Puits-Dix* (fig. 30) fournit un exemple de ces accroissements naturels qui, dans toutes les couches de ce bassin, sont accompagnés d'intercalations de barres. Dans beaucoup de

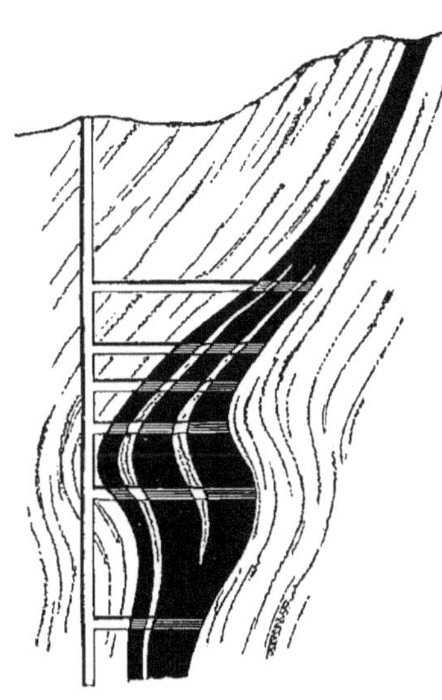

Fig. 30.
Coupe de la couche du Creuzot, par le Puits-Dix.

cas, ces barres se joignent aux roches du toit ou du mur, de manière à diviser complétement la couche en deux ou trois parties.

Tous les accidents que nous venons de citer nous montrent les couches de houille successivement supprimées par les crains ou dilatées par les renflements : dans ces deux cas, l'accident est simple, et l'on peut se rendre compte des phénomènes qui l'ont déterminé ; mais, quelquefois, les déformations d'une couche, surtout lorsqu'elle est puissante, prennent un caractère plus compliqué, et il devient alors très difficile de les interpréter.

La couche du Monceau nous présente plusieurs exemples de ces accidents, tellement complexes, qu'ils semblent, au premier abord, constituer des anomalies inexplicables. Cette couche, que nous avons déjà mentionnée comme ayant une puissance normale de 12 mètres, une inclinaison de 15 à 20 degrés, a été suivie, sur une longueur en direction, de 3,000 mètres, et sur une longueur de 450 mètres, suivant l'inclinaison ; de nombreuses failles sillonnent sa surface, mais elles ne sont pas très importantes, et la pensée, replaçant les diverses parties dans leur position normale, reconstruit facilement cette belle nappe houillère, une des plus étendues que l'on puisse mentionner. La Pl. IV représente deux coupes transversales, prises dans la partie supérieure de son inclinaison. Cette partie du terrain a subi des bouleversements considérables. Tantôt le pendage de la stratification est brusque ou renversé, tantôt il se manifeste des ruptures et des déformations dont les deux coupes peuvent donner une idée. Dans la coupe n° 1, on voit que la partie supérieure de la couche a été doublée sur elle-même, en forme de fer à cheval, et que la houille de la partie inférieure a été étirée en vertu de sa malléabilité ; dans la coupe n° 2, la couche a été brisée et reployée. Ces deux exemples expriment, en quelque sorte, le maximum des déformations.

On a remarqué qu'un crain était très souvent précédé par un renflement, fait qui est la conséquence de la théorie. Un crain de peu d'étendue, tel que celui que nous avons représenté dans les couches de la Péronnière (Pl. II), ne peut pas déterminer des renflements bien sensibles dans

Coupes transversales, prises sur l'amont pendage de la grande couche de Monceau près Blanzy.

les parties avoisinantes ; mais lorsqu'il a supprimé la houille sur un espace considérable, le renflement est très prononcé, et il en résulte cette forme lenticulaire, que l'on a toujours observée dans les portions de couches ainsi accidentées et découpées en *chapelets* par des crains multipliés. De là aussi ce proverbe si fréquemment répété par les mineurs : *la couche se renfle, elle va se perdre;* parce qu'en effet la suppression n'est jamais si imminente que lorsque la puissance atteint brusquement ses limites extrêmes.

Une couche étranglée par un crain a presque toujours laissé une trace charbonneuse entre le toit et le mur; dans ce cas, le travail du mineur qui la poursuit est très simple : il maintient sa galerie de recherche dans le plan de la couche, après avoir adopté, suivant la direction ou suivant l'inclinaison de ce plan, la marche qui lui a paru la plus convenable. Mais, pendant toute la durée d'une recherche de cette nature, et surtout lorsque les travaux se compliquent et se prolongent sans résultat, il peut craindre de ne plus retrouver la couche, et d'être arrivé non pas à un crain, mais au point de sa *cessation naturelle.*

La cessation naturelle d'une couche s'annonce généralement par des caractères bien différents de ceux des crains : c'est d'abord le développement des barres et nerfs schisteux, développement qui a lieu, non plus de manière à renfler la couche, mais aux dépens de la houille elle-même; c'est, en second lieu, le mélange graduel et intime des parties terreuses aux éléments de la houille, et le passage de celle-ci aux schistes charbonneux. Ajoutons que la limite, au lieu d'être nettement déterminée, est graduelle, et indiquée par un enchevêtrement latéral qui n'offre aucune ligne précise.

Tels sont les caractères de la couche du Creuzot, au-delà du puits Mamby, point où elle cesse, après un parcours en direction de plus de 1,500 mètres. Cette couche présente, sur cette longue ligne de développement, les accidents les plus variés en fait de renflements, d'étranglements, d'intercalations de barres, etc.; mais, au moment de la suppression naturelle, les symptômes deviennent tout à fait différents; la couche s'amaigrit, devient nerveuse et terreuse; et tous les travaux dirigés à divers niveaux pour la retrouver ont prouvé qu'elle se terminait bien réellement par l'effet d'une cessation naturelle, et non par un accident.

C'est surtout dans les bassins bien réguliers que l'on remarque cet amoindrissement graduel des couches. Ainsi, nous avons représenté (Pl. II) le développement de la grande couche de Rive-de-Gier dans son maximum de puissance. Ce qui indique que la Péronnière est bien le point central du développement de cette couche, c'est que tout y atteint son maximum; les deux couches qui forment la masse charbonneuse totale y ont 12 mètres chacune; le nerf blanc rocheux qui les sépare est une assise de 15 à 20 mètres; la qualité même de la houille y est plus grasse que partout ailleurs. A mesure que l'on se dirige vers Rive-de-Gier, ces caractères se conservent, mais diminuent dans leur intensité. Ainsi, la masse charbonneuse n'a plus que 8 à 10 mètres dans la plupart des exploitations qui avoisinent la ville; le nerf blanc est réduit aux proportions d'une véritable barre intercalée; enfin, le charbon devient en partie *raffort*, c'est-à-dire plus dur et plus nerveux. En poursuivant la couche jusqu'au point où elle vient affleurer, point qui est en réalité celui de sa cessation, on la trouve réduite à 1 mètre de puissance, sans qualité, et sans que l'intercalation du nerf se trouve indiquée.

Dans le bassin du nord de la France et de la Belgique, où les couches sont remarquables par leur faible épaisseur, et par la continuité et la régularité de leur allure, des couches de 0,50 à 1 mètre peuvent être suivies sur plusieurs kilomètres de longueur sans qu'elles éprouvent de changement dans leurs caractères de forme et de composition; mais, sur les lisières d'affleurements qui forment les limites du bassin, le caractère de la composition change, et la houille est souvent transformée en charbon terreux ou *terroule*, qui n'est autre chose que le mélange intime des principes charbonneux avec l'argile. Les couches finissent ainsi en se mélangeant graduellement avec les roches alternantes.

Ce caractère de fin de couche se reproduit dans beaucoup d'autres bassins où les charbons terreux ont reçu des dénominations particulières; dans la Loire, par exemple, le charbon *moureux* ou *mouriné* correspond assez exactement au terroule de la Belgique.

17.

Les phénomènes de cessation des couches ne se manifestent pas seulement vers les extrémités des bassins, mais ils peuvent encore s'y rencontrer dans toutes les parties de leur étendue, et y déterminer des interruptions ou lacunes stériles plus ou moins prolongées. Pour comprendre ces accidents, il suffit de se reporter à ce que nous avons dit sur le mode de formation des couches de houille. Une couche de houille, stratifiée dans un bassin, marque une période de repos, qui doit être représentée sur toute la surface du bassin, mais non pas de la même manière. Ainsi, non seulement il y a eu formation plus active du combustible minéral sur certains points que sur d'autres, mais il arrive encore que certaines portions du bassin ont été soustraites aux circonstances de cette formation, et même qu'il y a eu production de grès et de schistes. La couche de houille peut donc présenter, à côté de parties plus ou moins riches, des lacunes dans lesquelles elle ne sera plus représentée que par un filet charbonneux, ou bien, même, des suppressions complètes qui, en coupant les diverses parties de son développement par des dépôts arénacés, ne laissent plus subsister aucun indice de la continuité du plan de stratification.

Si la fin des couches, ou les interruptions naturelles qu'elles subissent dans les bassins, étaient toujours indiquées par ces caractères d'amoindrissement graduel et de mélanges terreux, les exploitants, prévenus en quelque sorte à l'avance, ne pourraient jamais confondre les interruptions naturelles avec celles qui sont déterminées par les crains. Mais il n'en est pas toujours ainsi, et les interruptions sont quelquefois assez douteuses pour qu'on soit fort embarrassé du choix des travaux à entreprendre. Un exemple nous servira pour exposer ces caractères douteux des interruptions ; c'est celui du gîte de Montchanin, dans le bassin de Saône-et-Loire.

Le gîte de Montchanin (fig. 31) fait face à celui du Creuzot, sur la lisière opposée du bassin, et avec un pendage inverse ; de telle sorte qu'au premier abord il semble représenter le relèvement régulier de cette couche. Mais cette idée de continuité est détruite par l'allure du gîte, allure

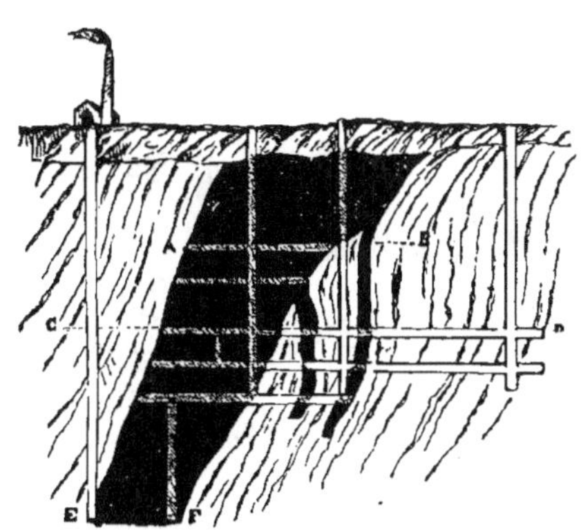

Fig. 31.
Coupe verticale du gîte de Montchanin.

qui est telle qu'on l'a souvent comparée à celle d'un amas stratifié. Ce gîte est une couche, dont la plus grande longueur en direction ne dépasse pas 600 mètres, tandis que sa puissance varie de 30 à 60 mètres. Cette disposition constitue une anomalie d'autant plus prononcée que la couche se termine assez brusquement dans ses deux directions. Elle plonge sous l'angle de 70 degrés, et sa longueur en direction diminue à mesure que l'on s'approfondit, de telle sorte qu'on craint qu'elle ne se termine aussi dans ce sens.

Nous avons adopté cette hypothèse dans une étude spéciale, et nous avons considéré ce gîte comme une sorte de tourbière locale, où les accumulations végétales ont, en quelque sorte, atteint le maximum de leur développement, tandis que les parties latérales s'encombraient de dépôts arénacés.

Les coupes horizontales (fig. 32 et 33), comparées à la

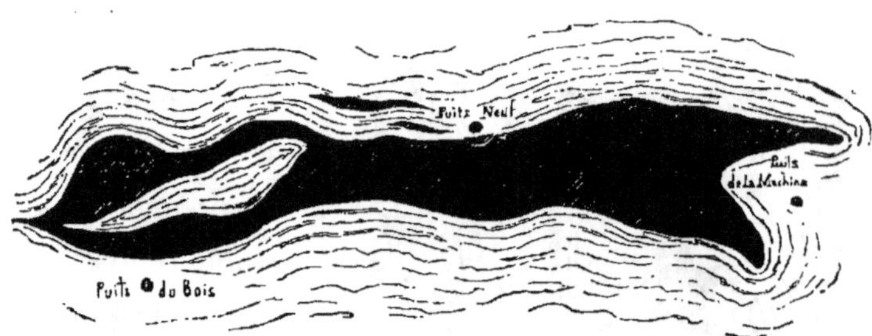

Fig. 32. — Coupe horizontale suivant A B.

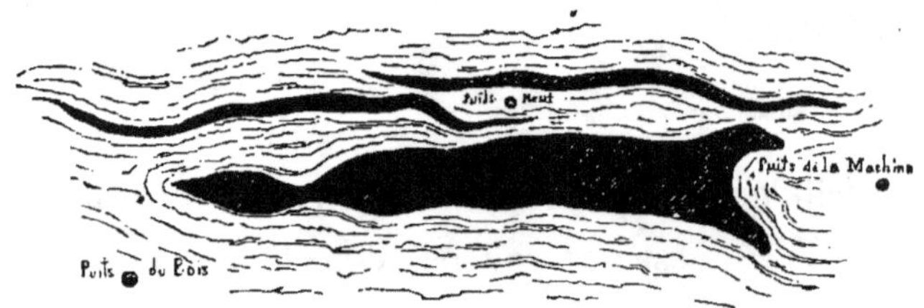

Fig. 33. — Coupe horizontale suivant C D.

coupe verticale (fig. 31), mettent en évidence les caractères de décroissement qui peuvent justifier cette conclusion. Ainsi, la coupe faite par le deuxième niveau C D ne présente plus que 400 mètres de continuité, c'est-à-dire que, comparativement à la coupe A B prise 40 mètres plus haut, la direction du gîte se trouve réduite d'un tiers. Au niveau EF, la direction n'a pas 100 mètres. La puissance du gîte subit aussi un décroissement graduel. L'ensemble de ces caractères nous paraît démontrer qu'on ne peut considérer la couche comme momentanément rejetée par une faille ou supprimée par un crain; ces accidents auraient affecté en même temps deux couches inférieures, qui semblent, au contraire, se développer en raison inverse de la masse principale.

La suppression presque subite d'une masse aussi puissante que celle de Montchanin constitue une véritable exception aux caractères que nous avons précédement attribués aux interruptions naturelles; remarquons cependant que, dans ce gîte, les principaux renflements sont motivés par des intercalations rocheuses, et que les parties extrêmes sont, en réalité, enchevêtrées dans les couches alternantes de grès et de schistes.

Plis et conditions générales de l'allure des couches.

Les étranglements et les crains ne sont, en général, que des accidents locaux, dont on ne peut saisir que bien difficilement les relations avec les phénomènes généraux de perturbation qui ont modifié l'ensemble des dépôts. Les *plis* et les *failles* sont, au contraire, des accidents qui, dans la plupart des cas, se lient si intimement au régime général de l'allure des couches, qu'on ne peut les étudier sans les rapporter aux conditions d'étendue, de forme et de direction des bassins. Examinons d'abord les *plis.*

Les couches, qui primitivement étaient horizontales, ont

été presque toujours soulevées et ployées de manière à présenter des dispositions très diverses; il y a cependant des règles qui semblent régir ces dispositions, et résulter de ce que tous les bassins ont été soumis à des actions analogues. Tous, en effet, ont été comprimés par des pressions latérales; les dépôts y sont aujourd'hui inclinés, et contenus dans un espace beaucoup moindre que celui qu'ils occupaient lorsque les couches étaient horizontales. La disposition la plus simple qui soit résultée de ces actions est celle que l'on désigne sous le nom de *ploiement en fond de bateau.*

Cette disposition se rencontre surtout dans des bassins de petite dimension qui, en raison de l'exiguité de leur surface, n'ont offert qu'une faible prise à la variété des accidents. L'allure des couches peut alors être comparée à celle d'un dépôt qui se serait effectué sur le fond et les parois d'un bassin concave, de telle sorte que des coupes verticales, faites dans tous les sens, présenteraient toujours deux pendages inverses, réunis par une partie courbe ou horizontale, qui est le fond de bateau proprement dit. Ces bassins sont presque toujours très allongés suivant un axe principal, et les coupes perpendiculaires à cet axe indiquent les deux pendages dominants qui se raccordent suivant une ligne de fond ou thalweg. Ce thalweg du bassin se relève à ses deux extrémités par des inclinaisons généralement moins prononcées que les inclinaisons latérales, mais d'une manière assez sensible pour déterminer un point de profondeur maximum que l'on appelle le *centre du bassin.*

Il est facile de voir, d'après cette définition, que, si l'on suppose une section horizontale de couches ainsi disposées, elles seront indiquées sur le plan par des lignes parallèles aux contours du bassin, lignes fermées et concentriques, qui représenteront les traces des couches embouties les unes dans les autres.

Cette disposition existe rarement d'une manière régulière, et son allure normale est altérée par d'autres accidents. Ainsi, dans le bassin de la Loire, l'allure en fond de bateau est très bien exprimée dans toute la partie étroite qui s'étend de la Grand'-Croix jusqu'au-delà de Rive-de-Gier, ainsi que l'indique la fig. 34 ; mais, dans la partie la

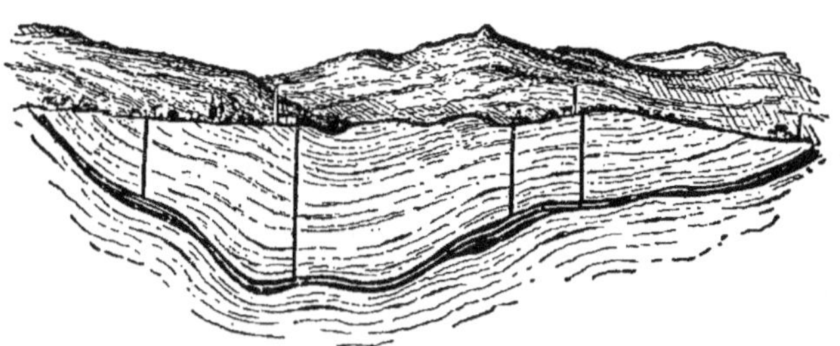

Fig. 34. — Coupe transversale de la grande couche de Rive-de-Gier.

plus large du bassin, à la hauteur de Saint-Étienne, les pendages dominants des couches sont sillonnés par des failles nombreuses, qui les ramènent plusieurs fois au jour, changent les inclinaisons et déterminent quelquefois des contre-pentes.

Le bassin de la Ruhr est dans le même cas ; il se termine, à l'est d'Essen et Verden, par une partie étroite où l'allure des couches se rapporte parfaitement au type théorique du fond de bateau ; mais, dans les parties plus larges, les couches sont ramenées plusieurs fois à la surface par des plis qui modifient tout à fait cette disposition [1]. Aussi ne trouve-t-on d'exemples d'allure exactement en fond de bateau que dans les bassins très étroits, tels que le bassin anthraxifère de la basse Loire.

Il ne faut même pas vouloir généraliser cette disposition pour les bassins très étroits, car on s'exposerait à tomber dans des erreurs préjudiciables à la conduite des travaux de recherche et d'exploitation. C'est ainsi que le bassin de Vouvant et Faymoreau, dans la Vendée, avait été d'abord considéré comme présentant, sur ses deux lisières, deux pendages opposés, réunis en profondeur par un fond de bateau, tandis que les travaux de recherche mirent en évidence une disposition tout à fait différente.

Les couches qui constituent le bassin de la Vendée ont toutes leur pendage dans le même sens, au nord ; seulement, les inclinaisons deviennent de plus en plus fortes à mesure qu'on marche du sud au nord ; de telle sorte que les couches supérieures sont presque verticales et appliquées contre le relèvement schisteux qui forme l'encaissement, ainsi que l'indique la coupe ci-jointe (fig. 35), faite perpendiculairement à la direction des couches et à la hauteur d'Épagne. On voit que la base du terrain houiller est formée par des assises très puissantes de grès et de poudingues stériles, plongeant au nord sous un angle de 35 à 50 de-

---

[1] *Atlas de la richesse minérale*, par Heron de Villefosse, planche 24.

grés. Cette partie stérile a au moins six cents mètres d'é-
paisseur ; elle est surmontée d'alternances de grès fins et
d'argile schisteuse, contenant trois systèmes de couches de
houille. Le puits du sud est ouvert sur la couche principale du système inférieur, plongeant de 60 degrés au

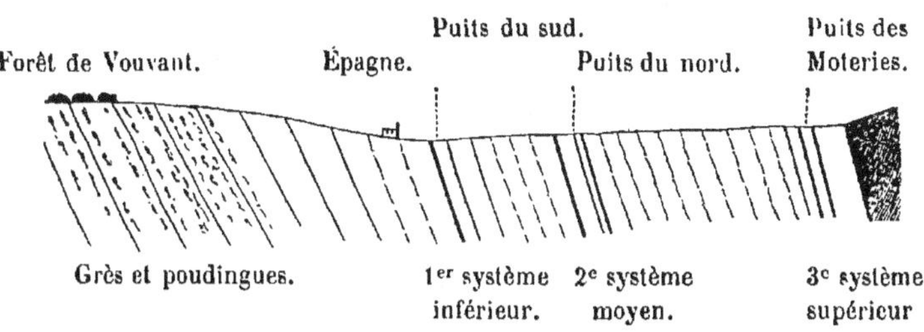

Fig. 35. — Coupe transversale du bassin houiller de la Vendée.

nord ; le puits du nord est ouvert sur le système moyen
qui a la même inclinaison ; et les puits des Moteries sont
placés sur le système supérieur, dont les couches sont inclinées de 80 degrés, et plongent sous les schistes de transition qui les surplombent. Une coupe faite par le village de
Puy-de-Serre présenterait exactement la même disposition ;
de telle sorte que la non existence d'un fond de bateau est
démontrée, non-seulement par les inclinaisons qui sont
toutes au nord, mais encore parce que si cette allure existait, les poudingues inférieurs, qui forment plus de la moitié des dépôts, devraient nécessairement reparaître sur la
lisière opposée. Aujourd'hui il est admis par les exploitants
de ce bassin que tout le système des dépôts houillers a
été soulevé en masse et dans un même sens.

Cette existence d'un pendage unique résultant du relèvement des dépôts dans le même sens n'est pas un fait isolé; on en trouve plusieurs exemples dans la *Description géologique de la France*, par MM. Dufrenoy et Élie de Beaumont, notamment à la partie occidentale du petit bassin de Segure, dans les Pyrénées, et à la partie méridionale du bassin de Prades, dans l'Ardèche. A ces exemples, nous ajouterons la partie orientale du bassin des lignites tertiaires de la Provence, qui comprend les concessions d'Auriol et de Bouilladise; toute cette surface, sur une longueur de 3,000 mètres en direction, a été relevée sous un angle de 35 à 45 degrés, et vient, dans cette position, buter contre les montagnes néocomiennes qui encaissent le bassin.

Il faut donc bien se garder de conclure à la disposition en fond de bateau avant de l'avoir vérifiée, tant par l'existence réelle des pendages inverses, que par la symétrie des dépôts qui affleurent sur les deux lisières opposées.

Nous avons dit que, dans les grands bassins, tels que celui du bassin de la Loire, à la hauteur de Saint-Étienne, celui du nord de la France et de la Belgique, et nous pouvons ajouter ceux de Brassac en Auvergne, du Creuzot et de Blanzy, etc., l'allure en fond de bateau pouvait bien être considérée comme existant dans l'ensemble, mais que la régularité de cette allure se trouvait altérée profondément par des plis ou par des failles. En effet, que l'on fasse des coupes perpendiculaires à la direction du grand bassin du Nord, aux environs de Valenciennes, à Mons, à Charleroi, à Liége, et l'on trouvera que les pendages dominants des couches de la lisière méridionale sont au nord, tandis que les pendages dominants des couches de la lisière septentrionale sont au sud; mais ces pendages sont interrompus à plusieurs reprises par des contrepentes qui déterminent une allure en zig-zag, allure caractéristique pour toutes les parties de ce vaste bassin. Un fait à remarquer, c'est que les dépôts ainsi reployés sur eux-mêmes sont rarement accidentés par des failles. Aussi, malgré la multiplicité des couches de houille, dont le nombre est de 80 à 100, on a pu reconnaître ces couches sur des longueurs considérables, les numéroter et les dénommer; de telle sorte que, dans les grands centres d'exploitation, on est arrivé à en établir exactement la série suivant l'ordre de succession.

En réunissant tous ces documents, on a construit des coupes qui résument d'une manière probable l'accidentation du sol, et démontrent que l'ensemble du dépôt a été comprimé si violemment que la largeur des surfaces a pu être réduite de moitié. Ainsi, en étudiant les coupes transversales du bassin, faites à la hauteur de Charleroi par M. Bidault, on reconnaît que sa largeur est actuellement de 6,620 mètres, mais que les couches inférieures ont une longueur réelle de 11,640 mètres. Cette compression de près de moitié a déterminé 43 inclinaisons différentes de sens et d'intensité, et 22 plis distincts.

A Mons, l'allure est plus simple qu'à Charleroi, parce que la compression a été moins forte. Ainsi, l'espace occupé par les couches de Mons a été réduit à 11,000 mètres, largeur actuelle du bassin, de 14,000 mètres que devait avoir le développement des couches inférieures. Les plis sont principalement accumulés sur la lisière méridionale, où les allures dominantes sont des droits interrompus par cinq plis; de telle sorte qu'un même puits vertical, supposé assez profond, pourrait recouper six fois la même couche; vers la lisière du nord, les couches se relèvent en plats réguliers, sous des angles de 15 à 25 degrés.

Si, prenant ces diverses coupes transversales du bassin Belge, on pouvait se représenter chaque couche comme composée d'autant de plans, perpendiculaires au plan de section, qu'il y a de traces indiquées, chaque plan étant normal au plan de coupe, il en résulterait que tous les affleurements de la surface seraient représentés par des lignes parallèles. Une coupe faite en deçà ou au delà de la première, et comme elle perpendiculairement à la direction, présenterait par conséquent le même dessin d'allure. Il n'en est pas ainsi. Nous avons indiqué combien la coupe faite en travers, dans le bassin de Mons, différait de celle faite à la hauteur de Charleroi, différence naturelle, puisque le bassin ne peut avoir été comprimé également sur toute sa longueur, et que ces deux points sont très éloignés l'un de l'autre. Mais il n'est pas nécessaire d'espacer autant les coupes, pour trouver des différences considérables, et, pour bien comprendre comment les allures se modifient, il est nécessaire d'examiner avec détail les mouvements des plis.

Les couches de houille sont souvent pliées sous des an-

Coupe verticale du faisceau des couches
exploitées par la fosse de Bon accueil, près Chartreuse.

gles très aigus, ainsi que l'indique la coupe verticale prise dans le charbonnage de *bon accueil* (Pl. V), aux environs de Charleroi. Si nous examinons le pli d'une couche, ce que les mineurs appellent le *crochon*, nous voyons que ce pli doit déterminer une sorte de gouttière qui suit une direction fixe, et qui, sur une coupe horizontale, pourrait être figurée par une ligne. Cette ligne, qui résulte de l'intersection des deux plans que sépare le pli, suit elle-même une allure particulière, caractérisée par sa direction et par son inclinaison; c'est ce qu'on appelle l'*ennoyage du pli*.

Les ennoyages, par suite de la superposition des couches et de l'emboîtement de tous les crochons les uns dans les autres, déterminent des plans dont les traces sont représentées sur la coupe de *bon accueil*. Or, ces plans d'ennoyage ne sont ni parallèles à la direction générale du bassin, ni parallèles entre eux.

Les plans d'ennoyage, n'étant pas parallèles, finissent par se rencontrer, et chaque croisement coïncide avec la suppression d'un pli. Dans la coupe des couches de bon accueil, si l'on voulait chercher les positions d'une couche supérieure ou inférieure à celles qui sont figurées, les traces des plans d'ennoyage permettraient d'en présenter l'allure probable. Ainsi, les traces d'ennoyage *a b*, *c d*, *e f*, étant presque parallèles, indiquent des allures continues dans les couches superposées ou sous-jacentes, mais la ligne *e f* ne tarde pas à croiser la ligne *g o*, et, lorsque la jonction aura été faite, les seconds droits se trouveront supprimés. De même, la ligne og devant croiser la ligne ok en o, les seconds droits ne seront plus séparés des plats inférieurs que par un pli simple.

Dans un bassin dont la largeur est considérable, les plis sont ordinairement très multipliés ; les mêmes couches peuvent ainsi être ramenées plusieurs fois à la surface, et l'allure est alors caractérisée par la juxta-position d'une série de plis en fond de bateau, raccordés par des plis en selle. Dans toute la largeur du bassin de Charleroi, une même couche a été ainsi ramenée sept fois au jour, de manière à former, par les intersections de son plan avec celui de la surface, seize lignes d'affleurement distinctes.

Les ennoyages des plis étant généralement inclinés, les crochons viennent affleurer, et forment, sur le plan horizontal, des dessins en forme de V et d'N, analogues à ceux que présentent les coupes verticales.

L'inclinaison d'un ennoyage ne descend que jusqu'à une certaine profondeur, où elle est ordinairement arrêtée par un relèvement en sens inverse. Il en résulte qu'une couche est ployée dans le sens de sa direction aussi bien que dans le sens transversal. Si, par exemple, dans le bassin du nord de la France et de la Belgique, on trace des coupes verticales est-ouest, c'est-à-dire parallèles à la direction, on obtient encore des plis accolés, analogues à ceux des coupes nord-sud. Il y a seulement cette différence, que les coupes faites parallèlement à la direction présentent des angles beaucoup plus ouverts que ceux des plis transversaux, c'est-à-dire que la compression exercée sur le bassin est beaucoup moins sensible dans ce sens que dans l'autre.

Aussitôt que l'on a réuni des données suffisantes pour tracer la direction et l'inclinaison des ennoyages des principaux plis, il est facile de tracer aussi l'allure présumée des couches d'un bassin. Il y a, en effet, une solidarité constante entre les lignes d'ennoyage et celles qui représentent les allures moyennes des couches ; on le reconnaîtra en examinant la figure 36. Le faisceau de couches, indiqué par cette figure en coupes horizontale et verticale, est plié de telle sorte que les traces des couches de houille affectent la forme d'N. Cette disposition est fréquente, non-seulement dans les allures des dépôts très comprimés, comme ceux de Belgique et du nord de la France, mais aussi dans nos bassins du centre, toutes les fois que les couches ont été ployées de manière à présenter deux fonds de bateau successifs et accolés. Ainsi, les couches d'Anzin ont été souvent citées comme un exemple classique, à cause de la netteté et de la régularité de leur ploiement en N [1] ; mais, sauf cette netteté des crochons, qui ne se retrouve pas dans les plis des couches des bassins du centre, nous pouvons considérer la figure suivante comme représentant l'allure des couches du bassin de Brassac, à la hauteur de Megecoste et de Grosménil.

A la surface, les directions de ces couches se rapportent à

---

[1] *Explication de la carte géologique de la France*, par MM. Dufrenoy et Élie de Beaumont, tome I.

trois lignes différentes; elles ont de deux à quatre kilomètres

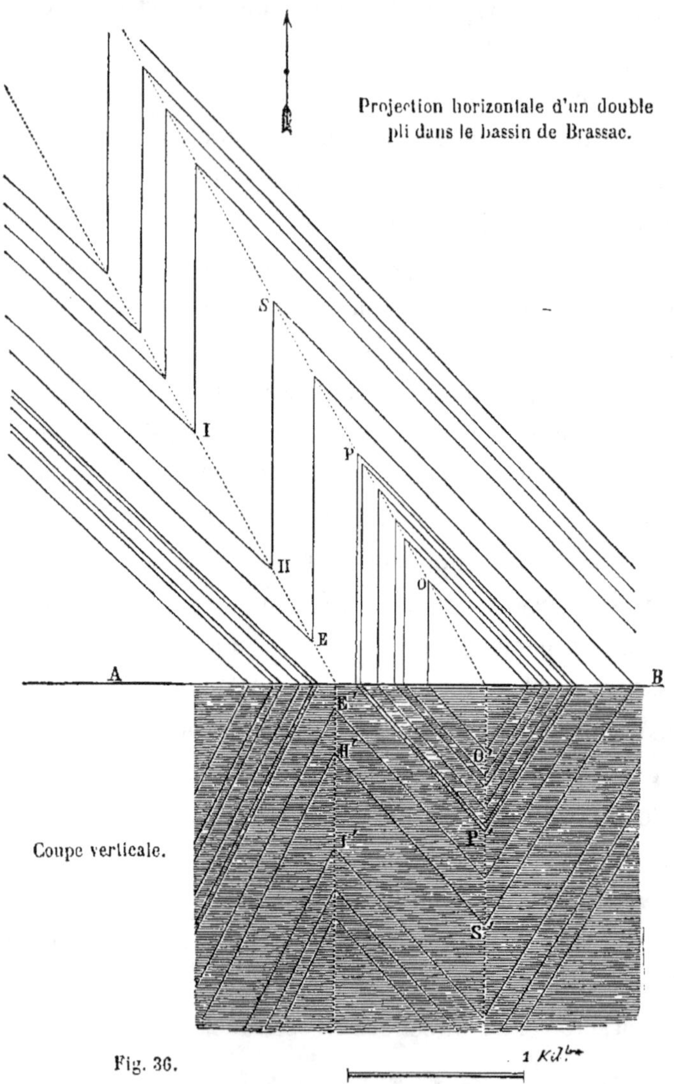

Fig. 36.

de longueur, et forment, en se croisant, des N gigantesques.

On avait d'abord regardé ces affleurements comme appartenant à des couches différentes; mais l'étude a démontré que cette disposition, si complexe en apparence, résultait de deux plis, l'un, en selle, dit pli de Grosménil, IE, l'autre, en fond de bateau, dit pli de Megecoste, S O.

La coupe verticale, faite suivant la ligne A B, précise toutes les conditions de ces deux plis. Ainsi, dans le pli horizontal de Megecoste, les inclinaisons des couches pendent l'une vers l'autre, en formant un V dont les branches inclinent sous l'angle de 35 degrés; les pentes du pli de Grosménil sont inverses, c'est-à-dire que ce pli est en forme de selle, et que les inclinaisons forment un Λ qui, juxtaposé au pli de Megecoste, détermine un double pli en N, en coupe aussi bien qu'en plan.

Il existe donc deux lignes d'ennoyage dans chaque couche affectée par ce double pli. Ces deux lignes sont inclinées, et c'est pour cela que les affleurements se croisent sur le plan, de manière à déterminer des séries d'N emboîtées les unes dans les autres. Les traces des plans d'ennoyage sur le plan horizontal sont marquées par les lignes ponctuées EI, OS, et, sur le plan vertical, par les lignes E'I', O'S'. On voit que les deux plans d'ennoyage sont verticaux; dans d'autres cas, ils peuvent être inclinés, et les plis sont alors obliques comme dans les coupes précédentes des environs de Charleroi (Pl. V et VII).

Examinons actuellement les lignes d'ennoyage. Si l'on joint les ponts E,H,I de la projection horizontale, aux points E', H', I' de la coupe verticale supposée en place, c'est-à-dire dans une position perpendiculaire au plan, on obtient des lignes parallèles qui ne sont autres que les lignes d'ennoyage du pli de Grosménil. Joignant de même le point O du plan au point O′ de la coupe, le point P au point P′, le point S au point S′, on détermine les lignes d'ennoyage du pli de Megecoste. On voit, dès lors, que, la coupe verticale étant donnée, si l'on connaît la direction et l'inclinaison des lignes d'ennoyage, on peut construire le plan; et, réciproquement, le plan étant donné, si l'on connaît la direction et l'inclinaison des lignes d'ennoyage, on peut en conclure la coupe verticale.

Les plans d'ennoyage sont à peu près parallèles dans l'exemple qui nous occupe; ils peuvent ne pas l'être, et leur rencontre coïncide nécessairement avec un changement d'allure. A ce point de croisement, une des lignes d'ennoyage arrive définitivement au jour, et l'un des plis cesse d'exister.

On remarquera, dans la coupe verticale de la fig. 36, une circonstance essentielle, c'est que les véritables inclinaisons des couches n'y sont pas représentées. Ces inclinaisons ne peuvent, en effet, être fournies que par des sections perpendiculaires à la direction des couches; or, nous avons ici trois directions bien différentes, et la ligne A B, suivant laquelle est faite la coupe verticale, n'est perpendiculaire à aucune des trois.

En appliquant cet exemple de ploiement en N au bassin de Brassac, il ne faut considérer les lignes que nous avons indiquées que comme représentant des allures moyennes.

Les plis n'ont pas, en effet, la netteté de ceux du Nord ; les couches sont sujettes à des ondulations de puissance et d'allure qu'un plan fait sur une si petite échelle aurait peine à faire apprécier, mais qui, d'ailleurs, n'ont été précisés par les travaux que sur quelques points où les exploitations ont été établies.

Le but principal de l'étude des plis est d'arriver à déterminer d'avance la transformation d'allure qui en résulte, et de prévoir ainsi le parcours souterrain et le tracé superficiel d'une couche. Les éléments principaux à connaître sont pour chaque pli : 1° la direction et l'inclinaison du plan des ennoyages ; 2° l'inclinaison de la ligne d'ennoyage. Pour déterminer ces éléments, la marche la plus sûre est d'embrasser dans la même étude plusieurs couches assez distantes les unes des autres ; on évite ainsi les causes d'erreur qui peuvent résulter d'observations faites sur des espaces circonscrits.

Lorsque les plis sont à courts rayons, de quelques mètres, par exemple, comme la plupart des plis indiqués par nos coupes de Charleroi (Pl. V et VII), les lignes d'ennoyage, et par suite les plans dans lesquels elles se trouvent, sont parfaitement précisés. Mais dans des plis onduleux et dans les plis à grands rayons, comme ceux de la plupart de nos bassins du centre, la détermination est difficile et demande beaucoup d'habitude et d'expérience locale. Dans le bassin du nord de la France et de la Belgique, les plis n'ont même pas toujours la précision que nous avons indiquée ; ils sont quelquefois à grands rayons, et l'incertitude est alors la même que pour les plis onduleux. Ainsi, en examinant la coupe des cinq couches traversées par le puits n° 4 du grand Buisson, près Mons (Pl. VI), on voit que ces couches sont ployées sous de grands rayons ; de telle sorte que, si l'on voulait tracer les plans d'ennoyage d'après deux des couches du faisceau supérieur, on resterait fort embarrassé ; tandis qu'en prenant des couches suffisamment éloignées, telles que la veine *deux laies* et la veine *à ferté*, les plans d'ennoyage seront assez bien précisés pour qu'on puisse fixer l'allure d'une couche supérieure ou sous-jacente.

Outre leur rôle dans l'allure générale des couches, les plis présentent encore quelque intérêt comme accidents de détail ; les modifications qu'ils déterminent dans l'allure n'ont pu s'effectuer, en effet, sans qu'il y ait eu des désordres produits dans les conditions de puissance et de stratification des couches de houille, et des dépôts qui les accompagnent. Il y a une solidarité constante entre la position des couches et les étranglements ou renflements qu'elles éprouvent, et cette solidarité est beaucoup plus facile à constater dans les petites couches, si régulièrement stratifiées du grand bassin septentrional, que dans les couches puissantes qui nous ont servi à mettre en évidence les formes des étranglements et renflements.

Ainsi, dans les plats en maîtresse allure de Valenciennes, Mons et Charleroi, les couches ont généralement toute leur régularité ; mais les droits présentent très souvent des allures en chapelet, par suite d'une grande multiplicité de crains. La houille est aussi plus brisée dans les droits, et

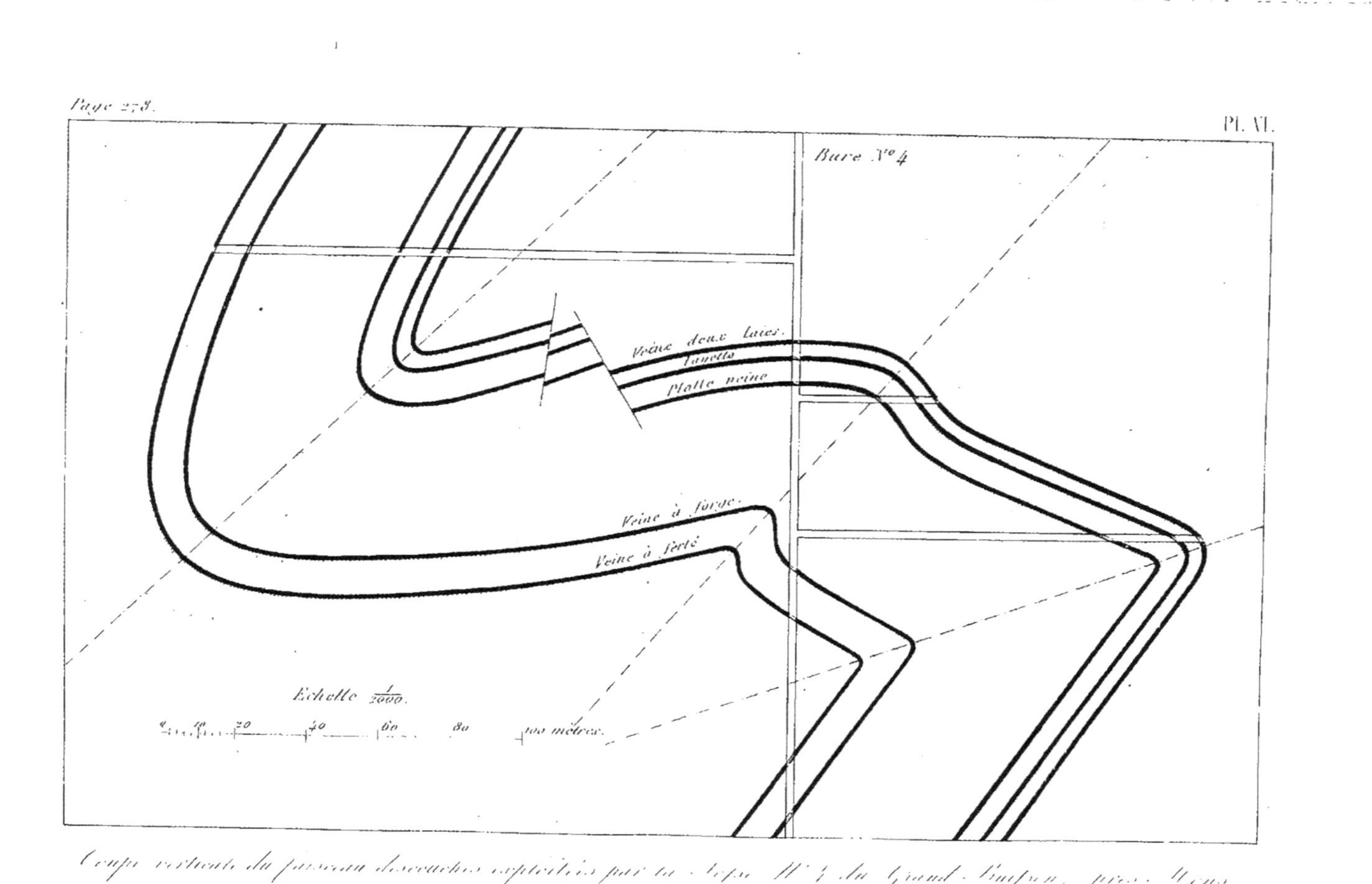

Coupe verticale du faisceau des couches exploitées par la fosse N° 4 du Grand Buisson, près Mons.

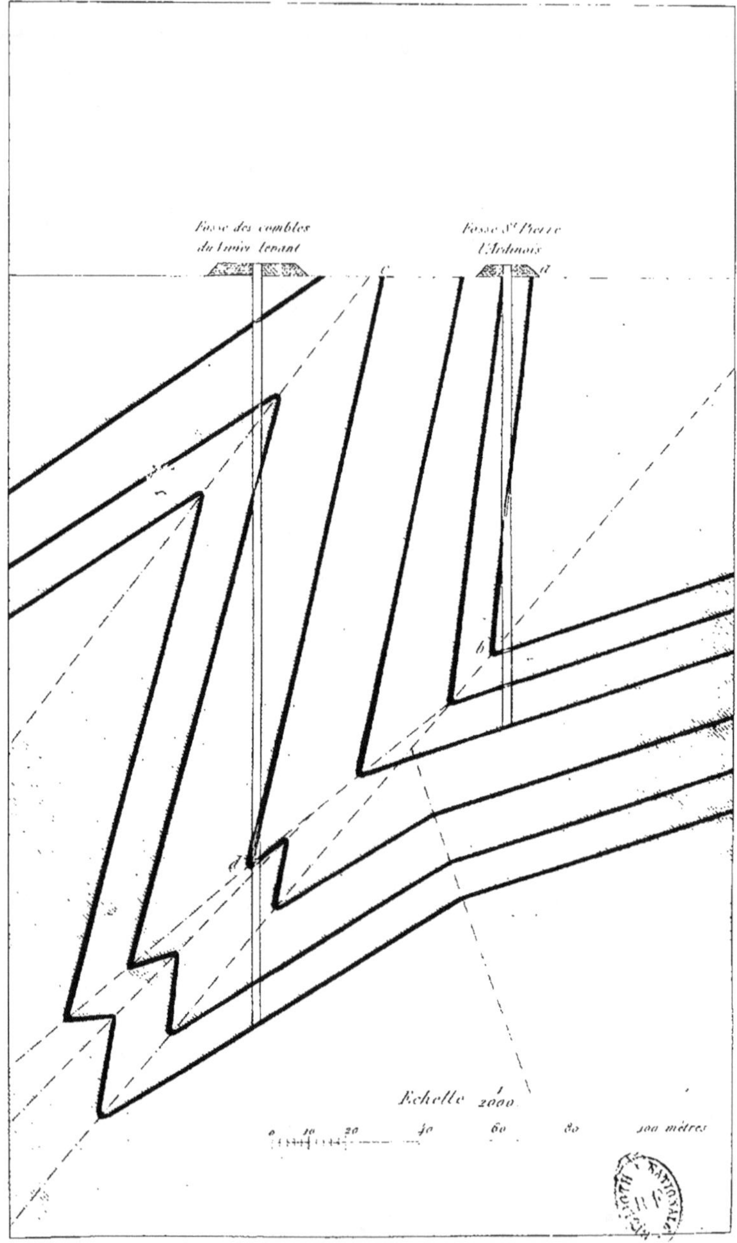

Coupe verticale du faisceau des couches
exploitées par les Fosses de Levier levant, près Charleroy

surtout dans ces plis onduleux et grimacés dont la Pl. V fournit un exemple. Dans les crochons, les couches sont presque toujours renflées.

Ces effets d'étirage et de refoulement deviennent encore plus sensibles lorsqu'on étudie tout un faisceau de couches. Ainsi, dans le faisceau des couches traversées par la fosse de *Vivier-Levant*, près Charleroi (Pl. VII), des droits c, d, inclinés à 75 degrés, se trouvent juxta-posés à des droits a, b, inclinés à 85 degrés ; et telles veines, qui sont séparées près du jour par 45 mètres de rocher, se trouvent distantes de 55 mètres, à l'étage de 150 mètres. Cela résulte de ce que les couches schisteuses, très serrées et comprimées à la partie supérieure, se dilatent en profondeur. Les veines de houille suivent la même loi dans leur épaisseur, et la Pl. VII indique qu'elles se renflent sensiblement depuis le jour jusqu'au pli qui détermine l'allure en plats. Cette flexibilité et malléabilité des roches concorde toujours avec un brisement général ; et leurs fragments foliacés présentent des surfaces de glissement onduleuses et cannelées, douces au toucher, qui font concevoir comment ils ont pu se mouvoir par l'effet des pressions latérales.

Les roches étaient-elles complétement solides lorsqu'elles ont subi ces déformations ? Ce qui pourrait en faire douter, c'est que celles qui se trouvent dans les crochons à rayon très court ont été ployées avec une telle facilité, que souvent les fragments qui sortent de l'abattage présentent eux-mêmes des lignes de stratification très sensiblement courbées.

La coupe verticale de la Ricamarie (Pl. I) nous a déjà fourni un premier exemple de ces variations produites dans l'épaisseur des dépôts qui alternent avec les couches de houille; nous pouvons donc placer, parmi les perturbations causées par les soulèvements et les pressions latérales, les *altérations du parallélisme, dans des faisceaux de couches primitivement parallèles.* Cette altération de parallélisme existe dans beaucoup des relèvements brusques que présentent les couches de nos bassins du Centre; mais comme, dans ces bassins, les lois de la stratification ne sont pas suivies d'une manière aussi rigoureuse que dans le terrain houiller du Nord, des différences plus prononcées ne seraient pas aussi décisives que celle sur laquelle nous nous appuyons (Pl. VII).

Tandis que le mouvement des plis exigeait que certaines parties du terrain fussent comprimées sous un plus petit volume et que d'autres fussent dilatées, il est arrivé nécessairement des cas où la limite de la malléabilité du terrain fut atteinte. Dans ces cas, il dut se produire des ruptures déterminées par des mouvements partiels qui n'atteignirent pas tout le faisceau des couches. La Pl. VI présente un exemple de ces ruptures partielles.

Les solutions de continuité qui se sont ainsi produites dans les faisceaux de couches ployées ont également déterminé des plis partiels qui n'affectent qu'une certaine épaisseur du faisceau. La Pl. VII, qui représente la coupe verticale des couches exploitées à Longpendu (Saône-et-Loire), met en évidence ces effets de compression partielle; la partie centrale du champ d'exploitation éprouve un

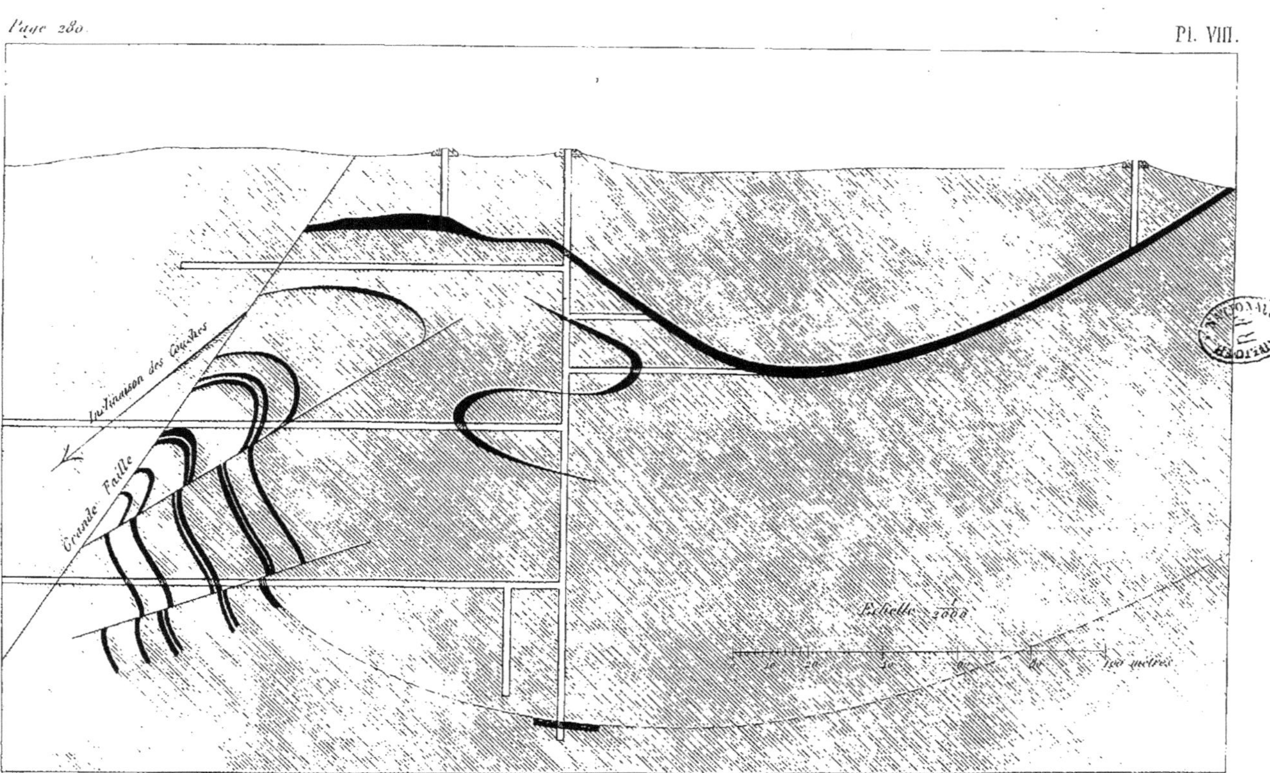

Coupe verticale des couches exploitées aux mines de Longpendu.
Saône et Loire.

double pli en forme de Z, tandis que l'ensemble du faisceau des couches n'est affecté que par un pli simple en fond de bateau.

Le genre d'accident que l'on appelle *kœuvée*, et dont M. Bidault signale l'existence dans le bassin de Charleroi, se rattache encore à ce genre de ruptures partielles. Ces kœuvées sont déterminées par des fractures produites dans les plis; une portion de la couche pliée a remonté ou descendu le long du mur de l'autre partie, et se prolonge au-delà du crochon en donnant à la coupe la forme d'un Y.

Le charbonnage de *James-Grube*, près Stolberg, nous

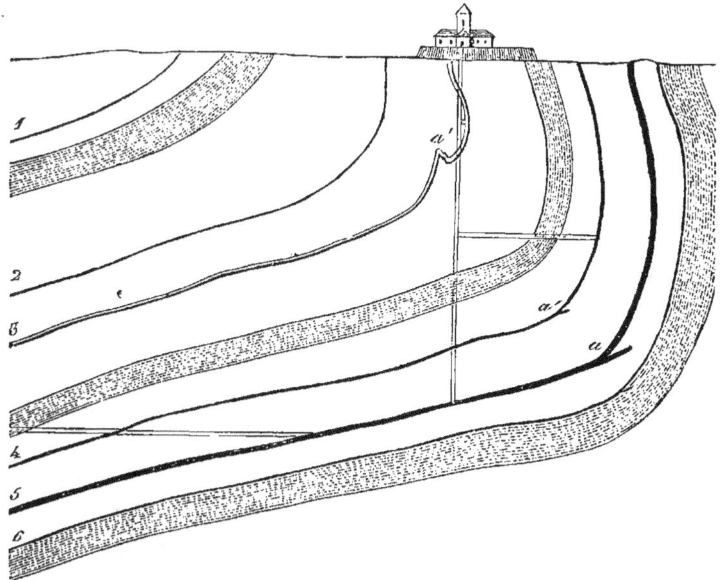

Fig. 37. — Coupe verticale d'une partie du bassin de Stolberg.

présente un exemple de ces accidents indiqué par la coupe verticale (fig. 37). Les couches inférieures n°^s 4, 5 et 6 sont en kœuvée en *a* et *a'*, et l'accident est encore sensible dans la couche n° 3, où il a changé de nature et n'est plus représenté que par un double pli.

Parmi les allures anomales auxquelles donnent lieu les ploiements très prononcés, nous devons citer encore les renversements de couches, par suite desquels le toit devient le mur, et réciproquement. Les coupes précédentes présentent plusieurs exemples de ces renversements; mais le phénomène prend un caractère nouveau lorsqu'il a lieu sur la lisière d'un bassin, car il semble alors que le terrain encaissant soit superposé aux dépôts houillers.

Telle est la disposition du terrain houiller sur la rive gauche de la Meuse, depuis Huy jusqu'à Chockier. L'encaissement de la vallée est formé par des collines abruptes composées des assises supérieures du calcaire carbonifère, et ces assises sont renversées sur celles de la formation houillère, qui partagent le même mouvement. Tout cet ensemble de couches a été ainsi renversé en surplomb, sous un angle de 75 degrés.

Au Creuzot, près du puits Manby, la couche, renversée dans sa partie supérieure, est, en plusieurs points, surplombée par le terrain granitique qui en est très rapproché (fig. 38). Un puits, percé verticalement dans le gra-

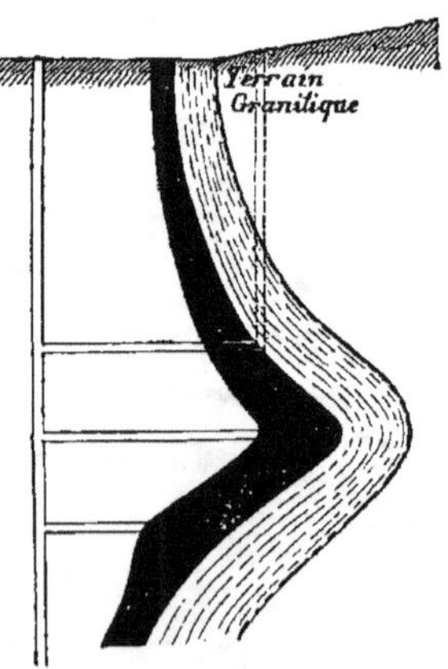

Fig. 38.
Coupe verticale de la couche du
Creuzot, au puits Manby.

nite, a donc pu atteindre la couche, ce qui, à l'époque des premiers travaux d'exploitation, a paru un fait extraordinaire. Nous retrouvons la même disposition dans le bassin du Gard, près de Malataverne, où le terrain schisteux de transition surplombe sous l'angle de 70 degrés le terrain houiller sur lequel il a été renversé.

Il arrive ordinairement, dans ces mouvements en surplomb, qu'à une certaine profondeur un pli ramène l'allure normale; et c'est, en effet, ce que montre la coupe de la couche du Creuzot (fig. 38); cette couche reprend en profondeur son pendage ordinaire. Le renversement des parties supérieures, ou tout au moins leur relèvement sous des angles plus prononcés que les parties inférieures, est d'ailleurs une circonstance fréquente, lors même que les pendages ne sont pas très inclinés. Ainsi, dans la région du Monceau, près Blanzy, le pendage normal des couches dépasse rarement 20 à 25 degrés, mais les parties les plus voisines de la surface inclinent souvent à 45 et 60 degrés, et quelquefois même sont brisées et renversées.

Dans ces mouvements violents des parties supérieures de l'inclinaison, il arrive souvent que les couches de houille ont été tellement froissées et broyées qu'elles sont inexploitables : tel est le cas d'une partie des relèvements sud du bassin de Saint-Étienne; les affleurements y sont à peine visibles, et l'exploitation s'est principalement portée sur le pendage nord, qui est mieux réglé, et dont les inclinaisons sont moins fortes.

Failles et brouillages.

Les *failles*, dans la plus grande partie des bassins houillers, jouent un rôle aussi important que les plis. On peut distinguer : les failles principales, qui sont liées aux grands accidents du sol, et les failles secondaires, qui ne sont que des cassures de détail.

Les failles principales sont des cassures larges et prolongées, des deux côtés desquelles les couches se trouvent dénivelées de 100, 200, 300 mètres et au delà ; elles sont, dans la plupart des cas, indiquées à la surface par les mouvements du sol, et déterminent des champs d'exploitation tout à fait isolés, parce que les travaux nécessaires pour relier entre elles les deux parties brisées dépasseraient les conditions ordinaires des mines.

Les failles secondaires sont celles qui ne sont pas assez importantes pour limiter ainsi l'étendue des exploitations ; elles déterminent, par exemple, des rejets de cinq, dix, vingt mètres, distance que les travaux peuvent franchir sans grandes dépenses. Ce sont des cassures de détail, très multipliées, qui se présentent d'une manière tout à fait inattendue et déterminent les problèmes les plus ordinaires que l'exploitation ait à résoudre.

Les coupes ci-jointes, prises dans les exploitations de la couche supérieure du Monceau, près Blanzy, montrent comment une couche a pu être découpée par les failles successives, de manière à ne plus présenter qu'une série de tronçons isolés, qu'il faut chercher les uns après les au-

tres. Parmi ces failles, les unes ne rejettent pas la couche
de toute son épaisseur, tandis que d'autres déterminent
des solutions de continuité complètes. Il est à remarquer
que les failles à faible rejet de la coupe fig. 39, faite par

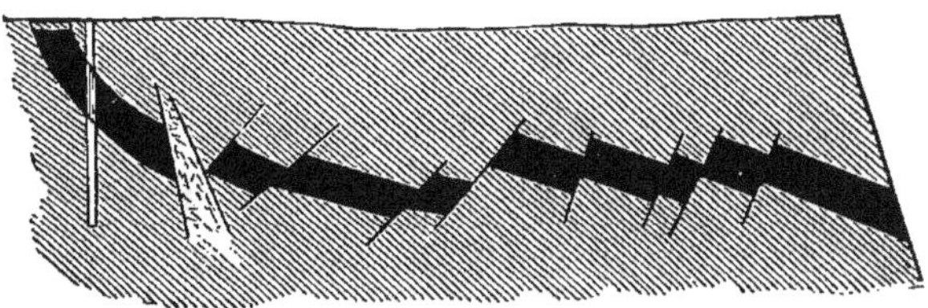

Fig. 39.
Coupe transversale de la couche du Monceau, par le puits de la Maugrand.

le puits de la Maugrand, sont en partie les mêmes que
celles de la coupe faite par le puits de la Vieille-Pompe,
fig. 40, dont les rejets interrompent complétement la cou-

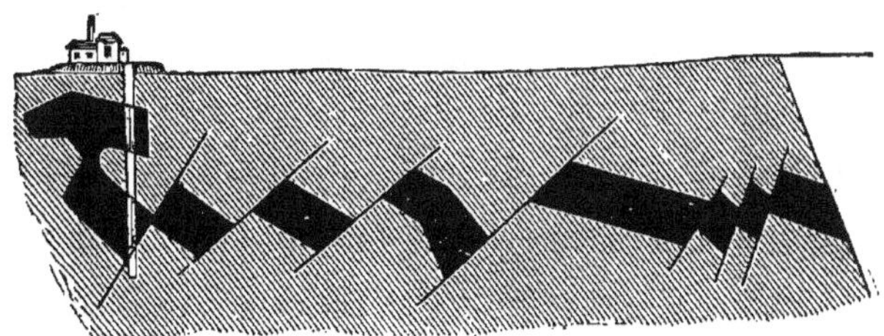

Fig. 40.
Coupe transversale de la couche du Monceau, par le puits de la Vieille-Pompe.

che. Sur un parcours assez long, le rejet d'une faille peut
ainsi présenter des variations considérables.

La dernière faille de la couche du Monceau arrête les
travaux, et paraît appartenir à la classe des failles principales qui affectent toute l'épaisseur du dépôt, car les
recherches entreprises pour retrouver le prolongement de

la couche au delà de cette barrière, que les mineurs du pays appellent le *pied-droit*, ont été pendant longtemps inutiles; ce prolongement n'a pu être retrouvé que par un puits spécial placé au-delà de la faille, avec une dénivellation évaluée à plus de 40 mètres.

Les grandes failles sont ordinairement isolées et dirigées en lignes à peu près droites; mais les failles secondaires sont sinueuses, se joignent ou se bifurquent de telle sorte que leur allure est sujette à de très grandes variations. Les deux coupes ci-dessus mettent en évidence ces rapides variations d'allure; la seconde, située à 300 mètres de la première, en reproduit assez bien les traits principaux; mais, cependant, la couche y est à la fois moins découpée et plus dérangée. On remarquera que la partie supérieure qui, à la Vieille-Pompe, est brisée et renversée, n'éprouve plus, à la Maugrand, qu'une simple augmentation dans l'inclinaison.

La Pl. XIV représente les deux grandes couches du Monceau, accidentées par les mêmes failles. Ces deux couches, quoique séparées par 100 mètres de roches, présentent de l'analogie entre leurs découpures, et les failles de la couche inférieure peuvent évidemment être raccordées avec celles de la couche supérieure. Les deux couches sont ensuite interrompues par une dernière faille qui doit être considérable, car les galeries de recherche, indiquées à la partie inférieure de la coupe, ont été poussées à plus de 100 mètres sans retrouver les parties rejetées.

La Pl. VIII, qui donne la coupe verticale de l'exploita-

tion de Longpendu, met en évidence un problème analogue. Toutes les couches sont coupées par une grande
faille qui les interrompt, sans qu'on ait encore pu en retrouver le prolongement. On remarquera, en outre, sur
cette coupe, que la faille a complétement changé l'inclinaison du terrain, effet assez fréquemment produit par les
failles principales.

Les failles ont des épaisseurs très variables. Tantôt ce
sont des fentes de quelques décimètres de largeur, à peine
visibles dans les galeries ; d'autres fois, ce sont de véritables
dykes remplis de débris, parmi lesquels on reconnaît les
fragments mélangés de toutes les roches du terrain ; c'est
ce qui leur a fait donner le nom de *brouillage*. Les brouillages ont souvent des épaisseurs de dix et vingt mètres ;
on en cite même de soixante-et-dix.

Les failles, étant des plans de rupture, sont caractérisées
par leur direction et leur inclinaison ; elles doivent, en
outre, être étudiées sous le rapport de la position de leur
plan, comparativement à celui de la stratification du
terrain.

Les figures précédentes indiquent des failles parallèles à
la direction de la couche du Monceau, et le plan de coupe
est perpendiculaire, à la fois, au plan des failles et à la direction des couches. Des coupes ainsi construites permettent d'apprécier l'importance de la faille sous le rapport
de son épaisseur et du rejet qu'elle détermine ; pour apprécier les conditions de direction et d'étendue, il faut
avoir recours à une projection horizontale. La Pl. III, qui

représente à la fois les projections horizontale et verticale de la couche des Communautés à Blanzy, indique une faille dans la partie supérieure. On voit, d'après le plan de cette faille, que le rejet détermine une zone de stérilité, *ab*, zone d'autant plus large que le rejet est plus considérable.

Un puits foncé pour la recherche d'une couche peut donc traverser une faille, et dépasser le plan de cette couche sans la rencontrer ; pour éviter cet inconvénient, il est essentiel d'interroger la stratification du terrain traversé avec le soin le plus minutieux, afin de reconnaître si l'on rencontre une faille. Cet examen des roches doit se faire pendant le fonçage, lorsqu'elles sont vives et nouvellement entamées ; car, au bout de quelques mois, les eaux qui tombent sur les parois, et l'influence de l'air humide, ont tellement masqué les lignes de stratification et les apparences extérieures, qu'il devient très difficile de formuler aucune conclusion certaine.

Dès qu'une faille est recoupée par un puits de recherche, il importe d'en déterminer la direction et l'inclinaison ; et, si le niveau auquel on devrait trouver la couche a été dépassé, il est facile, en rapportant la faille sur le plan, de voir quels vont être les travaux nécessaires pour rejoindre la couche rejetée. Le plan indique, en outre, la direction de la faille relativement à celle des couches.

Les failles peuvent être perpendiculaires ou parallèles à la direction des couches, ou obliques entre la direction et l'inclinaison. La carte du territoire de la Ricamarie, près Saint-Étienne, sur laquelle sont marqués les affleurements de vingt-deux couches reconnues, présente plusieurs failles qui coupent, sous divers angles, la direction du plan de stratification. Une de ces failles, nommée *faille des Maures*, rejette horizontalement les couches de plus de deux cent cinquante mètres.

Le croisement de trois ou quatre failles dans une même couche de houille isole nécessairement un massif; et si les rejets sont considérables, ce massif constituera un champ d'exploitation tout à fait distinct. Ainsi, avant que MM. Harmet et Siraudin eussent complétement défini la couche du Monceau, on n'en connaissait que des massifs isolés, que l'on considérait comme des amas.

Les failles sont tellement multipliées dans certaines régions de quelques bassins, qu'on a comparé les tracés qu'elles déterminent aux fissures d'une glace brisée. Cependant ces failles se rapportent généralement à un petit nombre de directions dominantes, de manière à former plusieurs systèmes distincts. C'est ainsi que les figures 39 et 40 représentent une série de failles parallèles, qui coupent et rejettent la couche du Monceau toutes dans le même sens. La coupe transversale, faite dans la partie centrale du bassin de la Loire (Pl. XI), démontre que les failles principales suivent la même loi de parallélisme.

Lorsque les failles déterminent des rejets très considérables, il devient très difficile de suivre la succession des couches. Ainsi, la grande couche de Meons, célèbre par la qualité des cokes qu'elle fournit, affleure près de l'Étang et s'enfonce sous une inclinaison de 20 degrés, jusqu'à ce qu'elle soit coupée par une grande faille; examen fait des couches existantes dans les concessions voisines, il est devenu très probable que la grande couche dite du Monteil n'était autre que la couche de Meons, ramenée à la surface par un rejet de plus de trois cents mètres. C'est ce qu'indique la Pl. XI.

Les failles, en ramenant une couche au jour, peuvent donc déterminer des affleurements successifs et parallèles, de manière à faire croire à l'existence d'une série de couches distinctes et superposées; or, comme l'étude d'un bassin commence nécessairement par celle des affleurements, on peut être conduit à de graves erreurs si l'on n'a pas constaté l'existence des failles. De là, des problèmes qui ne peuvent être résolus que par des travaux souterrains, et des discussions géologiques d'autant plus intéressantes, qu'un jour ces travaux prononceront sur la validité des opinions émises de part et d'autre.

Lorsqu'une couche a été fracturée et rejetée, on ne peut, à défaut de travaux souterrains, démontrer le fait que par l'étude attentive de la stratification du terrain et de sa composition. On compare entre elles les couches que l'on veut assimiler, leur nombre, leur ordre de succession, leur composition minéralogique, les détails de leur structure. Ainsi, dans le bassin de la Loire, il est une couche de houille qui a des caractères d'une constance remarquable sur une très vaste étendue, c'est la cinquième couche du système du Treuil, près Saint-Étienne. Cette couche fournit d'abord le type des charbons de forge; c'est la seule

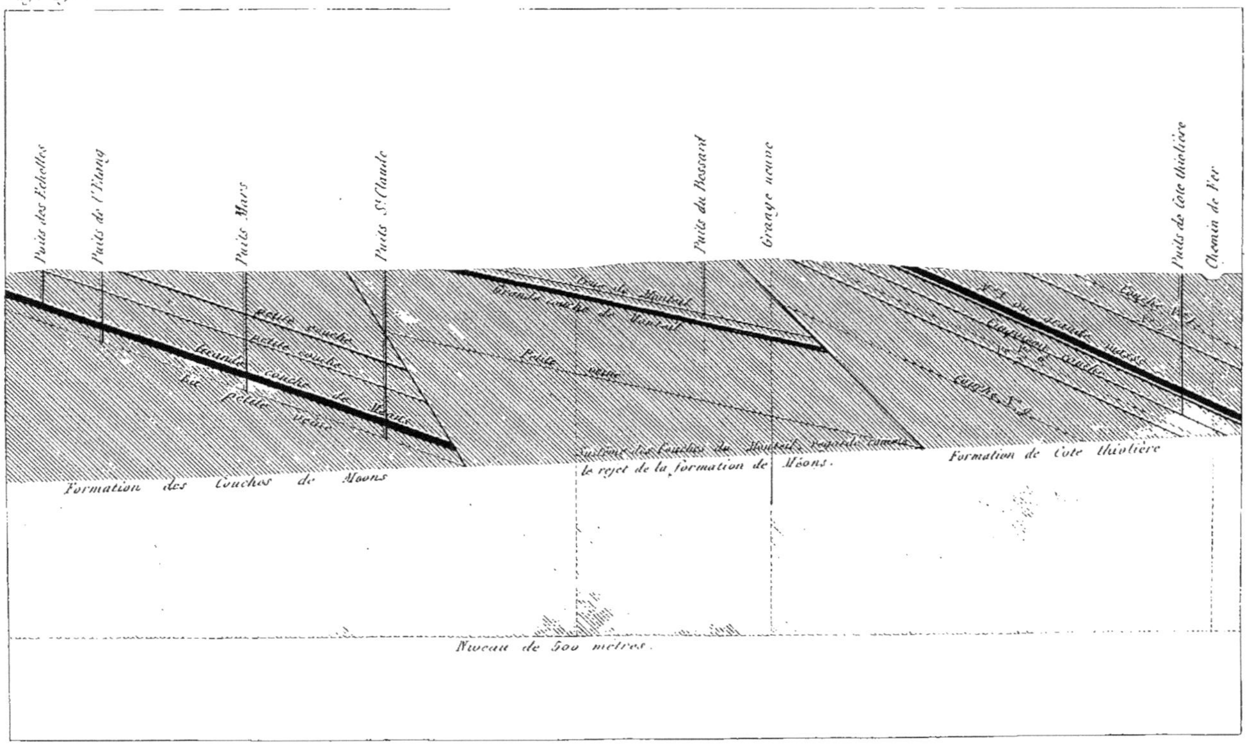

Coupe transversale des Couches houillères formant les systèmes de Côte thiolière et de Méons, d'après M. Gruner.

du bassin dont les cendres soient constamment rouges ; sa puissance moyenne est de 1,60, et elle présente, à environ 0,50 du toit, un nerf de gore très régulier ; elle est surmontée d'un faux toit, c'est-à-dire d'un banc fragile, d'argile schisteuse, que l'on abat dans l'exploitation pour obtenir du remblai, puis d'un toit solide formé par un banc de grès quarzeux, dur et puissant, qui est souvent exploité comme pierre de taille. L'ensemble de ces caractères fournit un plan de repère, dont les ingénieurs ont fait un grand usage dans leurs explorations, et qui a servi à établir l'équivalence de couches séparées par des failles considérables.

Les failles principales, qui ont causé des rejets de cent mètres et au delà, ont souvent des rapports frappants avec la configuration superficielle du sol. Ainsi, dans le bassin de la Loire, presque toutes les vallées ou vallons dont les encaissements sont vifs et escarpés doivent leur formation à des failles. Une partie de la vallée du Gier est dans ce cas.

Les collines et coteaux du bassin de la Loire formés par le terrain houiller présentent fréquemment, sur leurs versants, les affleurements des couches qui inclinent à contre-pente, ainsi que cela est indiqué par la coupe de la montagne d'Aveize (Pl. XV). Cette disposition est encore reproduite par la carte de la Ricamarie (Pl. XVII), et la coupe faite suivant la ligne AB (Pl. XVI, fig. 2), à partir de la Chauvetière jusqu'à la faille des Maures, met en évidence l'inclinaison des couches en sens inverse des versants. D'après cette disposition, les affleurements forment, le long des coteaux et autour des collines, des lignes festonnées comme des horizontales topographiques. Ces lignes ne sont pas visibles, mais l'œil de l'ingénieur les reconnaît et les suit, d'après les indices que lui présentent les roches et d'après les traces d'exploitation que portent presque toujours les affleurements des couches. Souvent, on peut ainsi constater, par le simple examen de la surface, que les vallons qui sillonnent les versants ont remonté ou abaissé les couches, c'est-à-dire qu'ils marquent l'emplacement de failles.

Lorsqu'une couche de houille est interrompue par une faille, il n'y a pas, comme dans le cas des coufflées, d'incertitude sur l'existence du prolongement de cette couche; on reconnaît immédiatement que l'interruption est due à un accident. Ainsi, telle galerie, qui suivait la direction ou l'inclinaison d'une couche de houille, la perd subitement, et s'arrête devant une muraille de rocher qui la coupe nettement et qui porte souvent des stries comme les parois des filons-fentes. D'autres fois, la galerie, au lieu de venir buter contre une faille bien nette, perd le charbon et pénètre dans des roches brouillées, fragmentaires, dont les blocs sont arrondis, à surfaces cannelées et polies. Ces roches, souvent noircies par la houille qui s'y trouve dispersée, sont les débris des épontes de la fente, débris froissés les uns contre les autres. Dans tous les cas, il suffit d'un travail de peu d'importance pour suivre pendant quelques mètres la faille qui interrompt la couche, et pour en déterminer la direction et l'inclinaison.

Les failles, dans le terrain houiller, sont, en effet, ce que les mineurs des régions métallifères appellent les filons croiseurs, filons stériles, plus ou moins épais, remplis des débris écroulés des roches supérieures, et contenant même des fragments tombés du jour. D'après cette assimilation, les règles applicables aux filons croiseurs doivent s'appliquer également aux failles qui sillonnent le terrain houiller.

La plus importante de ces règles est celle qui est connue sous la dénomination de théorie de Schmidt, et d'après laquelle le sens du rejet est déterminé par cette considération, *que le toit du croiseur a généralement glissé sur son mur suivant le sens de la pesanteur*. La théorie de Schmidt s'applique beaucoup plus exactement encore aux failles du terrain houiller, qu'aux filons croiseurs des terrains métallifères. Que l'on examine, en effet, les nombreuses failles qui découpent la couche du Monceau (Pl. XIV), et l'on sera frappé de les trouver toutes conformes à cette règle. Dans le bassin de la Loire, les failles à grands rejets, dont quelques-unes sont indiquées dans la coupe (Pl. XI), obéissent à la même loi.

Cette prédominance d'une disposition dans laquelle on reconnaît l'action de la pesanteur, doit sans doute être attribuée à une sorte de tassement des dépôts, brisés par une force de compression qui avait dépassé les limites nécessaires à l'équilibre superficiel. En effet, lorsque la force de pression brisa ainsi les roches, elle dut dépasser le but, c'est-à-dire comprimer le terrain plus qu'il n'était nécessaire, et occasionna probablement ce glissement général des fragments fracturés sur le mur des failles.

Cette disposition n'est cependant pas absolue, et il est naturel d'y trouver des exceptions, quoiqu'elles soient plus rares que dans les filons métallifères. Nous en trouverons plusieurs exemples dans le bassin houiller du nord de la France et de la Belgique. Le grand bassin houiller du Nord est peu sujet aux failles; la malléabilité avec laquelle les couches se sont prêtées aux ploiements multipliés qui les ont affectées, semble avoir exclu les grandes failles dans les régions de Valenciennes, Mons et Charleroi. Ce n'est que dans le pays de Liége, plus accidenté que les régions de l'Ouest, que l'on a observé des failles importantes, espèce de filons croiseurs remplis de débris de toutes sortes, et dont les mineurs évitent avec soin le voisinage; car, outre qu'ils interrompent et rejettent les couches, ils servent de conduits souterrains à des quantités d'eau considérables. Mais, à défaut de ces grandes failles, les régions de l'Ouest en présentent beaucoup de petites, parmi lesquelles nous trouverions autant d'exemples contre la théorie qu'il y en a de conformes.

L'exploitation de la grande veine de Vicoigne a mis en évidence plusieurs failles contre la théorie, c'est-à-dire dans lesquelles le toit avait remonté sur le mur, et nous devons à M. de Bracquemont les détails suivants, qui définissent exactement l'allure de plusieurs de ces failles. Le plan ci-joint (Pl. IX) représente une partie du champ d'exploitation de la Grande-Veine, de Vicoigne, sillonné

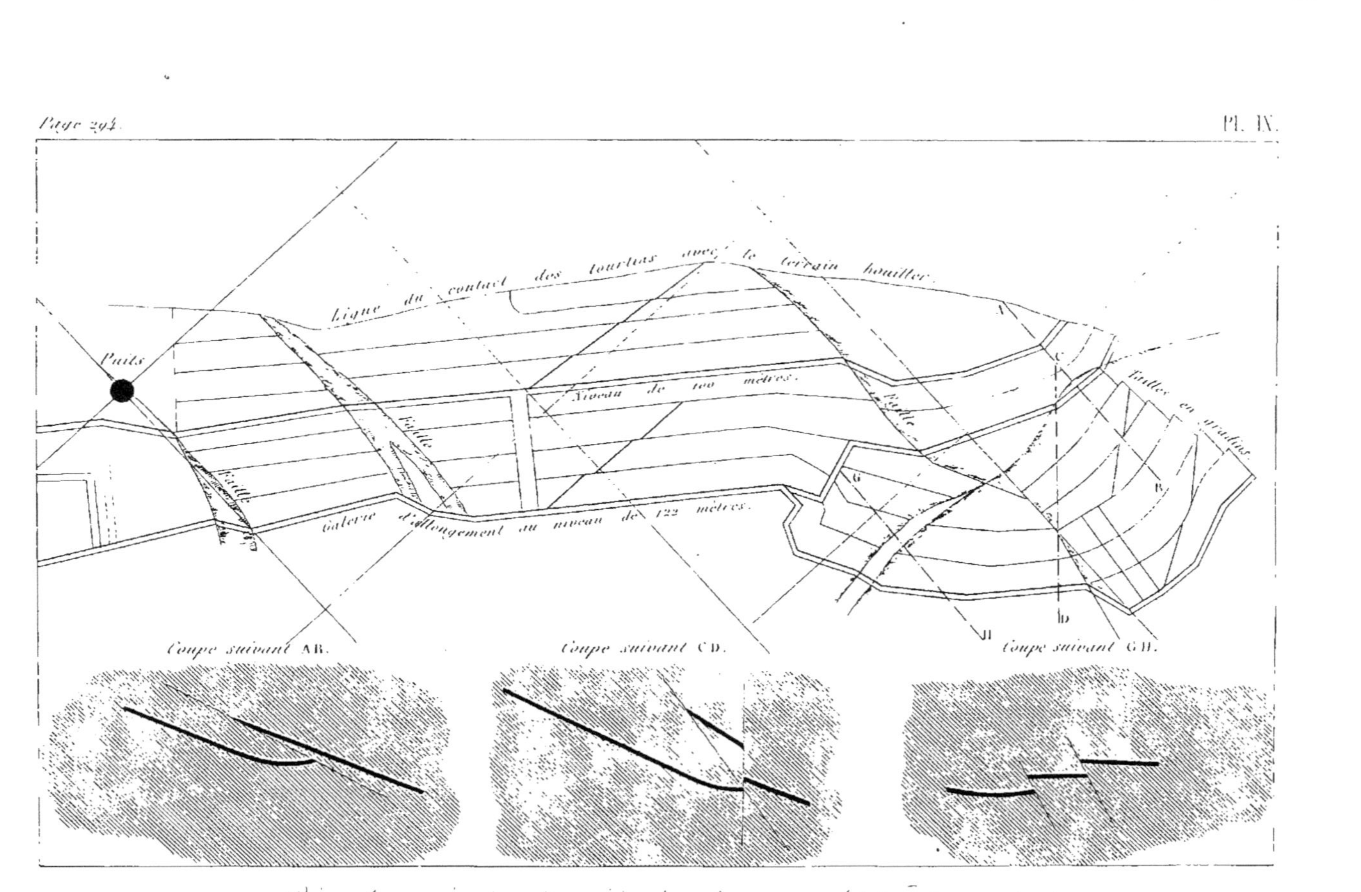

Plan d'un chantier d'exploitation des mines de l'Avergne — Nord.

par plusieurs failles secondaires. Ce champ d'exploitation, compris entre les niveaux de 100 et 122 mètres, est défini par deux galeries d'allongement qui suivent les inflexions de la couche et sont légèrement déviées par les failles LM, IK, ON; la déviation des galeries indique l'importance des rejets qui ont lieu, les uns suivant la théorie, les autres en sens inverse, ainsi qu'il est indiqué par les coupes jointes au plan.

On voit, d'après la coupe faite suivant la ligne AB, que la faille est oblique et que la couche a remonté d'environ 15 mètres sur le mur, en se doublant sur elle-même. La coupe suivant la ligne CD démontre que le même mouvement se soutient; la couche infléchie a été de même brisée et relevée; mais la seconde faille, qui est presque verticale, a presque ramené le prolongement de la couche à sa première position, en laissant une portion isolée dans la partie supérieure. Le plan de la faille devient moins oblique à mesure qu'on s'avance vers l'ouest, et, dans la coupe faite suivant la ligne GH, on reconnaît qu'il s'est bifurqué. Souvent, en effet, les failles sont, comme les couches, des plans très gauches.

Le front d'exploitation EF est disposé par gradins, et l'on voit, d'après les détails du plan, que ce front de gradins a parcouru la couche, sans que les rejets déterminés par les failles aient donné lieu à beaucoup de travaux supplémentaires.

Les failles contre la théorie ont généralement pour effet de doubler les couches sur elles-mêmes, suivant une zone dont la largeur est déterminée par l'inclinaison de leur plan et par l'intensité du rejet; mais il est rare que ces failles sortent des proportions secondaires. Une des plus importantes est celle qui a été reconnue dans le bassin de la Loire, par le puits Saint-Lazare, près Rive-de-Gier [1], puits qui a coupé deux fois les couches dites bâtardes, superposées par une faille oblique contraire à la théorie; le rejet dépassait 40 mètres.

La loi de Schmidt, quelle que soit son explication théorique, a donc une importance réelle pour les failles du terrain houiller. On a cherché quelquefois à changer son énoncé, en disant que le rejet avait lieu du côté de l'angle obtus, mais cet énoncé est très défectueux, en ce sens qu'il ne s'applique guère qu'aux couches dont l'inclinaison est très faible. Lorsqu'une couche est fortement relevée, le rejet peut très bien avoir lieu dans le sens de l'angle aigu, et cependant être conforme à la théorie.

Dénudations postérieures aux accidents des dépôts houillers.

Lorsqu'on parcourt la série des accidents qui peuvent se présenter dans les couches de houille, on comprend les difficultés qui en résultent dans les exploitations. Certaines parties des dépôts houillers ont, en effet, été tellement hachées et modifiées, que l'on a peine à y maintenir des travaux fructueux, quoique d'ailleurs la houille y soit assez

[1] Notice géologique sur le bassin de Rive-de-Gier, par M. Meugy, *Annales des Mines*, 2ᵉ série, tome VII.

abondante. Il nous reste cependant à mentionner une classe d'accidents qui compliquent encore beaucoup les allures des couches; ce sont les *dénudations* postérieures aux ploiements, failles, etc.

Ces dénudations résultent de toutes les actions érosives qui ont pu s'exercer sur les surfaces houillères; elles ont porté principalement sur les portions que les accidents avaient le plus mis en relief. Ainsi, la surface des terrains houillers du Nord a dû être singulièrement inégale aussitôt après le ploiement énergique du terrain, mais des courants d'eau ont rasé cette surface, et enlevé les parties les plus saillantes, de telle sorte qu'aujourd'hui le terrain houiller, s'il était mis à découvert, ne serait pas beaucoup plus accidenté que la craie qui lui est superposée.

C'est surtout quand les dépôts houillers sont restés à découvert, qu'on peut apprécier les profondes modifications apportées par les dénudations; l'action érosive des eaux y a creusé des vallées, a emporté des collines entières; de telle sorte, qu'on cherche vainement à relier, par la pensée, les diverses parties qui restent, celles qui établissaient le raccordement étant ou supprimées ou profondément altérées.

Une coupe prise au-dessus de Saint-Chamond (fig. 41), en travers des exploitations dites du Château, nous fournira un exemple des problèmes auxquels donne lieu ce genre d'accidents.

Les couches forment sur le plateau, derrière le château de Saint-Chamond, un bassin isolé très bien défini par l'exploitation. Ces couches ont été ensuite reployées vers le

sud-est, de manière à reprendre l'allure générale du fond
de bateau principal ; mais le pli supérieur qui devait rendre
ce mouvement évident a disparu par les effets de dénuda-

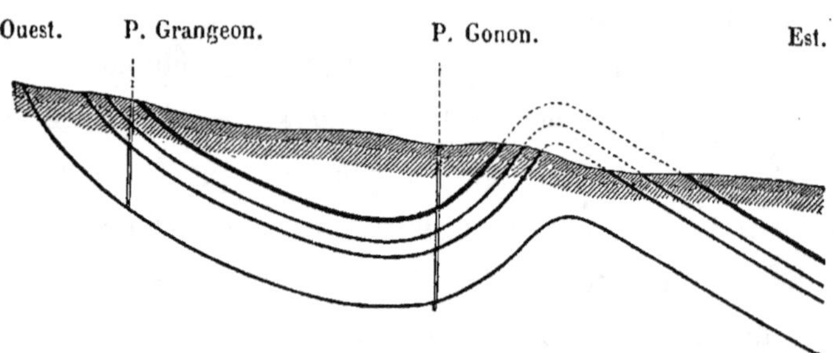

Fig. 41. — Coupe verticale des couches du château près Saint-Chamond (Loire).

tions postérieures, de telle sorte que les couches sont bien
indiquées vers l'est par une reprise des affleurements et
même par des travaux, mais sans que l'on ait pu encore
en établir l'équivalence et la continuité.

Une coupe ainsi faite sur une petite échelle, et pour indiquer les conditions générales de l'allure des couches, ne
peut, en effet, retracer les difficultés de toute nature qui
s'opposent à la vérification nécessaire pour établir l'équivalence des couches de chaque côté de la dénudation ; ces
difficultés sont nombreuses, car, indépendamment des
failles qui divisent le terrain, des renflements, étranglements et crains qui transforment les puissances, on rencontre encore une foule d'obstacles superficiels, tels que
les cultures, les constructions, et notamment celles de la
ville de Saint-Chamond, qui se trouve bâtie sur les affleurements du pendage de l'est.

Les séries d'affleurements formés par les couches, soit

sur les lisières des bassins, soit dans l'intérieur, où elles ont été ramenées au jour par l'effet de failles ou de plis dénudés, seraient presque toujours des lignes droites plus ou moins continues, si le terrain était un plan à peu près horizontal. Mais les vallées creusées par l'érosion, les collines arrondies et modelées par les eaux, ont singulièrement modifié cette disposition des affleurements. Que l'on suppose, par exemple, un affleurement en ligne droite et suivant la direction d'un bassin, traversé perpendiculairement par une vallée d'érosion ; la ligne s'infléchira et se courbera en forme de fer à cheval : la vallée de la Ricamarie (Pl. XVII) offre, sur une grande échelle, un exemple de cette disposition, qui se répète pour les plus petits vallons. Lorsque les érosions ont été assez énergiques pour isoler complétement un massif en forme de témoin arrondi, les affleurements contournent ce massif et forment des séries de courbes convexes, comme il en existe autour de la colline du bois d'Aveize, près Saint-Étienne (Pl. XV).

Dans les contrées où les couches de houille ont été peu accidentées, comme dans le pays de Galles, en Angleterre, toutes les vallées présentent ainsi, sur les versants qui les encaissent, des lignes d'affleurements parallèles, onduleuses et festonnées, presque identiques aux horizontales géométriques dont on fait usage dans la topographie.

Les lignes d'affleurement ne suffisent pas pour définir l'allure des couches, si l'on ne joint au tracé de ces lignes superficielles celui des lignes souterraines qui sont fournies par les plans de mines. Les principales galeries des exploitations sont les galeries horizontales ouvertes suivant la direction des couches, dites galeries d'allongement. Ces galeries, espacées de 15 à 20 mètres, suivent tous les contours de l'allure de la couche à chaque niveau, et représentent en réalité des sections horizontales qui permettent d'en tracer le plan et les coupes. Ces tracés, constamment employés dans l'étude des bassins houillers, réunissent ainsi toutes les données obtenues par l'exploitation géologique des surfaces, et celles qui peuvent résulter de l'examen des travaux souterrains.

Allure générale des dépôts dans un bassin houiller.

L'étude des accidents des couches est généralement une étude de détail, qui n'embrasse qu'une certaine partie de la surface d'un bassin, et dont l'application presque constante est de rechercher le prolongement d'une couche interrompue ; elle conduit à réunir toutes les données nécessaires pour tracer l'allure probable d'un faisceau de couches dans un champ plus ou moins vaste. Ce tracé local suffit à la plupart des exploitants qui n'ont qu'un intérêt secondaire à s'occuper des parties situées en dehors de leurs concessions, mais il est insuffisant au point de vue des géologues, dont le but principal est, au contraire, d'explorer l'ensemble des bassins, d'y établir toute la série des couches combustibles, de déterminer les caractères de chacune d'elles, d'évaluer leur allure et étendue probable ; enfin d'inventorier, en quelque sorte, les richesses houillères d'un bassin, en y définissant la position des couches.

S'il fallait, pour arriver à cette connaissance de la construction et de la composition souterraine des dépôts, suivre chaque couche pas à pas, en mesurer les directions, inclinaisons et puissances dans toutes leurs variations, on n'arriverait à connaître ces dépôts qu'après les avoir parcourus par des travaux dans toute leur étendue, c'est-à-dire lorsque l'exploitation en serait bien avancée. Il n'y aurait donc plus de problèmes à résoudre, et les appréciations géologiques n'étant plus que la constatation des faits auraient perdu leur intérêt et leur importance. Ce qu'il faut, au contraire, c'est prévoir l'inconnu d'après ce qui est connu, calculer les chances, les probabilités, et poser ainsi des bases pour les travaux souterrains, aussi bien que pour les calculs économiques.

L'étude de l'ensemble d'un bassin se compose donc de l'examen successif et comparé de toutes les portions sur lesquelles on a pu rassembler les observations fournies par la surface et les travaux souterrains ; si l'on ne peut suivre les dépôts d'une extrémité à l'autre du bassin, on compare la série des roches et des couches combustibles de chaque champ d'observation, et l'on établit leur correspondance et l'allure présumée de leur continuité. Dans ces comparaisons, on s'attache surtout aux couches de houille les mieux connues, et l'on en précise les caractères, de manière à en reconnaître toutes les portions qui auraient été isolées par des accidents ou par des lacunes inexplorées.

Une couche s'individualise : 1° par la puissance et les

détails de sa stratification c'est-à-dire par le nombre et la position des bancs de schistes qui peuvent s'y trouver; 2° par le caractère minéralogique de la houille, sa structure, sa qualité, et par la composition des cendres qu'elle laisse après la combustion; 3° par la nature des roches qui forment le toit et le mur, et par les distances qui la séparent des autres couches connues; 4° par les débris végétaux qui se trouvent dans cet ensemble de roches.

Mais, quel que soit le soin avec lequel on a étudié tous ces caractères d'une couche, il arrive bien souvent qu'on ne peut la reconnaître à une distance de quelques kilomètres, lorsque sa continuité est interrompue par des accidents. Tous ces caractères peuvent en effet changer; une autre couche peut en présenter l'imitation, et le seul moyen incontestable d'établir l'équivalence de deux gîtes, est de suivre pas à pas la direction des couches, d'interpréter chaque accident qui peut en interrompre la stratification, et d'arriver ainsi, sur le sol où la question est posée, avec la seule preuve d'assimilation qui soit incontestable, la continuité.

A défaut du témoignage de la continuité, il vaut mieux prendre pour plan de repère, ou horizon géologique, les couches de grès et de schistes plutôt que les couches de houille; malgré leurs variations, ces roches sont, en réalité, plus stables dans leurs caractères minéralogiques que les couches de houille.

Citons quelques exemples : Dans le bassin belge, toutes les couches qui sont comprises dans une certaine épaisseur de terrain se ressemblent par leurs conditions de puissance, de qualité, de structure, et l'on ne peut établir, entre elles, de distinction réelle, qu'en comparant des épaisseurs assez éloignées les unes des autres. Pour arriver à classer les couches avec précision, en comparant les coupes des diverses exploitations, il a donc fallu prendre des horizons fixes, et c'est surtout dans les roches qu'on les cherché. Ainsi, la veine *Ayeurie*, qui sert de plan de repère dans tout le bassin de Charleroi, a été choisie parce qu'elle est recouverte par un banc de grès, compacte et lustré, de plus de 10 mètres d'épaisseur, et tellement dur à percer qu'il en résulte un caractère évident pour la couche sous-jacente.

Dans le bassin de la Loire, si l'on est resté si longtemps à discuter sur les assimilations des couches sans arriver à aucun résultat, c'est que l'on se bornait toujours à les comparer entre elles, abstraction faite des roches qui les accompagnent. Aussitôt que l'on s'est mis à étudier ces roches, on y a trouvé des horizons plus réels; les assises de *grès rouge* et celles du poudingue stéatiteux, que nous avons précédemment désigné sous le nom de *gore blanc*, ont servi à déterminer la structure réelle du bassin. Ces assises rocheuses ont l'avantage de constituer des affleurements résistants, souvent en saillies, et faciles à reconnaître; tandis que les affleurements des couches de houille sont, la plupart du temps, décomposés. C'est à cause de ces conditions de résistance, que, dans le bassin à lignites de la Provence, les mineurs ont adopté pour horizon géologique un petit banc de grès ferrugineux, très dur, appelé *barre rousse*.

La plupart de nos grands bassins houillers, et notamment ceux du Nord, de la Loire, du Gard, de l'Auvergne, ont pu être ainsi divisés en plusieurs étages superposés, en profitant non-seulement des roches bien caractérisées qui forment des divisions bien nettes, mais aussi de la grande puissance de certains dépôts arénacés, stériles, qui séparent les périodes où la végétation houillère a été plus active. Dans le bassin de la Loire, par exemple, 500 mètres de dépôts stériles séparent les couches inférieures, dites du système de Rive-de-Gier, des couches supérieures dites du système de Saint-Étienne, et cette puissante intercalation de dépôts arénacés constitue un véritable horizon, car, dans les épaisseurs qu'on peut appeler les faisceaux houillers, on parcourra rarement 50 à 60 mètres sans rencontrer une couche, comme le font voir les coupes du bois d'Aveize ou de la Ricamarie.

Quand le dépôt total est divisé en trois, quatre ou cinq étages, on suit sur le terrain, et l'on marque sur la carte leurs lignes de superposition. Ce travail permet de calculer l'étendue moyenne de chaque étage, étendue sujette à des variations considérables. En effet, les bassins houillers paraissent avoir été comblés par des dépôts décroissants, de telle sorte, que les derniers n'occupaient qu'une faible partie de la superficie du bassin. Cette loi de décroissance conduit à déterminer le point que nous avons appelé le *centre du bassin*, point pris à la surface qui correspond à la profondeur la plus grande qu'atteignent les inclinaisons, et à l'épaisseur maximum des dépôts superposés.

Le centre d'un bassin est déterminé par l'intersection de trois plans : le plan de la surface ; le plan d'ennoyage des plis transversaux en maîtresse allure ; le plan d'ennoyage des plis longitudinaux. Ce point de centre, pris à la surface, correspond ainsi au croisement des deux axes du bassin, axes qui sont eux-mêmes déterminés par l'intersection du plan de surface avec les deux plans des ennoyages en maîtresse allure.

. Si l'on considère la configuration du fond d'un bassin de dépôt, on voit qu'abstraction faite de toutes les irrégularités de détail, elle est déterminée par des plans ou versants qui encaissent quatre principaux thalwegs. Ces quatre thalwegs se croisent en un même point, qui est le point de profondeur maximum, et qui, joint au centre pris à la surface, détermine un troisième axe plus ou moins rapproché de la verticale.

La régularité de ces conditions théoriques de construction est plus ou moins altérée en fait, mais on peut cependant la retrouver dans un grand nombre de bassins houillers. Cette régularité est contrariée par les saillies et les anfractuosités que présentent les versants qui encaissent les bassins, et par les plis secondaires qui modifient les maîtresses allures ; mais ces irrégularités, comparables à celles que présentent les versants des vallées actuelles, n'empêchent pas de rapporter les diverses parties des bassins au type de la forme normale. Les altérations qui ren-

20

dent l'étude plus difficile sont celles qui ont été produites pendant la période des dépôts. Il a pu arriver, en effet, que pendant cette période les axes d'un bassin aient été déplacés, et que son centre ait varié; dès lors, ce bassin a présenté des configurations successives, dont les projections ne sont pas des figures semblables, et qui sont excentrées les unes par rapport aux autres.

Dans un bassin où les dépôts auraient été complétement réguliers, et symétriquement ployés, la disposition des couches serait des plus simples, et bien facile à déterminer par la seule étude de la surface. Les lignes d'affleurements formeraient des courbes fermées, concentriques, semblables entre elles, décroissantes, et se rapportant toutes à un même centre et aux deux mêmes axes. Mais lorsqu'il y a eu déplacement du centre et des axes, ce déplacement a découvert, d'un côté du bassin, une surface plus ou moins grande des dépôts inférieurs, tandis que, du côté opposé, ces mêmes dépôts ont été recouverts par les dépôts supérieurs. La continuité des lignes d'affleurements n'existe donc plus; et, tandis que, sur une lisière du bassin, ce sont les premiers dépôts effectués dont les affleurements imbriqués constituent le sol, sur la lisière opposée, ce sont les étages supérieurs. Chaque étage ainsi excentré a ses axes et son centre particulier, et les affleurements de l'étage supérieur peuvent seuls présenter des courbes fermées et complètes; enfin, les bassins décroissants, formés par les étages successifs, au lieu d'affecter des formes semblables, n'offrent plus dans leurs contours que des rapports plus ou moins éloignés.

Cubage des couches de houille.

Toutes les considérations que nous venons de développer, sur les accidents des couches de houille et sur les
conditions générales de leurs allures, expliquent de grandes
différences dans les cubages. Ainsi, lorsque, pour calculer
la houille contenue dans un bassin, on multiplie une évaluation de la surface par une moyenne de l'épaisseur totale
des couches réunies, on n'obtient nécessairement qu'un
résultat très incertain. Si l'on veut arriver à des chiffres
plus probables, il faut évaluer isolément chaque couche,
ou tout au moins chaque faisceau des couches réunies dans
le même étage et accidentées de la même manière ; puis
calculer la surface réelle couverte par ce dépôt, surface
toujours beaucoup moins étendue pour les étages supérieurs que pour les étages inférieurs. Il faut, en second lieu,
retrancher de cette surface les lacunes stériles, c'est-à-dire
les parties que le développement incomplet des couches ou
leur suppression rendent inexploitables, et, de plus, les
espaces occupés par les accidents tels que crains, failles ou
brouillage ; enfin, il convient encore déduire les parties,
souvent considérables, qui ont été soustraites par l'effet des
dénudations postérieures.

Un cubage ne peut donc être que la conclusion d'un travail graphique, comprenant la carte géologique du bassin,
avec le tracé détaillé des étages, et toutes les coupes transversales et longitudinales que l'on peut y joindre. Ce cubage, plus ou moins exact, suivant que le travail aura

été plus ou moins complet, devra, dans tous les cas, distinguer : 1° le charbon *certain*, résultant du calcul de toutes les parties reconnues et circonscrites par des travaux souterrains continus ; 2° le charbon *probable*, composé de la continuation des allures démontrées par des travaux sporadiques, tels que puits ou sondages ; 3° les charbons *hypothétiques*, calculés seulement d'après des données théoriques.

A ces éléments du calcul, il faut encore ajouter la distinction à faire entre les couches accessibles au développement naturel des moyens d'exploitation, et celles qui sont à des profondeurs telles qu'elles échappent aux procédés actuellement employés. On arrivera ainsi à reconnaître que les bassins les plus vastes, ceux qui présentent des ressources assurées pour une série de siècles, devront passer successivement par une série de conditions de plus en plus défavorables sous le rapport des frais d'exploitation.

En effet, lorsqu'on examine attentivement les documents graphiques qui ont été publiés sur les bassins les plus activement exploités, on reconnaît que les charbons enlevés jusqu'à présent sont ceux qui étaient le plus facilement accessibles, et que la tendance forcée des houillères de grand produit est de développer leurs travaux en profondeur. Les premières exploitations furent généralement pratiquées à ciel ouvert, mais aujourd'hui les travaux souterrains leur ont été substitués presque partout ; on ne trouve plus de ces carrières de charbon que dans les bassins dont les débouchés ont été entravés par des difficultés de transport, comme dans les bassins d'Aubin (Aveyron) et de Bezenet (Allier). Les couches des étages supérieurs qui occupent la partie centrale des bassins, et les relèvements latéraux des couches inférieures, sont le siége principal des exploitations actuelles; mais, chaque année, les travaux pénètrent de plus en plus dans l'aval pendage des couches, et, pour explorer les parties centrales, pour pénétrer dans les parties inférieures des thalwegs, il faudra descendre à des profondeurs dont ces travaux sont encore bien éloignés. A Saint-Étienne, il faudra aller à plus de mille mètres; à quinze cents dans le bassin belge, probablement à deux et trois mille dans le pays de Galles; or, les houillères les plus profondes n'ont aujourd'hui que cinq à six cents mètres. Sera-t-il possible d'atteindre de pareilles profondeurs, et de tirer tout le parti convenable des richesses houillères que la nature a accumulées dans ces bassins?

Ces approfondissements si considérables soulèvent les objections suivantes : 1.° l'accroissement de la température du sol, qui est d'un degré par 30 mètres et qui (la température moyenne étant supposée à 10°) conduirait, pour 1,000 mètres à 40 degrés, pour 1,500 mètres à 55, et pour 2,000 mètres de profondeur à 70 degrés de chaleur; 2° la difficulté d'extraire les matières et d'épuiser les eaux à de telles profondeurs, comme aussi d'y entretenir un aérage convenable; 3° enfin, celle d'y descendre journellement et d'en remonter une nombreuse population d'ouvriers.

Examinons chacune de ces objections; elles sont d'autant plus sérieuses que l'approfondissement des mines augmente avec une telle rapidité, qu'en vingt ans l'accroissement a atteint jusqu'à trois cents mètres dans certains districts houillers, et que l'avenir principal des exploitations n'est plus que dans la possibilité d'étendre les travaux en profondeur.

L'augmentation de la température des roches a, sans aucun doute, une action réelle sur celle de l'air qui circule dans les galeries et puits de mine; mais, lorsque l'aérage est suffisant, cette cause est peu à redouter : l'air froid qui entre dans les mines a promptement rafraîchi les parois, et, comme les roches sont de très mauvais conducteurs, elles peuvent à peine augmenter de quelques degrés la température de l'air ambiant. Les causes qui ne semblent, d'abord, qu'accessoires, telles que la combustion des lampes, la présence des ouvriers, l'échauffement naturel de la houille, ont une action bien plus énergique; aussi, quand on veut constater l'accroissement réel de température des roches, est-il nécessaire de mettre les thermomètres dans des trous de mine percés assez profondément; sans cette précaution, la température que l'on aurait mesurée en descendant dans un puits ne donnerait que le résultat des causes que nous venons d'énumérer. Ainsi, dans les mines d'Andreasberg au Harz, on descend jusqu'à 700 mètres environ, dans des travaux bien aérés, dont la température n'est guère différente de ce qu'elle est à 300 mètres; mais, si l'on descend à 800 mètres, au fond du puits le Samson qui est mal aéré, on éprouve une augmentation subite qui disparaîtrait sous l'influence d'un courant d'air bien établi. Au fond des mines d'Anzin, à 500 mètres de profondeur, la température n'est que de 25 degrés, malgré la grande activité qui y règne; tandis qu'à Montrambert, et dans beaucoup de mines de la Loire, la température de 35° est très fréquente dans des mines qui n'ont pas 200 mètres de profondeur, mais où l'aérage est incomplet. L'augmentation de température ne peut donc être un obstacle à des excavations de 1,500 et même 2,000 mètres, aujourd'hui que la condition d'un bon aérage mécanique est si facile à remplir.

Examinons les autres difficultés.

Les puits de 500 et 600 mètres, quoique encore exceptionnels, sont cependant assez nombreux dans les mines métalliques du Cornwall et du Harz, soit dans les houillères du nord de la France et de la Belgique, pour qu'on ait déjà cherché à y résoudre les problèmes de l'extraction et de l'épuisement. Pour le premier, la solution en a été trouvée dans une grande capacité donnée aux bennes, et dans la grande vitesse qu'on leur a imprimée. La capacité a été portée, en Belgique par exemple, à 20 hectolitres ou 1,600 kilogrammes de poids utile; la vitesse, à 2 et 3 mètres par seconde.

Mais si des machines de 60 ou 80 chevaux appliquées à l'extraction ont pu suffire pour des puits de 500 mètres, il n'en sera pas de même pour des puits de 800 et 1,000 mètres; car les moyens d'action pècheront alors par un détail important, l'emploi des câbles. Un câble belge, plat et de 0,16 de largeur, pèse 5 à 6 kilogrammes par mètre ; de telle sorte, qu'à la profondeur de 1,000 mètres, les parties supérieures, fatiguées par le poids des parties inférieures, seront exposées à des ruptures fréquentes. L'emploi des cordes en fil de fer est, il est vrai, un progrès précieux, mais pas assez complet pour qu'à des profondeurs doubles la question des câbles ne devienne un embarras réel.

Ces difficultés ne sont cependant pas telles qu'on ne puisse entrevoir, dans les systèmes d'extraction, des modifications qui y obvieraient. Ainsi, on a proposé l'application d'un système pneumatique, comparable au système des chemins de fer atmosphériques, application qui réussirait certainement ; mais il est, en tous cas, un moyen de lever tous les obstacles, ce serait de fractionner l'extraction en deux relais par l'établissement d'une machine dans l'intérieur.

Le même moyen serait encore plus efficace pour l'extension des moyens d'épuisement. Si l'on suppose, en effet, le système actuel étendu à 800 ou 1,000 mètres de profondeur, il faudra établir des maîtresses tiges de longueur correspondante, ce qui conduirait à des masses énormes. Mais si l'on suppose les pompes établies à des étages successifs, recevant chacune un mouvement direct d'un cylindre spécial, ou bien même, si l'on fractionne le système actuel de tiges par le moyen d'une ou deux machines intermédiaires, on aura évidemment résolu le problème. Ce fractionnement se prêtera d'autant mieux aux conditions de l'épuisement, que les étages supérieurs des mines fournissent généralement plus d'eau que les étages inférieurs.

On s'effrayait beaucoup, il y a quelques années, de l'emploi des machines dans l'intérieur des mines; mais si l'on considère que les chaudières peuvent être toujours maintenues au jour, ou dans les travaux supérieurs (les tuyaux qui portent la vapeur pouvant avoir sans inconvénient une très grande longueur), on ne verra plus dans cette simplification qu'une innovation sans danger. Il existe d'ailleurs, à Blanzy par exemple, des machines d'épuisement établies d'une manière complète dans l'intérieur des mines.

Reste la question relative à la descente et à la remonte des ouvriers. Elle a été en partie résolue dans les mines du Harz, du Cornwall et de la Belgique. Au Harz, les travaux du Samson ont atteint 800 mètres de profondeur et se poursuivent toujours. Une machine, composée de deux échelles à mouvement alternatif [1], permet aux ouvriers de remonter sans fatigue du niveau de 500 mètres. M. Varocquier a perfectionné l'appareil allemand par une application très heureuse qu'il en a faite aux mines de houille de

---

[1] La description de cette machine se trouve aujourd'hui dans tous les ouvrages relatifs à l'exploitation. Ces deux échelles sont attachées aux extrémités d'un même balancier, et assez rapprochées pour qu'on puisse passer facilement de l'une à l'autre. Dès lors, quand une des échelles est en haut de sa course, l'autre est en bas, et un mineur, supposé placé sur la première et passant sur la seconde, sera enlevé de la longueur de la course. Repassant sur l'autre, il fera une nouvelle ascension, et ainsi de suite, il sera élevé au jour sans qu'il ait d'autre exercice à faire que de passer horizontalement d'une échelle à l'autre.

Mariemont près Charleroi. Ces appareils sont donc usuels, bien que très rares encore; ils résolvent le problème, car les mines d'Anzin, qui atteignent aujourd'hui 500 mètres de profondeur, pourraient exploiter à 1,000 mètres de profondeur, sans fatigues ou pertes de temps nouvelles, avec un appareil de 500 mètres de portée.

Depuis deux ans, M. Mehu a établi près d'Anzin (fosse Davy) un appareil à mouvement alternatif, qui sert, à la fois, à remonter les wagons pleins et à descendre les vides. Cet appareil, qui a résolu à la fois le problème d'une extraction très active et d'une circulation facile des ouvriers, devient une nouvelle facilité pour l'approfondissement des exploitations.

En conservant d'ailleurs les échelles fixes, ne peut-on pas organiser, dans l'intérieur des mines, des logements d'ouvriers qui permettraient à ceux-ci de ne remonter au jour que deux fois par semaine. On s'effraye de cette condition comme d'une chose pénible; mais l'ouvrier qui descend avant le jour et remonte lorsqu'il fait nuit ne se fatigue-t-il pas inutilement ?

En résumé, toutes les difficultés des exploitations ont été résolues, à mesure qu'elles se sont présentées, de manière à démontrer que l'approfondissement peut encore atteindre des niveaux bien inférieurs à ceux de 400, 500 et 600 mètres; et l'on peut affirmer que les profondeurs de 800 et 1,000 mètres pourraient être attaquées dès à présent. Mais il ne faut pas se dissimuler que ces conditions d'une grande profondeur seront très onéreuses aux exploitations qui devront appliquer à leurs travaux préparatoires et à leur matériel un capital toujours croissant; les recherches surtout seront entravées à tel point que la valeur des gîtes connus deviendra beaucoup plus considérable. Ainsi, dans le bassin de la Loire, un gîte, situé à 200 mètres de profondeur, peut être recherché et atteint en deux ou trois années avec une dépense de 60 à 80,000 francs, y compris le matériel; à 600 mètres, un puits d'extraction bien organisé représente au moins six ou sept années de travail et 500,000 francs de dépense. On ne se hasardera donc pas à entreprendre un pareil travail sans avoir des données presque certaines sur l'existence d'un gîte, tandis qu'aujourd'hui des puits de 100 à 200 mètres sont exécutés journellement, et dans le seul but de reconnaître le terrain.

L'appréciation de la profondeur des mines est donc un élément essentiel dans l'étude des diverses parties d'un bassin houiller, et cette digression nous servira d'introduction naturelle pour l'étude des parties de ces bassins qui ont été recouvertes par les dépôts postérieurs et se trouvent enfouies sous des épaisseurs considérables de *morts terrains*.

CHAPITRE V

DÉPOTS HOUILLERS RECOUVERTS PAR LES TERRAINS SECONDAIRES OU TERTIAIRES.

Situation des bassins houillers relativement aux terrains secondaires et tertiaires. — Relations des lignes géologiques qui limitent les bassins avec les crêtes de partage et les thalwegs des vallées; avec les lignes géologiques indiquées par la superposition des terrains postérieurs. — Bassins houillers recouverts par des dépôts concentriques. — Bassin de Brassac; il se prolonge au-dessous des terrains tertiaires jusqu'à Vieille-Brioude. — Bassin de Blanzy et du Creuzot (Saône-et-Loire); sa continuité au-dessous des terrains superposés du trias; son extension vers le sud-ouest et le nord-est. — Bassin de la Vendée; réunion probable des dépôts houillers de Faymoreau et de Chantonnay, au-dessous des terrains jurassiques. — Extension des bassins de la Corrèze et de l'Aveyron au-dessous des dépôts du trias et des calcaires jurassiques. — Bassin du Gard; il s'étend, à des distances inconnues, sous les terrains secondaires et tertiaires qui le limitent au sud et à l'est. — Bassin de Sarrebruck, son extension au delà de la frontière de France, dessous le grès des Vosges. — Bassin Belge, son prolongement à l'ouest sous les terrains crétacés de Valenciennes, Douay, etc.; travaux successifs qui ont permis de tracer approximativement les limites souterraines du terrain houiller. — Recherches du terrain houiller au-dessous des terrains secondaires ou tertiaires, sans indices directs.

Les terrains de transition qui formaient les surfaces émergées au-dessus des mers de la période houillère, devaient présenter des contours bien différents de ceux des continents actuels. Ces terrains émergés ne résultaient, en effet, que de deux systèmes de soulèvements principaux, le système du Hundsruck, dirigé de l'ouest-35°-sud à l'est-35°-nord; et le système des ballons des Vosges, dirigé de l'ouest-15°-nord à l'est-15°-sud. Ce petit nombre de soulèvements avait nécessairement donné aux massifs émergés une grande simplicité de formes; les côtes et les vallées devaient présenter une continuité de lignes qui n'existe plus aujourd'hui.

Les terrains houillers déposés, soit dans les anfractuosités et les lagunes littorales, soit dans les vallées intérieures de ces massifs, doivent nécessairement réfléter une partie des configurations continentales de cette période.

Nous avons insisté, dans un des chapitres précédents, sur la disposition des bassins houillers autour des principaux massifs de transition, disposition véritablement littorale qui rappelle celle des grandes tourbières de l'époque actuelle; nous avons également signalé les formes toutes particulières de certains bassins, dont les zones, étroites et prolongées, indiquent l'existence de rivages linéaires et de sinus plus longs et plus réguliers qu'aucun de ceux que nous présentent les cartes de nos continents, tandis que d'autres figurent des lacs isolés et étagés dans les vallées intérieures des massifs. Or, les principales lignes de l'époque houillère qui nous sont ainsi retracées se rapportent assez exactement aux lignes indiquées par la théorie des soulèvements.

Ainsi, nous retrouvons la direction du système du Hundsruck marquée par les grands axes du bassin belge, depuis Liége jusqu'à Valenciennes, direction qui, du côté de l'est, se prolonge jusqu'à Eschweiler, et se retrouve à Essen et Mulheim, dans le bassin de la Ruhr. Cette ligne, de 400 kilomètres de longueur, devait être encaissée par deux zones émergées, et former un long sinus parcouru par les eaux continentales, mais dans lequel les eaux de la mer ont souvent pénétré.

Cette direction du Hundsruck est encore reproduite par celle du grand axe du bassin de Sarrebruck, par la direction du bassin de Saint-Étienne et de Rive-de-Gier, par celle du bassin du Creuzot et de Blanzy.

La direction du système des ballons des Vosges nous est indiquée par l'axe du bassin anthraxifère de la basse Loire, zone longue et étroite, dont les dépôts ont dû remplir une vallée d'embouchure, d'une forme analogue à celle du bassin belge. Elle est encore tracée d'une manière très précise, par la succession des bassins de l'Aveyron, de Brives et de Juillac, de la Vendée et de Quimper, longue ligne littorale dont fait partie la direction du bocage vendéen [1].

Situation des bassins houillers relativement aux terrains secondaires et tertiaires.

Cette position des bassins houillers principaux sur les contours des grandes îles de transition, a souvent facilité leur recouvrement par des terrains postérieurs secondaires

---

[1] La carte de la période carbonifère a été tracée par M. Élie de Beaumont et reproduite dans le *Traité de géologie* de M. Beudant.

et tertiaires ; de telle sorte que ces bassins peuvent se présenter dans trois conditions bien différentes : soit qu'ils se trouvent encore assez complétement découverts pour que l'on puisse suivre tous les contours de leur encaissement dans le terrain de transition, et en parcourir la surface dans tous les sens ; soit qu'ils aient été recouverts sur une partie plus ou moins grande de leur étendue ; soit, enfin, qu'ils aient été complétement enfouis sous les dépôts secondaires ou tertiaires, sans qu'aucun indice de la surface trahisse leur existence sous-jacente.

Les bassins assez découverts pour qu'on puisse suivre leurs contours ne sont pas très nombreux, et nous ne pouvons guère citer en France que le bassin anthraxifère de la basse Loire, le bassin houiller de la Loire, celui de Gressessac, et surtout les petits bassins clairsemés dans l'intérieur des massifs de transition, tels que le bassin de Quimper, et ceux qui, sur le plateau central, se succèdent depuis Mauriac jusqu'à Montaigu.

Les grands bassins, situés sur la lisière des massifs de transition, et, par conséquent, sur le littoral des mers secondaires et tertiaires, ont presque tous été en partie recouverts par les dépôts qui se sont formés dans ces mers. Le bassin belge et celui de Sarrebruck au nord ; ceux de Brassac, de l'Aveyron, de Saône-et-Loire, du Gard et de Roujan, dans le centre et le midi ; à l'ouest ceux de la Vendée et de Littry ; à l'est celui de Ronchamps, ne sont connus que sur une portion de leur surface, le reste étant engagé sous les terrains postérieurs.

Quant aux bassins qui auraient été complétement enfouis sous les dépôts secondaires, sans qu'aucune partie découverte ait révélé son existence, ou n'en connaît aucun ; il est cependant probable qu'il en existe ; mais les travaux qui auraient pour but de pareilles recherches sont trop incertains pour qu'on les entreprenne, alors que beaucoup de surfaces houillères reconnues restent encore inexplorées.

Les questions géologiques peuvent donc être posées dans les trois hypothèses suivantes : 1° l'exploration directe d'une surface houillère découverte ; 2° l'exploration par travaux souterrains d'une surface recouverte, mais dont l'existence est indiquée par des indices superficiels ; 3° enfin le calcul purement hypothétique du résultat possible de recherches faites *à priori* sous les terrains secondaires, et sans aucun indice.

Tout ce qui a été dit dans les chapitres précédents répond à la première de ces hypothèses, celle de l'exploration directe d'une surface houillère restée à découvert. Cependant, malgré les circonstances toutes favorables que présente l'étude de ces surfaces, il s'en faut que toutes les questions relatives à l'allure et à la recherche des couches y soient résolues ; les bassins les plus exploités réservent encore des problèmes importants pour les travaux de l'avenir, et, à côté des parties les plus productives, il reste encore des étendues et des épaisseurs considérables à explorer. Ainsi, dans le bassin de la Loire, le terrain houiller est inconnu sur plus de la moitié de son épaisseur moyenne, et plus d'un tiers de la surface a été l'objet de travaux si insignifiants, qu'on peut le considérer comme inexploré. Dans le bassin du Gard, les travaux n'embrassent qu'une partie des terrains occupés par les concessions de la Grand'-Combe, tandis que les parties non moins importantes de Bessège, de Rochebelle, etc., sont à peine en produit. La portion mise en valeur dans les bassins de l'Aveyron, de Saône-et-Loire, de l'Allier, etc., est encore moins considérable, eu égard à l'étendue des surfaces houillères.

Il peut donc paraître extraordinaire que l'on se soit déjà occupé de poursuivre les terrains houillers sous les dépôts secondaires et tertiaires, lorsque tant de terrains découverts restent improductifs ; mais ce fait s'explique facilement lorsqu'on vient à considérer la position des houillères relativement aux lieux de consommation. La houille qui a parcouru 20 myriamètres sur les rivières ou canaux, 15 myriamètres sur chemins de fer, 5 myriamètres par voie de terre, a généralement plus que doublé de valeur. Il en résulte que, pour alimenter les principaux centres de consommation, il y a un grand intérêt à chercher, même à très grands frais, le terrain houiller au-dessous des dépôts secondaires ou tertiaires.

Dans les bassins étendus et riches en couches combustibles, le coût d'un myriamètre de parcours suffit pour condamner à l'inaction des gîtes houillers très puissants. Il y a donc, dans un même bassin, des parties qui sont forcées de limiter leurs extractions, d'autres qui ne peuvent rien extraire, tandis que dans quelques autres l'exploitation est poussée avec toute l'activité possible. Cet équilibre ne s'établit dans chaque bassin que pour les qualités semblables, car il existe des houilles, hors ligne, qui peuvent supporter des frais de transports plus considérables.

Ces avantages d'une bonne position géographique ont naturellement conduit à poursuivre le terrain houiller sous les terrains postérieurs qui le recouvrent. Les exploitations, une fois engagées dans ces parties recouvertes, se sont éloignées de plus en plus de celles qui se trouvaient à la surface, et l'on est arrivé, dans plusieurs localités, à foncer des puits sur les terrains secondaires ou tertiaires, et à des distances considérables des affleurements houillers, avec la certitude de rencontrer, à une certaine profondeur, le prolongement souterrain de ces affleurements. C'est ainsi que, dans le département du Nord, on a commencé les recherches sous les territoires de Fresne et Vieux-Condé, avant d'arriver à Anzin ; qu'on s'est ensuite engagé de plus en plus vers l'ouest, à Denain, Aniche, et jusqu'au delà de Douai, à plus de 60 kilomètres des affleurements qui se trouvent sur le territoire belge.

Ces recherches ont entraîné des dépenses considérables, mais elles étaient justifiées par une grande consommation locale, et, à mesure que les besoins industriels se développeront dans les autres parties de la France, les prolongements recouverts des bassins de Sarrebruck, de l'Auvergne, de l'Aveyron, du Gard, etc., offriront le même intérêt.

Il y a plus, dans certaines contrées qui ont un intérêt puissant à rechercher les combustibles, on a déjà posé la question de l'existence possible de la formation houillère, à son rang géognostique et au-dessous d'épaisseurs considérables de terrains secondaires. A Rouen, par exemple, on s'est occupé de réaliser cette idée de recherche, quoique l'on ait à traverser non plus seulement le terrain crétacé, mais aussi le terrain jurassique.

Nous consacrerons le chapitre suivant à l'examen des questions relatives à ces recherches des terrains houillers recouverts, en suivant l'ordre naturel des idées, c'est-à-dire en étudiant les problèmes des limites souterraines des bassins en partie recouverts, avant de nous occuper de ceux qui se rattachent aux recherches faites *à priori* et sans indices directs.

Relations des lignes houillères avec les lignes de faîte, les thalwegs et les lignes géologiques.

D'après ce qui a été dit dans le chapitre IV sur les conditions générales de forme et de structure des bassins houillers, nous pouvons d'abord poser ce principe, qu'il existe pour ces bassins une configuration complète et normale, indiquée, le plus souvent, par la disposition des affleurements. Ainsi, les affleurements des couches houillères ou des systèmes de roches pris pour horizons géognostiques doivent présenter des courbes fermées ; les épaisseurs des dépôts doivent décroître en se relevant vers les encaissements formés par le terrain de transition; enfin, en se dirigeant du centre des dépôts vers ces encaissements, on doit parcourir successivement les affleurements imbriqués des divers .

21.

étages, depuis les plus supérieurs jusqu'à ceux de la base.

Si, par exemple, on présentait comme un bassin complet et terminé un faisceau de couches coupé comme l'indique la section verticale (fig. 37), les objections déduites du principe précédent détruiraient évidemment cette hypothèse. Un terrain houiller ne peut se terminer ainsi, coupé verticalement en travers de la direction des couches et lorsque le système formé par ces couches est à son maximum d'épaisseur ; si donc, une superposition de dépôts supérieurs venait couper à la surface les affleurements d'un terrain houiller ainsi disposé, on en conclurait que ce terrain se prolonge souterrainement au-dessous des dépôts superficiels.

Une fois qu'il a été ainsi reconnu qu'un terrain houiller s'engage sous des dépôts postérieurs, il se présente une série de questions sur l'étendue souterraine de ce terrain houiller, sur la direction que doivent suivre les couches, sur la profondeur à laquelle elles s'enfoncent, sur les lignes qui doivent les limiter.

Les premières solutions de ces questions sont indiquées tant par le prolongement des lignes de direction et d'inclinaison déjà reconnues, que par les constructions auxquelles conduisent le régime ordinaire des allures, la position du centre et des axes du bassin ; en un mot, par le tracé des coupes. Ces données sont d'une application journalière, même sur les portions de terrain houiller restées à découvert. On ne connaît, il est vrai, sur ces surfaces découvertes, que des tronçons des lignes géologiques ; car les cours d'eau, les alluvions, les constructions, les cultures obligent constamment à supposer des continuations d'allure qu'on ne peut suivre ; mais si les coupes hypothétiques d'un bassin recouvert, faites d'après les parties explorées, sont d'autant plus incertaines que l'on s'éloigne davantage des repères, toujours est-il qu'elles fourniront, pour les recherches, une première indication.

On ne peut évidemment poser aucune règle absolue pour tracer les allures souterraines des terrains recouverts ; mais on peut indiquer quelques principes qui donnent aux études locales la direction la meilleure, et permettent d'utiliser tous les éléments qui peuvent aider au calcul des probabilités.

Ces probabilités résultent surtout de l'étude comparative des lignes géologiques, et des lignes que présente la configuration du sol.

Les surfaces houillères, si nettement caractérisées à l'époque de leur formation par leurs conditions d'horizontalité, devaient contraster d'une manière très précise avec les surfaces émergées et accidentées des contrées de transition. Ce contraste n'a pas toujours été complétement détruit par les révolutions postérieures, et l'on trouve encore des exemples nombreux de concordance entre la direction des couches d'un bassin et les crêtes de transition qui les encaissent. Souvent même cette concordance est rendue plus frappante par les soulèvements qui ont relevé et comprimé les dépôts houillers, et exagéré les saillies de l'encaissement des bassins. Il existe donc des rapports fréquents de parallélisme entre les crêtes ou lignes de faîte, formées par les terrains de transition, et les thalwegs des vallées qui sillonnent le sol houiller. Ces thalwegs coïncident souvent avec les ennoyages des plis principaux.

Les surfaces houillères sont généralement accidentées; mais ces accidents, moins prononcés que ceux des montagnes de transition qui les encaissent, permettent quelquefois d'embrasser l'étendue houillère et de présumer les limites de son encaissement. Ainsi, lorsqu'en descendant des montagnes du Morvan on arrive au débouché des vallées, dans la belle et vaste plaine d'Autun, l'observateur placé sur les derniers contreforts granitiques reconnaît l'existence d'un bassin géologique; il embrasse toute sa surface et pourrait en tracer les contours. Cette vaste plaine est, en effet, un bassin houiller, dont la partie centrale, recouverte par des alluvions, est à peine explorée, mais dont les relèvements latéraux sont bien connus par les exploitations d'Épinac, Sully, Chambois, Igornay, etc... Si un barrage venait mettre obstacle à l'écoulement naturel des eaux de cette large vallée qui forme aujourd'hui le bassin de réception de l'Arroux, l'exhaussement de ces eaux formerait évidemment un lac encaissé par les relèvements granitiques, et dont les contours auraient encore les plus grandes analogies de forme et d'étendue avec ceux de l'ancien bassin de la période houillère.

Nous avons retrouvé la même disposition dans le bassin houiller de Belmez en Andalousie. Ce bassin est encore aujourd'hui une plaine peu accidentée, encaissée par les crêtes parallèles et cambriennes de la Sierra-Morena et de la Sierra-de-Los-Santos. Lorsqu'au débouché des gorges d'Espiel, on entre dans cette plaine dont les ondulations disparaissent à côté du relief des roches de transition, il semble qu'on aborde le lit d'un lac récemment desséché. Cette ancienne plaine houillère constitue aujourd'hui le bassin de réception des premières eaux du Guadiato.

Le contraste est loin d'être toujours aussi frappant, et nous pouvons citer les surfaces houillères des bassins de Saint-Étienne et Rive-de-Gier, de Blanzy et du Creuzot, comme présentant des mouvements très prononcés. Toutefois, ces mouvements du sol houiller sont encore dominés, sur presque tout le littoral des bassins, par des sommités granitiques, d'un caractère plus abrupte; en montant sur une de ces sommités, le géologue, aidé de cette connaissance intime des roches qui les lui fait reconnaître même à de grandes distances, distingue encore les encaissemens granitiques et schisteux des dépôts houillers.

Le bassin de la Loire, bien que très accidenté, nous présente encore quelques exemples de ces concordances des lignes géologiques avec celles de la configuration du sol. Le soulèvement du Pilas a relevé brusquement les couches houillères sur toute la lisière sud-est, et, en suivant les contreforts qui encaissent le bassin, on trouve la lisière de contact toujours à peu près à la même altitude et parallèle aux crêtes encaissantes. Un de ces contreforts, plus saillant que les autres, coupe obliquement le bassin et détermine la ligne de faîte des versants du Rhône et de la Loire; si l'on examine, du haut de chacun de ces versants, les vallées qui sillonnent le sol houiller, on trouve encore des rapports frappants entre les directions de leurs thalwegs et celles des lignes qui limitent le bassin. Ainsi, depuis La Gourle jusque vers Tartaras, sur le versant du Rhône, la vallée du Gier coïncide précisément avec la ligne du fond de bateau, c'est-à-dire avec l'ennoyage principal des couches houillères. Sur l'autre versant, une série de vallons qui se rendent directement à la Loire marquent en quelque sorte la direction du grand axe du bassin, devenu trop large pour que le ploiement en fond de bateau soit bien prononcé. La vallée de Firminy et d'Unieux, placée au pied des relèvements du sud-est, indique parfaitement cette direction.

Ainsi donc il y a souvent une certaine harmonie entre les directions des vallées actuelles, et celles des vallées anciennes dans lesquelles ont été formés les dépôts houillers, et cette coïncidence peut aider à tracer des limites aujourd'hui masquées par les dépôts postérieurs.

Ces concordances du relief du sol conduisent à en rechercher d'autres entre les lignes géologiques des dépôts houillers et celles des dépôts supérieurs qui les ont recouverts. En effet, si l'on retrouve des analogies fréquentes entre les vallées de l'époque houillère et les vallées de l'époque actuelle, ces analogies ont dû exister d'une manière encore plus prononcée aux époques intermédiaires où les dépôts secondaires et tertiaires ont été formés.

Souvent les bassins houillers ainsi recouverts nous représentent les mêmes dépressions comblées à deux époques géologiques différentes. Il en résulte qu'il existe, entre les lignes de direction des dépôts houillers et celles des dépôts postérieurs, des parallélismes et des similitudes remarquables de configuration ; de telle sorte que la forme géographique des dépôts superficiels aide à déterminer celle des dépôts sous-jacents. Le bassin houiller de Blanzy et du Creuzot en grande partie recouvert par des dépôts appartenant à l'époque du trias ; le bassin de la Vendée dont la partie centrale est enfouie sous le terrain jurassique ; le bassin de Ronchamps presque entièrement caché par le grès rouge ; le bassin de Brassac en partie recouvert par des dépôts tertiaires, sont des exemples où les lignes géologiques, superficielles et apparentes, viennent au secours de l'interprétation des lignes souterraines et cachées.

Lorsque les bassins houillers, au lieu d'avoir été recouverts par des dépôts en partie concentriques, sont croisés transversalement par des directions perpendiculaires, les interprétations de leur régime souterrain, guidées seulement par les directions connues des couches houillères ou de leurs lignes d'encaissement, restent beaucoup plus incertaines. Tel est le cas du bassin belge, recouvert par les dépôts crétacés, et de celui de Sarrebruck, recouvert par les grès des Vosges ; ces bassins disparaissent sous les formations secondaires qui les croisent transversalement, et s'enfoncent au-dessous de leur surface à des profondeurs d'autant plus considérables qu'on s'éloigne davantage des lignes de recouvrement. Les parties recouvertes ne peuvent donc être explorées que de proche en proche, et avec des difficultés d'autant plus grandes, qu'un changement d'allure qui ne peut être prévu peut rendre beaucoup de travaux infructueux. Nous examinerons successivement, et d'après les exemples que nous présentent nos bassins, ces divers cas de recherches souterraines.

Bassin houiller de Brassac.

Le bassin houiller de Brassac, en Auvergne, nous fournit un premier exemple de l'application de ces principes.

Nous avons précédemment indiqué, page 92, la position de ce bassin dans la vallée de l'Allier : le sol houiller est à découvert depuis le confluent de l'Alagnon, où se montrent les premiers affleurements, jusqu'au delà de Sainte-Florine ; il a la forme d'une moitié d'ellipse, coupée perpendiculairement à son grand axe. Ce grand axe, dont l'extrémité est au village d'Auzat, se dirige vers le sud en se courbant parallèlement au cours de l'Allier et disparaît, à 10 kilomètres d'Auzat, sous les terrains tertiaires de Vergonghon.

Cette surface houillère, parsemée d'exploitations nombreuses a été étudiée avec le plus grand soin par M. Baudin[1], qui, le premier, a signalé la construction probable du bassin au-dessous des dépôts tertiaires. Cette continuation se trouve démontrée : 1° par la structure du bassin, 2° par la comparaison des lignes géologiques.

Les couches houillères déposées, puis comprimées, forment une série d'affleurements dont les inclinaisons accu-

---

[1] *Notice géologique sur le bassin de Brassac,* par M. Baudin. Clermont-Ferrand, 1836.

sent une allure en fond de bateau, et qui, abstraction faite des irrégularités de détail, dessinent à la surface une série de courbes en forme de fer à cheval, courbes décroissantes et rapportées à un centre commun qui tomberait vers les terrains tertiaires de Vergonghon. Si donc, on suit l'axe central, à partir d'Auzat, on voit se superposer successivement les affleurements imbriqués de la série des dépôts, série que M. Baudin a divisée en trois formations et six étages, ainsi qu'il résulte du tableau ci-joint où il a résumé toutes les données fournies par les diverses exploitations.

FORMATIONS	ÉPAISSEUR DES DÉPÔTS.	ÉTAGES.	LOCALITÉS DE LEUR DÉVELOPPEMENT	Nombre des couches de houille	ÉPAISSEURS moyennes des couches réunies de chaque étage.
Supérieure.	300ᵐ.	1ᵉʳ étage.	Le Feu, Bouxor, Megecoste, Lapenide, l'Orme, les Barthes, les Airs.	10	4ᵐ,50
		2ᵉ étage.	La Leuge, la Garenne de Frugères..	1	1ᵐ,00
Moyenne.	350ᵐ.	3ᵉ étage.	Les Lacs, Grosménil, les Gours, Fondary, Grigues et la Taupe.	5	5ᵐ,00
		4ᵉ étage.	Puy-Morin, Pradelpré, Armois, Chamas.	4	1ᵐ,50
Inférieure.	350ᵐ.	5ᵉ étage.	Ouest de la côte du Pin, près la Combelle.	1	0ᵐ,50
		6ᵉ étage.	Charbonnier, la Combelle, Auzat, Jumeaux, Solignat.	5	4ᵐ,00

Ces divers étages houillers, dont les plis en fond de bateau sont emboutis les uns dans les autres, ont couvert des surfaces décroissantes, et M. Baudin a évalué, pour la partie visible du bassin, la surface couverte par les couches de la formation inférieure à 35 kilomètres carrés; celle de la formation moyenne à 12 kilomètres, et celle de la formation supérieure à 4 kilomètres carrés.

La partie connue du bassin de Brassac se rapporte donc au type de construction le plus simple et le plus normal, et la position du centre des dépôts, très rapprochée de la ligne du contact des terrains tertiaires, est une première démonstration de la continuité souterraine du terrain. L'étude des lignes géologiques et de la configuration superficielle du bassin confirme cette démonstration ; elle peut conduire, en outre, à l'appréciation de la forme et de l'étendue de la partie cachée.

Le terrain houiller de Brassac est fortement accidenté, mais les inégalités qu'il présente ne sont plus que des détails lorsqu'on les observe d'une des sommités de son encaissement granitique; sommités qui les dépassent souvent de 500 mètres et au-delà. Que l'on gravisse, par exemple, la montagne dite le Suc d'Esteil, et, du haut de cet observatoire, le sol houiller paraît presque plan, aussi bien que le sol tertiaire qui lui succède. L'œil, suivant alors les encaissements granitiques, confond dans un même bassin le sol houiller et le sol tertiaire, et reconnaît, en quelque sorte, les contours d'une dépression comblée par les dépôts sédimentaires des deux époques différentes.

Les dépôts tertiaires forment, à la hauteur de Vergonghon, une ligne transversale et continue sous laquelle disparaît toute la largeur du terrain houiller ; mais des îlots clair-semés démontrent, en outre, que ces dépôts recouvraient autrefois une surface encore plus étendue vers le nord, et que c'est par l'effet d'érosions et de dénudations postérieures que la partie septentrionale a été mise à découvert. Cette partie septentrionale est, en effet, très ondulée par les érosions, et ces ondulations ont un rapport évident avec la composition du sol.

La grande masse porphyrique que nous avons citée comme insérée dans le plan de stratification du terrain houiller, se trouve immédiatement au-dessus de l'étage inférieur ; elle forme par conséquent, dans toute la concession dite de La Combelle, un affleurement continu en forme de fer à cheval. En vertu de leur résistance, ces porphyres, et les roches endurcies à leur contact, n'ont pu être entamés par les érosions qui ont sillonné et dénudé le sol, et ils constituent, en tête du bassin, une série semicirculaire de collines qui ont barré les cours d'eau de l'Allier et de l'Alagnon, et les ont rejetés sur les lisières latérales de l'encaissement granitique.

La concordance de toutes ces lignes permet de présumer celles qui forment les limites souterraines du terrain houiller au-dessous des dépôts tertiaires. Lorsque, en effet, ces lignes viennent à disparaître, celles des crêtes granitiques qui leur sont parallèles, et celles du contact des dépôts tertiaires sur les granites qui suivent la même direction, servent à jalonner les limites du bassin houiller. Du côté de l'est, la vallée de l'Allier, creusée dans le sol tertiaire, continue de marquer l'ancienne configuration du bassin, et, en remontant cette vallée jusqu'à la hauteur de Vieille-Brioude, on rencontre quelques lambeaux houillers qui se dégagent de dessous les dépôts tertiaires, et qui en indiquent les limites méridionales.

Ainsi, le bassin tertiaire qui a recouvert le bassin houiller était à la fois plus large et plus court, et les limites houillères doivent suivre parallèlement et à peu de distance les contacts du dépôt tertiaire avec le sol de transition. Quelques sondages suffiront pour déterminer de combien diffèrent les deux limites parallèles, et, d'après la construction du bassin, on saura d'avance qu'un puits placé vers le grand axe commun aux deux bassins rencontrera, au-dessous des dépôts tertiaires, l'étage houiller supérieur de Mégecoste, dont les houilles sont grasses et propres à la fabrication du coke ; tandis que des puits, placés vers les lisières latérales, devront recouper le système inférieur de la Combelle, caractérisé par les houilles maigres.

L'existence des relèvements du terrain houiller à l'extrémité méridionale du terrain tertiaire, au-delà de Vieille-Brioude, permet d'évaluer approximativement l'étendue de la partie recouverte. On voit que cette étendue est au moins de dix kilomètres en suivant le grand axe du bassin, et que la partie souterraine a, par conséquent, une importance aussi grande que la partie découverte. Le centre du bassin doit donc être placé aux environs de Vergonghon.

La réalité de ce prolongement du terrain houiller n'a pas été démontrée par les travaux souterrains, mais les preuves géologiques sont telles que le fait est aujourd'hui généralement admis.

Bassin de Blanzy et du Creuzot.

Le bassin de Blanzy et du Creuzot est situé dans le département de Saône-et-Loire, et traversé obliquement par la ligne de faîte qui sépare les versants de la Saône et de la Loire. Le terrain houiller est, en grande partie, recouvert par des dépôts secondaires qui laissent de l'incertitude sur la forme et l'étendue du bassin dans lequel il a été déposé.

La partie découverte de ce terrain constitue deux lignes d'affleurements parallèles, qui paraissent former les deux lisières longitudinales du bassin, dont toute la partie centrale aurait été recouverte par les dépôts du trias. Ces dépôts, composés de grès bigarrés et de marnes irisées, forment une zone de 8 à 12,000 mètres de large, qui sépare les affleurements houillers : les pendages dominants de ces affleurements tendent l'un vers l'autre, et conduisent naturellement à l'hypothèse d'un raccordement souterrain. Cette hypothèse est d'autant plus réelle, qu'en plusieurs points les travaux des mines se sont engagés sous le trias, et ont constaté l'existence sous-jacente du terrain houiller.

La forme du bassin est encore assez nettement dessinée par les encaissements granitiques qui dominent les affleurements latéraux. Si l'on monte, par exemple, sur les relèvements granitiques situés au-dessus de Saint-Bérain, de Montchanin, de Blanzy, etc., on saisit facilement les contours du bassin, qui, malgré les saillies et les inégalités des grès bigarrés de la partie centrale, représente encore aujourd'hui une dépression sensible, encaissée dans les terrains primordiaux. En suivant cet encaissement, on voit à ses pieds le terrain houiller indiqué par une série de travaux de recherche et d'exploitation, qui, depuis Saint-Léger jusqu'aux puits des Porrots, a plus de 40 kilomètres de longueur; plus loin, sur le second plan, la couleur rougeâtre du sol modelé en collines arrondies indique la superposition des grès bigarrés, et, plus loin encore, l'horizon est fermé par une série de collines plus élevées qui sont les versants granitiques des Écouchets, et ceux de la Marolle au-dessus du Creuzot. Ces versants se continuent au-dessus des relèvements houillers des Petits-Châteaux, de Pully, près Gueugnon, et de Beauchamp qui n'est plus qu'à 12 kilomètres de la Loire.

Si donc on réunit par la pensée ces deux lignes d'affleurements houillers, encore dominés par les granites, et dont les pendages principaux tendent l'un vers l'autre, on est conduit à admettre que ce bassin, de plus de 60 kilomètres de longueur, doit avoir été entièrement couvert par les terrains houillers, et que, postérieurement à leur dépôt, il a été encore comblé par des terrains secondaires.

On pourrait donc foncer un puits sur les grès bigarrés qui, du Creuzot à Montchanin, de Blanzy aux Petits-Châteaux, couvrent la partie centrale du bassin, avec la certitude de trouver les dépôts houillers sous-jacents. Mais, vers les limites extrêmes, on reste dans la plus grande indécision sur l'étendue possible de ces dépôts houillers. La disposition est, en effet, inverse de ce que nous l'avons vue pour le bassin Brassac, où les extrémités sont restées découvertes, tandis que les lisières longitudinales sont cachées; ici, au contraire, ce sont les lisières longitudinales qui affleurent au jour, tandis que les deux extrémités disparaissent sous la zone des dépôts triasiques; de sorte que le bassin dans lequel ces derniers dépôts ont été formés suivait le même grand axe, mais devait être plus étroit et plus long que le bassin houiller.

Il suffit d'examiner la carte (Pl. XIII), pour voir combien de problèmes peuvent être posés sur la continuité souterraine du terrain houiller, et combien les recherches doivent être incertaines vers les extrémités du nord-est et du sud-ouest. Au milieu de ces incertitudes, les données fournies par les lignes physiques ou géologiques de la surface deviennent d'un grand intérêt, car ce sont les seules bases sur lesquelles on puisse fonder quelques hypothèses.

Dans toute la partie connue, les limites du bassin présentent une concordance remarquable avec les lignes hydrographiques. Ainsi, la lisière du sud-est coïncide, dans presque tout son parcours, avec deux vallées dont les eaux, coulant en sens inverse, dessinent, en quelque sorte, sur une carte géographique, les contacts du granite et du terrain houiller. Ce sont les vallées de la Dheune et de la Bourbince; la première sur le versant de Saône, la seconde sur le versant de Loire. Ces deux vallées, réunies aux étangs de Longpendu, sur la ligne de faîte, forment une seule ligne, qui suit la direction des couches houillères depuis Saint-Bérain jusque vers Genelard et Perrecy-les-Forges.

Ce parallélisme des thalwegs principaux avec la direction des dépôts houillers, et, par suite, avec les lignes de contact de ces dépôts et des couches du trias, se trouve marqué, vers la lisière du nord-ouest, par des lignes moins continues, mais rendues assez précises par le relief du sol. Ainsi, l'Arroux, de Toulon à Gueugnon, se détourne de sa direction normale pour se jeter sur la ligne de contact du terrain houiller et du trias ; et de Montcenis à Couches, tous les vallons suivent la direction des couches houillères du Creuzot.

En interprétant toutes ces observations on arrive à conclure : 1° que partout où la superficie du sol est formée par le grès bigarré, il y a probabilité de l'existence sous-jacente du terrain houiller ; 2° que. vers le nord-est, les limites du bassin houiller doivent se trouver à peu près vers le point de disparition des grès houillers et bigarrés sous les calcaires jurassiques, cette limite étant indiquée par l'allure naturelle des lignes géologiques, par la disparition de l'encaissement granitique, et justifiée par l'état d'appauvrissement dans lequel on a trouvé les dépôts houillers à Charecey et dans tous les environs où des recherches ont été faites ; 3° que, vers le sud-ouest au contraire, le bassin houiller doit s'étendre, à la fois, sous les grès bigarrés et sous les calcaires jurassiques. Dans cette direction, l'extension du terrain houiller sous le grès bigarré est démontrée par les affleurements de Beauchamp, situés sur la lisière septentrionale, et par l'allure des couches qui y sont exploitées; quant à l'étendue de cette extension, on ne peut que présenter des hypothèses, aucun travail n'ayant été entrepris sur la lisière méridionale du bassin au delà de la concession des Porrots. On remarquera cependant, qu'au moment où la zone méridionale du terrain houiller disparaît sous les terrains secondaires près de Perrecy, la largeur du bassin, mesurée de Ciry à Pully, atteint son maximum; or, comme la lisière septentrionale se continue jusque vers la Loire, la lisière méridionale doit nécessairement la rejoindre depuis Perrecy, par une direction qui peut être prise, soit en joignant les derniers affleurements houillers des Porrots, au confluent de l'Arroux et de la Loire, soit en suivant la direction indiquée par la vallée de la Bourbince, qui descend vers Paray, puis s'infléchit vers l'ouest de manière à donner pour limite méridionale du bassin une ligne transversale d'environ 20 kilomètres de longueur.

Entre ces deux hypothèses, la différence est considérable. Nous pouvons regarder la première, qui bornerait à peu près l'étendue du bassin houiller à celle des grès bigarrés, comme un minimum assurant déjà au bassin une étendue de 60,000 hectares, minimum probablement dépassé. La seconde ajouterait environ 15,000 hectares ; elle a en sa faveur la continuation naturelle des lignes avec lesquelles les limites du bassin houiller concordent partout où elles sont connues. Ainsi, la vallée de la Bourbince se trouve, il est vrai, en partie dans le terrain jurassique, mais la crête granitique qui encaissait à la fois cette vallée et le terrain houiller se continue dans la même direction, en se maintenant un peu plus écartée. La continuation de ce mouvement du sol, indiquée par la Bourbince et l'Oudrache, tend à faire supposer que le bassin a une forme triangulaire analogue à celle du bassin de la Loire; mais plusieurs géologues, et M. Manès entre autres [1], ont été plus loin encore, et ont admis que le terrain houiller de Bert, qui se trouve à 25 kilomètres plus au sud, pourrait bien être le relèvement méridional de ce grand bassin. Cette dernière hypothèse, la plus large de toutes, supposerait au grand axe des dépôts plus de 80 kilomètres de longueur, et placerait ce bassin bien au dessus de tous ceux du centre de la France, sous le rapport de l'étendue.

En résumé, le régime souterrain du bassin se présente dans trois conditions dont la probabilité décroît à mesure que l'étendue se développe : la première donnant pour limites les lignes menées de Perrecy à Digoin et à Beauchamp; la seconde les lignes de Perrecy à Paray et de Paray à Digoin; la troisième de Perrecy à Paray et à Bert, et de Bert à Beauchamp.

Dans l'évaluation de la probabilité qu'offre chacune de ces hypothèses, il est un élément de calcul que nous avons employé pour le bassin de Brassac et dont nous ne pouvons

---

[1] *Mémoire sur les bassins houillers de Saône-et-Loire, par M. Manès, 1844.*

faire usage ici ; c'est la position du centre du bassin, déduite de l'allure générale et de la superposition des couches.

Le bassin de Blanzy est complétement inexploré dans la partie centrale ; on ne connaît, par conséquent, aucune coupe transversale qui puisse servir à en fixer le centre. De plus, l'allure des couches de ce bassin présente des conditions toutes particulières que nous étudierons dans un chapitre spécial, et qui n'ont pas encore permis de comparer entre eux même les gîtes connus sur une même lisière. Disons, cependant, que la partie centrale du bassin paraît devoir être placée à la hauteur du Monceau, seul point où les couches présentent, à la fois, le maximum de leurs conditions de puissance et de régularité.

Bassins de la Vendée et de la Corrèze.

Le bassin de la Vendée présente, sur une échelle plus petite, un exemple de continuité du terrain houiller au-dessous des calcaires jurassiques, continuité qui se trouve indiquée tant par l'allure de couches houillères, que par des concordances de lignes assez remarquables.

Nous avons précédemment indiqué la position des dépôts qui constituent ce bassin, et leur allure toute particulière en ce qu'ils forment une zone étroite de couches très inclinées sous un même pendage (fig. 35). Cette zone a près de 20 kilomètres de longueur, depuis Saint-Laurs, jusque par-delà Vouvant, où elle se perd sous les calcaires jurassiques.

Ces calcaires jurassiques forment eux-mêmes une zone qui suit la même direction que les couches houillères, et qui est encaissée par les mêmes schistes de transition. Cette seconde zone superposée à la première, mais qui est plus large et la recouvre entièrement, continue le bassin, lequel se trouve complétement fermé à 40 kilomètres de la ligne de superposition; on resterait donc dans une complète incertitude sur l'importance de la continuité souterraine du terrain houiller, si ce terrain ne reparaissait au jour sur une longueur de plus de 10 kilomètres, près de Chantonnay. Cet affleurement n'a que quelques centaines de mètres de largeur, mais il plonge visiblement sous les calcaires jurassiques, et déjà le terrain houiller a été retrouvé, par plusieurs travaux de recherche, à des distances notables de la ligne de superposition.

En reliant ainsi le terrain houiller de Chantonnay à celui de Vouvant, on est conduit à admettre que l'importance de la partie souterraine du bassin de Vouvant est au moins égale à celle de la partie découverte, et nous pouvons dire de ce bassin comme des précédents, qu'il nous représente une même dépression comblée à deux époques géologiques différentes. Les reliefs qui encaissaient cette longue dépression sont aujourd'hui en grande partie effacés, mais la précision des lignes géologiques supplée à leur absence. Si, maintenant, nous comparons la position du bassin de la Vendée à celle des bassins situés à l'ouest du plateau central, et notamment dans la Corrèze, nous verrons qu'il semble faire partie d'une série de bassins, assez importants par leur étendue, mais aujourd'hui en grande partie recouverts.

La direction du Bocage vendéen se continue d'une manière évidente sur la lisière occidentale du plateau central; sur cette lisière, se trouve un bassin de grès bigarré, dont la petite ville de Brives occupe à peu près le centre, et autour duquel on reconnaît un grand nombre d'affleurements houillers. Juillac, Donzenac, Alassac, Ceyrat, Brives et Lanteuil, sont des points qui paraissent marquer les limites d'un même bassin houiller, en grande partie recouvert par les grès bigarrés, et dont les houillères de Cublac marqueraient la lisière opposée. Ce bassin hypothétique de la Corrèze aurait plus de 50 kilomètres de longueur.

Les encaissements et les lignes géologiques semblent venir à l'appui de cette hypothèse, confirmée encore par les rapports de gisement qui, sur tout le périmètre du plateau central, existent entre le terrain houiller et les grès bigarrés. Malheureusement, les parties découvertes du terrain houiller sont tellement pauvres en couches combustibles, que des recherches entreprises sous les grès bigarrés, tout en ayant la presque certitude de rencontrer le terrain houiller, ne paraissent avoir que des chances très médiocres de trouver des couches avantageusement exploitables.

On voit, d'après ces exemples, qu'il existe souvent des concordances de gisement et de contours entre les bassins houillers et les grès du trias; ces concordances ayant même persisté, dans plusieurs cas, entre les bassins houillers et les calcaires du Jura, lorsque le trias vient à manquer.

Le bassin de l'Aveyron est probablement un nouvel exemple de ces relations de gisement : ce bassin, découvert sur une étendue considérable, disparaît vers le sud sous les dépôts du trias, et sous les calcaires jurassiques dont la superposition le coupe carrément au moment de sa plus grande largeur. Dans ces conditions, le meilleur moyen d'apprécier l'importance du prolongement souterrain de ce bassin, serait de déterminer le centre des dépôts par l'étude de la partie découverte. Cette étude n'a pas encore été faite ; il est probable qu'elle conduirait à constater un prolongement d'une étendue certainement inférieure à celle de la partie découverte, mais qui pourrait encore avoir une assez grande importance.

Bassin du Gard.

Lorsqu'un bassin houiller, en partie recouvert, ne présente pas cette régularité de contours et cette unité de forme qui permet d'en déterminer les axes ; lorsque la superposition des couches n'est pas assez connue pour qu'on puisse en fixer le centre ; lorsque, enfin, les lignes géologiques, non plus que les lignes hydrographiques, ne fournissent aucune donnée qui puisse faire présumer l'allure des parties recouvertes, on ne peut plus que constater le fait du prolongement souterrain sans rien préciser sur l'importance de ce prolongement. Telles sont les conditions du bassin houiller du Gard, dont les limites sont complétement cachées, du côté du sud et de l'est, par des dépôts jurassiques et tertiaires.

La région découverte de ce bassin se compose de deux parties distinctes, celle de Bessège, et celle de Portes où se trouvent les exploitations de la Grand'-Combe ; ces deux parties sont séparées par un promontoire granitique de 10 kilomètres de longueur, qui forme le trait principal des découpures de l'encaissement. Le terrain houiller se contourne autour de ce promontoire, de manière à montrer que les deux régions de la Grand'-Combe et de Bessège, réunies du côté du sud, appartiennent réellement à un seul et même bassin ; mais ce terrain disparaît aussitôt sous les dépôts jurassiques, qui sont eux-mêmes très rapprochés du promontoire granitique, de manière à ne laisser affleurer qu'une zone houillère assez étroite.

L'importance de la partie souterraine du bassin est mise en évidence par cinq îlots sporadiques qui se montrent au milieu des terrains jurassiques, et sont formés par les relèvements de plis en selle du terrain houiller. C'est ainsi que l'îlot houiller de Saint-Jean-de-Valeriscle, sillonné par la vallée de l'Auzonet, démontre l'extension du côté de l'est, sans rien préciser sur la position des limites ; du côté de l'ouest, la zone, longue et étroite, formée par les relèvements de Malataverne, indique que ces limites diffèrent peu de celles du terrain jurassique. Enfin, du côté du sud, les îlots successifs du Masdieu, de Cendras et de Rochebelle, prouvent que, dans cette direction, la prolongation souterraine du bassin dépasse 12 kilomètres.

L'ensemble de ces caractères paraît indiquer que le terrain houiller s'étendrait au moins jusque vers Alais et

Saint-Ambroix, c'est-à-dire que la surface de la partie souterraine du bassin serait environ double de celle que présente la partie découverte. Cette extension souterraine ressort tellement de l'étude géologique du sol, que les concessions, tracées depuis longtemps, ont embrassé la plus grande portion du terrain houiller recouvert.

La forme découpée du bassin du Gard doit être attribuée, en grande partie du moins, aux mouvements postérieurs qui ont accidenté sa surface. Ainsi, le cap granitique qui le divise, depuis Clamont et Peyremale jusque vers le Masdieu, paraît résulter d'un soulèvement qui aurait rejeté les couches houillères à l'est et à l'ouest, et qui se continuerait souterrainement jusqu'à l'extrémité du bassin. Cette ligne de soulèvement se trouve indiquée par les saillies des îlots houillers du Masdieu et de Rochebelle au milieu des terrains jurassiques, et, comme elle traverse le bassin à peu près dans son milieu, il en résulte que l'ensemble des couches houillères aurait été ployé en forme de selle au lieu d'être ployé en fond de bateau comme dans la plupart des cas.

Les recherches des parties de dépôts houillers que nous supposons enfouies au-dessous des terrains secondaires, peuvent être placées dans deux conditions bien distinctes. La première comprendrait toutes les recherches intérieures, c'est-à-dire qui seraient entreprises sur des points situés en dedans des portions houillères découvertes : c'est celle qui offre les chances les plus certaines ; la seconde comprendrait les recherches extérieures situées en dehors des

îlots en saillie, sur les périmètres de l'est et du sud. La
rapidité des inclinaisons du terrain houiller, lorsqu'il disparaît au-dessous des terrains secondaires de l'est et du
sud, semble être une circonstance défavorable à ces dernières recherches; mais ces inclinaisons ne peuvent se
maintenir sur des distances très considérables, et il est
probable que le terrain houiller ne tarde pas à se relever
par des pendages inverses. C'est ainsi que, depuis le Masdieu jusqu'à Cendras, ligne centrale qui semblerait devoir
être recouverte par la plus grande épaisseur des terrains
secondaires, le terrain houiller est, au contraire, très rapproché de la surface par le pli en selle qui forme le trait
principal du mouvement des couches.

Les travaux des mines de la Grand'-Combe, vers la Levade et Trescol, ont déjà constaté le prolongement du terrain houiller sous les dépôts supérieurs du trias, et la pour-
suite des couches houillères sous ces dépôts est entrée dans
les prévisions de l'exploitation [1]. La richesse considérable
de cette région du bassin houiller, richesse dont nous avons
précédemment indiqué les conditions (page 110), donne un
grand intérêt à ces recherches, et il n'est pas douteux que les
régions de Bessège et de Cendras, lorsqu'elles seront mieux
connues, ne présentent, au-dessous des dépôts secondaires,
des champs d'exploration également avantageux.

En résumé, le bassin du Gard comprend plus de 8,000
hectares de terrain houiller découvert, et environ 16,000

---

[1] *Mémoire sur la géologie et l'exploitation des mines de la Grand'-
Combe*, par M. Callon. — Annales des mines, 1848.

de terrain houiller probable, sans que les limites de l'extension souterraine puissent être posées sur aucun point du sud et de l'est. Parmi les portions découvertes, les territoires de la Grand'-Combe, de Champclauson et de la Levade, renferment les plus grandes richesses ; les territoires de Bessège, et ceux de Cendras et Rochebelle, sans contenir des gîtes aussi nombreux et aussi puissants, présentent cependant plus de dix couches reconnues ; de telle sorte, qu'à elle seule, toute la partie intérieure des terrains compris entre ces divers points, forme une vaste réserve capable de perpétuer les extractions du bassin pendant des siècles.

Bassin de Ronchamps.

Si nous quittons les bassins subordonnés au plateau central, pour examiner ceux qui se trouvent au nord-est, nous rencontrons d'abord le petit bassin de Ronchamps, situé dans la Haute-Saône, sur les derniers versants du massif des Vosges.

Ce bassin n'est révélé à la surface que par l'affleurement d'une lisière très étroite, formée par un dépôt houiller d'environ 40 mètres d'épaisseur. Cette lisière disparaît sous le grès rouge pénéen qui, sur ce point, se lie tellement aux dépôts houillers, que l'on ne saurait fixer exactement la séparation des deux terrains. Les exploitations, d'abord établies sur les affleurements, ne tardèrent pas à pénétrer sous les grès rouges, et à démontrer, d'une manière directe, la continuité sous-jacente du terrain houiller ; mais

des failles assez nombreuses et difficiles à traverser limi-
tèrent ces premières exploitations, et le bassin fut considéré
comme à peu près épuisé.

Cet abandon peu motivé ne pouvait être accepté par
ceux qui avaient étudié la disposition des lignes géologiques et l'allure des dépôts houillers; des recherches furent
entreprises, et des puits, foncés, il y a quelques années,
au-delà des failles, ont retrouvé le terrain houiller et les
couches encore plus développés qu'au point où elles avaient
été laissées. Ainsi, la couche principale, qui avait été cotée
à un mètre de puissance moyenne, en a aujourd'hui deux;
ce qui ferait croire que les nouveaux puits n'ont même pas
encore rencontré le centre du bassin.

Bassin de Sarrebruck.

Le bassin de Sarrebruck, placé sur le versant méridional
du massif de transition du Rhin, symétriquement au bassin
belge qui longe le versant septentrional, est barré subitement, vers la frontière de France, par les terrains pénéens
et triasiques. Ce bassin présente une surface très accidentée;
la partie nord-est, surtout, a été traversée et soulevée en
une multitude de points par les roches trappéennes, tandis
que, vers le sud-ouest, l'ensemble des collines s'abaisse
vers la vallée de la Sarre, au-delà de laquelle les dépôts
houillers disparaissent sous le grès des Vosges. Ajoutons
que la région houillère du nord-est ne contient que des
couches combustibles peu puissantes et de qualité médiocre, tandis que, dans la contrée qui avoisine la Sarre,

la formation est à la fois plus riche et plus développée.

En voyant le terrain houiller plonger sous les grès vosgiens, au moment où il atteint son maximum de richesse, l'idée de poursuivre ce terrain sous les terrains superposés dut naturellement se présenter aux exploitants. Cette idée est, en effet, aussi ancienne que celle qui détermina les recherches du bassin belge sous la craie, mais elle ne fut mise à exécution qu'en 1815, lorsque la réunion de Sarrebruck à la Prusse eut privé nos départements de l'est des exploitations qui les alimentaient, et même de toute partie visible du terrain houiller. A cette époque, M. de Gargan fit foncer un puits aux environs de Schœneck, et mit tout d'abord en évidence la continuation sous-jacente du terrain houiller sur le territoire français. Une couche de houille fut même traversée par ce puits, mais elle était peu puissante et accidentée, et l'on renonça à pousser plus loin les travaux; ce n'est qu'en 1846 que M. de Gargan les reprit, lorsque les nouveaux établissements métallurgiques, fondés aux environs de Forbach, eurent donné une importance encore plus grande aux consommations du pays.

Les limites frontières de la France, aux environs de Forbach (fig. 42), forment, dans la contrée prussienne, une saillie dans laquelle les chances sont évidemment les plus favorables, pour retrouver en profondeur les couches qui affleurent dans la vallée de la Sarre, au point où cette vallée entame le sol houiller. Le puits de Schœneck avait été foncé à l'extrémité de cette saillie et tout près de la

ligne frontière; en 1846, le problème fut attaqué par deux
sondages situés un peu plus en arrière de cette ligne. Le

Fig. 42. — Carte géologique des environs de Forbach.

premier fut placé en A près de la petite Rosselle; il avait
pour but de recouper en profondeur les couches exploitées
à Geislautern, couches dont la direction est indiquée par la
ligne *ab*, et dont l'inclinaison, de 30 à 40 degrés, plonge
sous le grès des Vosges. Ce premier sondage a d'abord traversé 47 mètres de grès et conglomérats rouges en couches
à peu près horizontales, puis il a pénétré dans le terrain
houiller composé d'alternances de grès et de schistes incli-

nées à 34 degrés. Ces alternances, d'abord un peu rougeâtres, devinrent noires en s'approfondissant, et prirent tout à fait le caractère houiller; à 122 mètres, on recoupa la houille. Cette houille forme quatre couches distinctes dans une épaisseur de 16 mètres : la première a $1^m,95$ d'épaisseur; la seconde $0^m,11$; la troisième $0^m,20$; la quatrième $0^m,72$. Le pendage est de 34 degrés vers le sud-est.

Le deuxième sondage, placé en B, près de Stiring, avait pour but de recouper les couches de Gersweiler, dont les affleurements et l'inclinaison sont indiqués en *cd*, et dont le puits de Schœneck avait déjà révélé l'existence sous-jacente. Ce sondage a d'abord traversé 111 mètres de grès et conglomérats rouges, puis il a pénétré dans des alternances de grès houillers inclinés à 44 degrés. A 221 mètres il recoupait des alternances de houille et de schistes sur une épaisseur de 10 mètres. La houille forme quatre couches distinctes; la première de 2 mètres d'épaisseur; la seconde de $1^m,05$; la troisième de $0^m,47$; la quatrième de $0^m,50$. Le pendage est au sud.

Les deux sondages de Rosselle et de Stiring embrassent un champ assez vaste pour suffire à une exploitation, et bien des puits en production dans le département du Nord, n'ont pas une richesse supérieure à celle qu'auraient des puits foncés sur ces deux points. On voit d'ailleurs, d'après le plan ci-dessus, que la Sarre traverse le terrain houiller sur la rupture supérieure d'un pli en selle; sur la rive droite, les couches houillères plongent, en effet, au nord, et

sur la rive gauche, elles plongent au sud. Quelle est l'importance du pendage sud, jusqu'à quelle distance de la frontière
se prolonge-t-il? Les couches qui, dans la direction du nord,
à Hostenbach, Geislautern et Gersweiler, se superposent aux
couches correspondantes à celles qui viennent d'être découvertes aux environs de Forbach, se superposent-elles
aussi dans la direction du sud? Telles sont les questions
que devront résoudre les travaux ultérieurs. Toujours est-il
que l'on peut supposer une grande importance au prolongement occidental du bassin de Sarrebruck, car ce prolongement se trouve indiqué par l'allure du grès des Vosges,
qui forme, suivant cette direction, une saillie de plus de
15 kilomètres dans les terrains supérieurs. Ce mouvement
des couches, dirigé de l'est, 35° nord, à l'ouest, 35° sud,
est répété par les dépôts du trias, et coïncide précisément
avec le grand axe du bassin de Sarrebruck.

Cette direction imprimée aux dépôts houillers, par le
soulèvement du massif de transition, fut un trait si profondément tracé dans les reliefs et les vallées de l'époque
houillère, que les dépôts jurassiques et crétacés ont pu
seuls l'effacer sur le périmètre du grand bassin secondaire et tertiaire de Paris. Dans les terrains houillers de Mons
et Valenciennes, plus de 50 kilomètres de continuation
souterraine ont été reconnus sur le versant nord du massif,
et, sans prétendre que celle du versant sud présente la même
importance, il reste cependant acquis que cette région du
grès des Vosges, placée sur le prolongement du bassin
de Sarrebruck, offre de belles chances aux explorateurs,

23

Bassin de Valenciennes.

Il y a plus d'un siècle que l'industrie des mines a pénétré dans les terrains houillers du département du Nord, que recouvrent 70 à 150 mètres de terrain crétacé, et c'est seulement depuis quelques années, qu'en rassemblant toutes les données géologiques fournies par les travaux de recherche et d'exploitation, MM. Dufrénoy et Élie de Beaumont sont parvenus à indiquer les limites probables [1] de ce bassin souterrain.

Ces limites, tracées sur la carte géologique de la France, ont été définies par l'étude des lignes indiquées par les dépôts qui forment l'encaissement du terrain houiller. Ces dépôts sont, au nord, le calcaire carbonifère, et, au sud, le poudingue rouge inférieur, dit poudingue de Burnot ; ils forment deux lisières saillantes, dont la direction est bien déterminée, et qui ont été rencontrées par les puits et sondages toutes les fois que ces travaux sont tombés en dehors de la zone houillère. Mais ces limites, suffisantes sous le rapport géologique, sont encore trop vagues au point de vue des recherches pratiques, car celles-ci ont pour but de reconnaître, non-seulement l'étendue du terrain houiller, mais encore la position exacte des étages ou systèmes de couches riches en combustibles ; aussi, le tracé de ces lignes est-il un sujet incessant d'études et d'hypothèses.

Sur beaucoup de points, le calcaire carbonifère de la Belgique est immédiatement recouvert par des assises

---

[1] *Carte géologique de France*, Description, tome Ier, 1840.

Carte du Terrain houiller dans le Département du Nord.

Courrières
Flines
les Raches
Flers
St. la Serpe
DOUAI
Lambres
Corbehem
Ferin
Erchin
Emerchicourt
Lauwarelle
Montigny
Lewarde
Villers
Aniche
Abscon
Masny
Masnou
Roucourt
Auberchicourt
Bruille
Vred
Wallers
Bouchain
Aubigny
Haveluy
Hasnon
Wasnes
Bruay
Beuvrages
Anzin
St Amand
VALENCIENNES
Aubry
Escaupont
Fresnes
Vieux Condé
Condé
Crespin
Quiévrechain
Onnaing
Blanc Misseron
Raismes
Rombies
Étreux
Saultain
Famars
Phiaut
Douchy
Noyelles
Monchaux
Mortagne
Flines
Ch. l'Abbaye
Bleuse
Hergnies
Blaton
BELGIQUE

Échelle $\frac{1}{320.000}$
0   2   4   8   12   16 kilom.

houillères riches en combustibles ; il n'en est pas ainsi sur la lisière septentrionale du bassin de Valenciennes, où la formation houillère est ordinairement séparée du calcaire inférieur, par l'interposition d'un étage schisteux qui ne contient que quelques petites couches d'anthracite sulfureux. Cet étage schisteux a été reconnu à Bruille près Saint-Amand, où deux couches d'anthracite furent exploitées, et à Château-l'Abbaye, où l'anthracite était même compris dans les alternances supérieures du calcaire carbonifère.

Cet étage schisteux, pauvre en couches combustibles, est surmonté d'un étage houiller bien caractérisé, abondant en empreintes végétales, et contenant vingt à trente couches de houille maigre, réparties dans une épaisseur de 600 à 800 mètres de dépôts.

L'étage des houilles maigres est le siége de nombreuses exploitations qui ont permis d'en déterminer l'allure, et la carte, Pl. X, précise cette allure sur une longueur assez considérable, parcourue, en grande partie, par les travaux des mines de Vieux-Condé, Hergnies, le Sartiau, Fresnes et Vicoigne.

Cette allure du faisceau principal des couches de houille maigre, qui forme du côté du nord la limite pratique du terrain houiller, présente plusieurs particularités intéressantes. On remarque d'abord la saillie formée par le terrain houiller depuis Vieux-Condé jusqu'à Hergnies ; cette saillie de 4,000 mètres indique évidemment que le bassin houiller formait, sur ce point, une sorte de golfe qui pénétrait dans une anfractuosité du calcaire carbonifère, et c'est principalement dans ce golfe que fut déposé le système schisteux anthraxifère qui constitue le premier étage houiller. Ce premier étage houiller n'est, en effet, bien développé que dans la région de Bruille; il s'amoindrit ensuite, à mesure qu'on s'avance du côté de l'ouest, et n'est plus représenté à Marchiennes, où l'étage des houilles maigres repose directement sur le calcaire carbonifère.

A mesure que l'on suit la direction de l'est à l'ouest, l'épaisseur des morts terrains, superposés au terrain houiller, augmente d'une manière sensible; ainsi, tandis qu'ils n'ont que de 70 à 80 mètres dans la région de Vieux-Condé et de Fresnes, ils atteignent 128 mètres à Marchiennes, et c'est à 135 mètres qu'un sondage a rencontré, à Vred, le terrain houiller. Un autre sondage, fait à Flines-les-Raches, a trouvé le calcaire carbonifère; de telle sorte, que la limite du bassin se place évidemment entre ces deux points, en se dirigeant vers Douai, par une ligne qui passe au nord du fort de Scarpe.

Sur toute cette longueur, l'étage inférieur des houilles maigres conserve une allure assez régulière. Ses couches, appuyées sur le calcaire carbonifère, plongent vers le sud, sous des inclinaisons de 20 à 30 degrés, de manière à dessiner, par leur direction, les contours du bassin.

L'étage des houilles grasses occupe la lisière méridionale du bassin, et sa position est marquée par la succession des exploitations d'Anzin, Saint-Vaast, Denain et Abscon. L'allure des couches qui forment cette seconde zone, parallèle à la première, est beaucoup plus accidentée, la compression suivant la lisière sud ayant été très énergique. Les couches, refoulées et reployées sur elles-mêmes, présentent des allures en zigzag formées par une succession de plis en selle et en fond de bateau.

Théoriquement, cette zone devrait être encaissée, vers le sud, par le relèvement des houilles maigres inférieures, puis par celui du calcaire carbonifère; mais il n'en est pas ainsi, et, sur aucun point des travaux établis sur la lisière sud, on ne connaît l'étage des houilles maigres. A Lourches, près Douchy; à Azincourt, au sud d'Aniche, on a reconnu les houilles grasses à quelques centaines de mètres des relèvements formés par les poudingues rouges de Burnot et le calcaire de Givet. Il n'y a donc aucune symétrie dans les coupes transversales du bassin : au nord, les houilles maigres occupent la plus grande partie de sa largeur, tandis qu'au sud le système des houilles grasses est immédiatement superposé aux terrains qui forment l'encaissement.

On a expliqué cette irrégularité d'allure par l'existence d'une faille, reconnue à la hauteur d'Anzin et désignée sous la dénomination de *faille au pli;* cette faille aurait relevé le poudingue de Burnot de manière à barrer subitement les couches houillères. Mais cet accident, lors même qu'on admettrait son existence sur une longueur de 30 kilomètres, depuis Marly et Anzin jusqu'à Azincourt, ne suffirait pas pour rendre compte de la suppression du système des houilles maigres, système qui, sur la lisière nord, occupe une largeur superficielle de 2,000 à 6,000 mètres. Remarquons, d'ailleurs, qu'il n'y a pas de différence réelle de niveau entre le terrain houiller et les terrains inférieurs qui forment son encaissement méridional ; un sondage a touché le terrain houiller à 142 mètres de profondeur, vers Auberchicourt, tandis qu'à Emerchicourt un autre sondage trouvait, à 134 mètres, le calcaire de Givet inférieur. Une faille qui aurait coupé le terrain houiller de manière à déterminer le contact des terrains inférieurs au calcaire carbonifère avec les couches houillères supérieures, aurait eu toute l'importance d'un soulèvement de montagnes, et les dénudations postérieures n'auraient pu le niveler complétement.

Il est plus naturel de chercher l'explication de la structure du bassin dans les conditions mêmes du dépôt, et d'admettre que l'axe a été déplacé vers le sud : les couches supérieures, formant le système des houilles grasses, auraient été déposées précisément sur la lisière méridionale, de manière à recouvrir les affleurements des étages inférieurs, pendant que toute la zone du nord restait, au contraire, découverte sur une largeur considérable. Cette hypothèse explique aussi comment l'encaissement naturel du bassin, formé par le calcaire carbonifère, a été lui-même recouvert par les couches du système houiller supérieur, et comment ces couches ont pu s'avancer vers le sud jusqu'aux zones formées par les affleurements inférieurs du calcaire de Givet et du poudingue de Burnot.

Le bassin belge, depuis Liége jusqu'à la frontière de

France, suit une direction nettement prononcée et qui se rapporte à celle du système du Hundsruck, sur lequel il est appuyé ; cette direction ne se continue pas sous le territoire de Valenciennes ; elle s'infléchit sensiblement et devient est-ouest ; enfin, sous le territoire de Douai, elle incline vers le nord-ouest et se rapproche de la direction du Bocage vendéen ; de telle sorte, qu'en la continuant, on marche vers les houillères d'Hardinghen, et de Ferques dans le Boulonnais.

Cette courbure de la zone houillère est indiquée par la carte, Pl. X. Elle explique comment les recherches faites pendant si longtemps sous les territoires de Corbehem, de Cantin, et dans la direction d'Arras, sont restées infructueuses.

Nous avons dit comment les recherches entreprises plus au nord sous le territoire de l'Escarpelle avaient réussi et trouvé, d'abord le terrain houiller, puis la houille à 150 mètres de profondeur. Ces recherches se poursuivent suivant la nouvelle direction indiquée ; elles ont déjà démontré l'existence du terrain houiller sous le territoire de Courrière, et tout prouve que la direction se prolonge vers le nord-ouest, et passe entre Lens et Carvin.

L'extension des travaux souterrains pourra seule déterminer la largeur de cette zone houillère, la disposition relative des deux étages de houilles maigres et de houilles grasses, et l'importance de la continuité de la zone en direction ; mais, en comparant la composition du terrain houiller belge à celle du terrain houiller français, on peut déjà présumer que cette continuité peut s'étendre assez loin vers le nord-ouest.

En effet, si l'on veut baser une hypothèse sur la longueur du bassin, le mieux est de chercher à déterminer le centre des dépôts. Or, en comparant entre elles toutes les coupes transversales faites en Belgique et en France, on est conduit à placer ce point central à Mons, qui se trouve en même temps au sommet de la courbe décrite par la direction générale des couches.

La coupe transversale ci-jointe, faite à l'ouest de Mons, indique le mouvement de l'allure des couches. Cette allure,

Sud.   Nord.

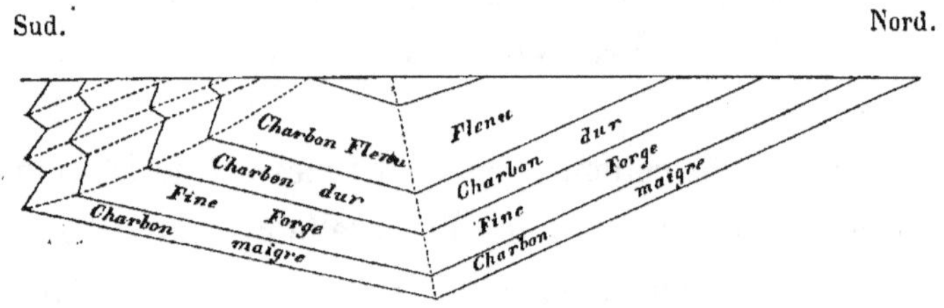

Fig. 43. — Coupe verticale en travers du bassin de Mons.

comparée à celle du terrain de Valenciennes, présente des analogies et des différences. Les analogies résultent, d'abord de la régularité du pendage nord, tandis que, vers le sud, le relèvement des couches est très brusque et très accidenté, et, ensuite, de la position normale des houilles maigres qui constituent un système inférieur surmonté par les systèmes de houilles grasses et gazeuses. Les différences consistent, d'abord en ce que la coupe est complétement normale, c'est-à-dire qu'elle présente, au sud comme au nord, la succession graduelle et imbriquée des divers étages, et, en second lieu, en ce que la série de ces étages, caractérisés par des houilles différentes, est beaucoup plus complète à Mons qu'à Valenciennes. On remarque surtout la superposition du système des charbons flenus, système puissant, qui forme une espèce de bassin central superposé à tous les autres, et qui ne se prolonge ni à l'ouest jusqu'en France, ni à l'est jusqu'à Charleroi.

Ajoutons, qu'à Mons, la zone houillère atteint son maximum de largeur (plus de 12,000 mètres), et que les couches de houille y sont en plus grand nombre qu'à l'est vers Charleroi, et à l'ouest vers Valenciennes (on en compte 116, tandis que, dans les autres localités, elles ne sont qu'au nombre de 85 et 70). Enfin, les couches sont aussi plus puissantes à Mons que sur tout autre point du bassin, et la série des qualités y est beaucoup plus complète.

Cet ensemble de caractères est décisif, et désigne évidemment la région occidentale de Mons comme la partie centrale du bassin. Or, de Mons à l'extrémité du terrain houiller de Liége, il y a plus de 100 kilomètres, et la même longueur, portée symétriquement du côté de l'ouest, conduirait près des terrains houillers du Boulonnais, où la zone pourrait bien se terminer, comme aux environs d'Aix-la-Chapelle, par une série de petits bassins sporadiques.

Tel est l'état de la question des recherches dans le département du Nord ; on voit que, de tous nos bassins houillers, celui de Valenciennes et Douai, qui comprend déjà

60,000 hectares de terrains houillers souterrains, est encore celui qui offre le champ le plus vaste aux hypothèses et aux recherches.

Recherche du terrain houiller sans indices directs.

Il n'y a encore qu'un petit nombre de bassins houillers qui soient sérieusement poursuivis et exploités au-dessous des terrains secondaires ou tertiaires; mais la pensée des recherches est arrivée à ce point de maturité, que l'exécution en est imminente dans la plupart des bassins que nous avons mentionnés. Il est même plusieurs localités où l'on se préoccupe de chercher le terrain houiller sous les terrains secondaires, sans avoir aucun indice direct de son existence. A Rouen, entre autres, on a décidé qu'un sondage serait entrepris pour traverser la craie et les terrains jurassiques, de manière à reconnaître si le terrain houiller ne se trouverait pas au-dessous. Une recherche ainsi faite, *à priori* ne peut être qu'une entreprise très hasardeuse; mais il est de certains points où un succès serait d'une telle importance, qu'il peut être rationnel d'en courir les chances, quelque peu favorables qu'elles paraissent.

Pour apprécier les probabilités d'une semblable recherche, il faut d'abord comparer les proportions qui existent entre les surfaces de transition restées à découvert et les dépôts houillers qui leur sont superposés; puis chercher, d'après ce que nous savons de l'origine des dépôts houillers, si les terrains de transition recouverts peuvent présenter des proportions de dépôts houillers plus ou moins considérables, comparativement aux terrains de transition émergés.

Les massifs de transition auxquels sont subordonnés les bassins houillers connus, sont des surfaces *convexes* et montagneuses, qui dominaient les mers secondaires : en France, leur superficie est d'environ 15 millions d'hectares ; ils constituent donc les 2/7 de la surface totale. Les terrains houillers connus forment un total de 300,000 hectares, de sorte que leur proportion est 1/50, comparativement à la surface des terrains de transition convexes.

Est-il probable que les surfaces de transition *concaves*, qui ont été recouvertes par les dépôts secondaires ou tertiaires, aient été plus favorisées que les surfaces convexes? Aucune considération ne peut appuyer une pareille hypothèse, et nous en trouverons, au contraire, qui lui semblent tout à fait opposées.

Toutes ces surfaces concaves dont les soulèvements du Hundsruck et du Bocage vendéen avaient tracé les contours, devaient être, en effet, recouvertes par les mers secondaires, c'est-à-dire par des eaux profondes : or, cette condition est tout à fait incompatible avec la formation des dépôts houillers.

Nous avons vu que ces dépôts s'étaient généralement formés sur les régions littorales des massifs émergés, et ce principe est le seul qui puisse guider utilement les recherches. Les massifs de transition actuels, tout en indiquant approximativement, par leurs contours, les anciens rivages des mers pendant la période houillère, ne nous représentent pas ces rivages d'une manière exacte. Les anciennes lignes littorales ont été en partie rompues par les soulèvements et les affaissements des révolutions postérieures, et ces mouvements ont pu déterminer l'enfouissement complet de certains bassins houillers.

En suivant les contours du massif central, on trouve, par exemple, que le terrain houiller occupe au moins 1/10 de la zone littorale. Si donc, on place les recherches sur ces lignes littorales, on donne à ses travaux une base raisonnée quoiqu'encore bien incertaine, tandis que lorsqu'on se place au centre d'un grand bassin comme celui de Paris, on renonce au peu de chances de succès que l'on pouvait espérer.

Ainsi, lorsqu'on poursuit le terrain houiller sous le territoire de Douai et dans la direction du Boulonnais, on explore le littoral souterrain qui fermait le grand bassin secondaire et tertiaire parisien, par la réunion du Hundsruck et du pays de Galles. Des recherches qui exploreraient, sous les territoires de Niort, Melle, Ruffec, Angoulême, etc., la ligne littorale qui devait réunir le Bocage vendéen au Limousin, auraient certainement des chances favorables.

La direction du Bocage vendéen est encore reproduite par le littoral de transition de la Normandie, depuis Isigny jusque vers Alençon, et il est à remarquer que le terrain houiller pointe à Littry; cette ligne littorale a été en partie envahie par les dépôts jurassiques qui ont dû probablement recouvrir quelques bassins littoraux, de telle sorte que les environs d'Isigny, Bayeux, Caen, Mortagne, forment encore une zone intéressante à explorer. On peut ainsi trouver, sur la surface de la France, plusieurs zones présumées être d'anciennes lignes littorales de la période houillère, recouvertes par les terrains secondaires et tertiaires; mais il ne faut pas oublier que rencontrer le terrain houiller n'est pas encore rencontrer la houille, et, dans l'état actuel des exploitations, l'intérêt doit se porter exclusivement sur la recherche des gîtes situés dans les terrains houillers connus, ou indiqués par les indices géologiques.

Après ce que nous avons dit dans les chapitres précédents sur le gisement de la houille, il nous reste à compléter les développements de ce sujet par des études détaillées faites sur des bassins déterminés; nous terminerons donc ce travail, en analysant les conditions du gisement de la houille dans les bassins qui présentent les conditions les plus variées. Ceux que nous choisirons pour types sont : 1° le bassin de la Loire, dont la surface est entièrement découverte, et qui est en même temps le plus activement exploité de la France; 2° le bassin de Blanzy et du Creuzot (Saône-et-Loire), dans lequel les gîtes atteignent le maximum de puissance, mais avec peu de continuité; 3° le bassin belge, dont les couches sont au contraire peu puissantes, mais nombreuses et continues.

CHAPITRE VI

ÉTUDES SUR LE GISEMENT DE LA HOUILLE DANS LE BASSIN DE LA LOIRE.

Forme du bassin ; sa division en trois régions distinctes : Rive-de-Gier, Saint-Chamond et Saint-Étienne. — Région de Rive-de-Gier ; nombre et caractères des couches de houille connues. Développement et allure de la grande masse ; accidents qui ont limité les travaux d'exploitation ; probabilité de continuité souterraine au delà de ces accidents. — Région de Saint-Étienne ; système des couches du bois d'Aveize formant l'étage supérieur du terrain houiller ; étage moyen de Saint-Étienne, ou système des couches de Cote-Thiolière, du Treuil et de Berard ; étage inférieur, ou système des couches de Meons et de la Chazotte. — Résumé des couches des trois étages de Saint-Étienne ; leur puissance totale ; comparaison de ces couches avec celles de la Ricamarie et de Firminy. — Assimilation de la grande couche du Breuil à la grande masse de Rive-de-Gier. — Région centrale de Saint-Chamond ; travaux de la Gourle et du Plat-de-Gier. — Horizons géologiques pris dans les roches, les grès rouges et le gore blanc. — Allure générale des dépôts du bassin ; construction d'une carte et des coupes ; conclusions sur la continuité du système de Rive-de-Gier sous les régions de Saint-Chamond et de Saint-Étienne. — Division du bassin en concessions ; divers groupes formés par les exploitations.

Le bassin de la Loire est celui qui présente, en France, les conditions les plus favorables à l'étude ; il offre des exemples de tous les problèmes qui peuvent être posés dans les terrains houillers. Cette vaste surface houillère, d'une étendue de vingt-cinq mille hectares, mouvementée

Tartaras
S.t Genis
Cellieux
Le Ban
Faverge
Rive-de-Gier
Grand Croix
Plat
Le Puy
Rigaudin
Sorbier
S.t Chamond
S.t Julien
S.t Martin en Couilleux
Andrezieux
Chemin de Fer de la Loire
La Tour
S.t Priest
Villars
L'Etang
Méons
S.t Jean
Terre-noire
Chemin de Fer de Lyon
Victor
S.t Genest
Roche la Molière
Mont-Salson
S.t Étienne
Outrefurens
Cornillon
Le Chambon
La Ricamarie
Fraisse
Firminy
Loire Fl.
1re formation houillère de Rive-de-Gier
2e formation de Méons et la Chazotte
3e form.n du Treuil et de Côte-thiolière
4e formation du Bois d'Avaize
Carte géologique
du Bassin houiller
de la Loire.

par des accidents énergiques et dont aucune partie n'a été recouverte par des dépôts postérieurs, est en même temps le terrain le plus riche que nous ayons en France; le chiffre des extractions annuelles a atteint 1,600,000 tonnes, quantité supérieure au tiers des extractions de toute la France. C'est parmi nos bassins houillers, le seul que nous puissions comparer aux bassins de l'Angleterre, car, s'il est inférieur en étendue, il est supérieur en richesse; et telle est la facilité des exploitations, qu'il suffit de 6,000 ouvriers mineurs, boiseurs et rouleurs, pour une production qui, dans le nord de la France ou en Belgique, en exigerait au moins 10,000.

Une description intéressante du bassin de la Loire a été publiée, en 1824, par M. Beaunier. Une seconde a été insérée par MM. Élie de Beaumont et Dufrénoy, en 1840, dans leur *Description géologique de la France;* et déjà, depuis cette époque, les exploitations ont tellement progressé, un si grand nombre de questions nouvelles se sont présentées, que l'on a compris la nécessité d'une description nouvelle et complète. M. Gruner a commencé ce travail, et publié, dans l'*Annuaire administratif et statistique de la Loire,* les principales conclusions géologiques auxquelles il est arrivé [1].

Nous ne présentons ici que des études générales sur les conditions géognostiques du bassin, études pour lesquelles

---

[1] M. Gruner, dans une publication postérieure, a cru pouvoir réclamer la priorité des idées que j'avais émises dans un travail présenté à l'Académie en novembre 1847. Cette réclamation est basée sur des assertions

nous avons eu pour collaborateurs quelques-uns des praticiens les plus distingués du bassin, et notamment M. Harmet et M. Meynier.

Forme du bassin de la Loire.

La forme du bassin de la Loire est celle d'un triangle dont la base suivrait la Loire de Fraisse, près Cornillon, à la Fouillouse, sur une longueur de 12,000 mètres, et dont

complétement inexactes; car, d'un côté, la conclusion principale de mon travail, qui est l'assimilation des couches de Firminy et du système de Rive-de-Gier, est tout à fait opposée aux conclusions de M Gruner, et, d'autre part, la classification générale des couches de Saint-Étienne, que M. Gruner s'attribue, appartient exclusivement aux ingénieurs directeurs des mines qui, depuis plus de trente ans, ont étudié le bassin de la Loire.

Ce sont, en effet, les travaux souterrains qui ont successivement résolu toutes les questions géologiques relatives à la structure et à la composition du bassin, et vouloir s'attribuer la propriété de ces résultats, c'est commettre une usurpation contre les droits de tous les exploitants. J'ai cité les travaux dirigés par M. Harmet au bois d'Aveize, à Montieux et à Meons, comme ayant établi, dans toute cette région, la succession des trois formations houillères; les travaux dirigés par M. Meynier au Cluzel et à la Ricamarie, comme ayant permis d'établir les relations des couches du sud-ouest du bassin avec celles du nord-est; enfin ceux de M. Brochin, à la Peronnière et au Plat-de-Gier, comme ayant avancé d'une manière décisive la solution du problème de l'extension des couches de Rive-de-Gier sous le territoire de Saint-Chamond et de Saint-Étienne. Beaucoup d'autres ingénieurs ont étudié la géologie du bassin de la Loire, et les travaux de MM. Feneon, Very, Locart, Ract-Madoux, Meugy, etc., ont fourni les éléments les plus précieux, pour la solution de tous les problèmes qui se sont présentés.

Si donc on trouve, dans ces études sur les gîtes houillers du bassin de la Loire, un exposé un peu complet des conditions de sa richesse et de sa structure, l'honneur doit en être exclusivement attribué aux ingénieurs qui ont depuis si longtemps exploré le sol et dirigé les exploitations.

le sommet serait placé à Tartaras, à 30,000 mètres de la base. La surface du dépôt houiller est d'environ 25,000 hectares ; une ligne courbe, passant par Tartaras, Rive-de-Gier, Saint-Chamond, Saint-Étienne, Firminy et Fraisse, peut être considérée comme formant le grand axe du bassin.

La surface de ce bassin est fort accidentée, et cependant, malgré toutes les perturbations éprouvées par les dépôts houillers, il est encore resté quelques traits de la constitution physique que présentait le sol lorsqu'ils furent effectués. Ainsi, sur toute la lisière sud, le sol houiller est dominé par les relèvements du terrain primitif qui l'encaisse ; et ces montagnes primitives sont dominées par la cime arrondie du Pilas ; au sud-ouest, les montagnes granitiques et schisteuses, traversées par la Loire, encaissent aussi le bassin, et c'est seulement sur la lisière septentrionale que les montagnes houillères dominent les roches anciennes, vers la Fouillouse, par exemple, où il est difficile de tracer les limites du bassin, puis vers Sorbier et Saint-Chamond.

Le point le plus caractéristique de l'accidentation du sol houiller est la ligne de partage du bassin de la Loire et du Rhône, laquelle traverse ce bassin à peu près vers le milieu, et passe par Rochetaillée, Terre-Noire et Sorbier. Cette ligne détermine ainsi deux versants en sens opposé : celui de la Loire, dont la vallée principale est celle du Furens, et celui du Rhône, dans lequel la vallée du Gier forme un sillon très prononcé. Ces deux vallées et les affluentes, creusées

24

dans le sol houiller, permettent d'en étudier toutes les roches [1].

Relativement aux conditions du gisement et de l'exploitation de la houille, le bassin de la Loire doit être partagé en trois régions distinctes. Coupons-le par deux lignes transversales, l'une passant par Cellieux et Saint-Paul-en-Jarest, et la seconde partant de Sorbier pour aboutir à Rochetaillée, et nous aurons déterminé ainsi ces trois régions : celle du nord-est ou de Rive-de-Gier; celle du centre ou de Saint-Chamond; celle du sud-ouest ou de Saint-Étienne (Pl. XII). Dans ces trois régions, nous trouverons la houille dans des conditions bien différentes.

Dans la région de Rive-de-Gier, qui comprend la partie la plus étroite du bassin, l'allure des couches est simple et parfaitement définie par les travaux; le fond du bassin est connu, et l'on peut exploiter en aménageant les couches, de manière à calculer en même temps leur durée. Dans la région opposée, celle de Saint-Étienne, où le bassin a moyennement dix kilomètres de largeur, les couches sont nombreuses, continuellement rompues et ramenées à la surface par les mouvements du sol; le fond du bassin est complétement inconnu, et il est impossible de faire aucun calcul rationnel sur la durée des couches, bien qu'elles présentent des richesses évidemment bien plus considérables que celles de Rive-de-Gier. Dans la région moyenne,

---

[1] Ces roches ont été décrites avec beaucoup de détail et de précision dans le travail de M. Beaunier; nous en avons précédemment résumé les caractères généraux (Page 85).

l'apparence de la formation houillère participe de celle des deux autres; les affleurements sont nombreux, souvent ramenés au jour par des accidents, et le fond du bassin, sans être positivement connu, présente déjà des éléments assez concluants pour qu'on ait pu saisir les relations qui existent entre elle et les deux régions extrêmes.

Région de Rive-de-Gier.

La richesse houillère de toute cette partie du bassin de la Loire, qu'on appelle bassin Rive-de-Gier, est parfaitement connue et définie. Dans cette région, le nombre des couches est limité, et elles ont pu être étudiées avec détail par une exploitation très active et déjà fort avancée comparativement à leur étendue. En prenant pour limite la ligne menée de Cellieux à Saint-Paul-en-Jarest, on sépare une surface houillère d'environ 2,500 hectares, qui constitue le bassin.

Dans cette partie, l'allure générale du terrain est celle que l'on a définie sous la dénomination de *fond de bateau*, et la richesse consiste principalement en une couche puissante de 8 à 12 et 18 mètres, dite la *grande masse*, dans laquelle sont établies toutes les exploitations. Cette grande masse recouvre généralement deux autres petites couches, appelées les *bâtardes*, qui ont de 1 à 3 mètres d'épaisseur, et qui ne sont exploitées que par exception, parce que leur qualité est ordinairement médiocre comparativement à celle des houilles de la grande couche. Enfin, deux autres petites couches, qui n'existent pas d'une manière générale, se trouvent à la base des dépôts : l'une a été surnommée la *bourrue*, à cause des difficultés qu'elle présente à l'abattage, et l'autre la *gentille*, parce qu'elle est, au contraire, d'une exploitation facile.

Outre ces couches plus ou moins exploitées, il en existe quelques autres que leur faible épaisseur ne permet pas d'exploiter. La coupe générale du terrain peut être présentée comme il suit, à partir de la base.

La succession du terrain houiller aux granites, gneiss micachistes qui l'encaissent, s'annonce par un conglomérat à très gros éléments, formé par des blocs anguleux de toutes ces roches. Ce conglomérat doit avoir des épaisseurs très variables puisqu'il a servi, en quelque sorte, à combler les grandes inégalités du bassin ; mais on ne connaît pas bien ces épaisseurs parce qu'on ne les traverse jamais. Quand un puits a touché les gros conglomérats, on dit qu'il est arrivé au terrain primitif.

A ces conglomérats, succèdent des poudingues stratifiés, suivis, presque aussitôt, par les premières couches de houille ; ces couches n'existent pas partout, et les îlots qu'elles forment attestent combien le sol était inégal lorsqu'elles ont été déposées.

La *gentille* est la première de ces couches ; elle est connue dans la concession de Combe-Plaine ; elle a 2 ou 3 mètres d'épaisseur, et fournit un charbon nerveux et pyriteux de peu de valeur. C'est bien probablement cette même couche qui est exploitée, à Tartaras et constitue les premiers affleurements qui se présentent lorsqu'on arrive par cette partie du bassin. Cette assimilation de la couche de Tartaras à la gentille est d'autant plus probable, qu'il est rare qu'une couche manque dans le sens de la direction du grand axe.

La *bourrue*, située au-dessus de la *gentille*, est beaucoup plus connue ; c'est une couche d'un mètre à un mètre et demi, donnant du charbon dur et nerveux ; elle est principalement exploitée auprès de Rive-de-Gier, vers les grandes Flaches. La position de cette couche est assez bien déterminée pour qu'on puisse dire que l'épaisseur qui la sépare des bâtardes est, en moyenne, de 20 à 40 mètres ; cette épaisseur présente encore deux petites couches, dites *la dernière veine* et *la petite bourrue*, de $0^m,10$ à $0^m,25$ d'épaisseur et qui sont, par conséquent, inexploitables.

Les *deux bâtardes* sont tellement rapprochées l'une de l'autre, qu'on serait tenté de les considérer comme une seule couche : le banc de grès manifer qui les sépare n'a souvent que $0^m,70$ à $1^m,50$ d'épaisseur ; mais ce banc se dilate vers le nord-est, de manière à présenter des puissances de 5 à 10 mètres et au-delà, de telle sorte qu'on a distingué la couche inférieure qui a de $1^m,50$ à $2^m,50$ de puissance, et la couche supérieure qui a de 1^m à $1^m,50$. Le charbon que fournissent ces deux couches est identique et se rapporte quelquefois à la variété dure appelée *raffort* ; mais, ordinairement, il est encore plus maigre et plus nerveux et n'est employé qu'à des usages de chaufournerie, briqueterie, etc., soit comme charbon de grille inférieur. La puissance des bâtardes se réduit sensiblement vers l'est, précisément dans les concessions de Frigerin, Combe-Plaine, etc..., où l'on a exploité la Bourrue et la Gentille.

La *grande masse* se trouve en moyenne à 30 ou 40 mètres au-dessus des bâtardes. Cette épaisseur, composée d'alternances de grès grossiers, de manifer et de quelques bancs de schistes, contient encore deux petites couches, dites les *petites mines*, qui ont de $0^m,10$ à $0^m,35$. C'est dans la grande masse que sont établies toutes les exploitations importantes; cette couche a 8 mètres de puissance à Rive-de-Gier, 15 mètres à la Grand'-Croix, 18 mètres à la Peronnière. Elle est divisée en deux par une petite barre de gore dite le nerf blanc, qui, vers la Grand'-Croix et la Peronnière, se renfle jusqu'à une épaisseur de plus 10 mètres; de telle sorte que, dans cette partie du bassin, il y a bien réellement deux grandes couches. Cette distinction des deux couches est d'autant plus nécessaire à constater qu'elles sont le plus souvent de qualités différentes. Ainsi, la couche supérieure fournit les bons charbons de forge de la localité, et la partie inférieure fournit les charbons rafforts, charbons durs, réservés pour la grille et surtout pour les bateaux à vapeur.

La grande masse est recouverte par un système de grès et de schistes, traversé par les puits du Chêne et du Plat-de-Gier (Pl. II); ce système contient encore deux petites couches, dites *mines de la Découverte* parce qu'elles servent de repère et d'indice précurseur lorsqu'on cherche la grande masse ; les grès dont il est composé sont générale-ment fins comparativement à ceux qui se trouvent au-dessous, entre la grande masse et les bâtardes.

On voit que l'ensemble total des couches de Rive-de-Gier, depuis la grande masse jusqu'à la Bourrue et la Gen-tille, se trouve compris dans un faisceau de dépôts arénacés dont l'épaisseur est de 100 à 150 mètres.

Examinons maintenant l'allure générale de ces dépôts : elle est, ainsi que nous l'avons dit précédemment, très simple et en fond de bateau ; le pendage nord est généra-lement peu incliné, tandis que celui du sud est déter-miné, vers Rive-de-Gier, par un relèvement très brusque.

Mais cette allure ne se borne pas à deux pendages opposés, réunis par un fond de bateau ; elle subit des inflexions prononcées qui déterminent des contre-pen-dages. Ainsi, vers la vallée de Dorlay, la coupe transver-sale se compose de deux fonds de bateau accolés. En outre, il existe des ondulations de même nature, suivant la di-rection ; de telle sorte que l'on pourrait croire, quelquefois, qu'un relèvement va terminer l'allure, lorsque, bientôt, une inclinaison inverse vient, au contraire, donner l'es-poir de sa continuité.

Malgré toutes ces inflexions, on aurait pu facilement résoudre tous les problèmes que présentent les couches du bassin, si des failles nombreuses et importantes n'eussent opposé des difficultés bien plus grandes. Ces failles, comme dans presque tous les bassins, appartiennent à plusieurs systèmes de directions, et très souvent elles se croisent presqu'à angle droit, de telle sorte que les couches, déjà accidentées par des ondulations prononcées, sont en outre découpées en massifs nombreux, placés aujourd'hui à des niveaux différents. Ces massifs, tantôt isolés par trois failles, et de forme triangulaire, tantôt isolés par quatre failles et prenant alors la forme de trapèzes, constituent des *champs d'exploitations* limités, dans lesquels les travaux restent concentrés, jusqu'à ce qu'on ait pu retrouver le prolongement des couches, soit dans le sens d'inclinaison, soit dans le sens de la direction.

Les failles ayant toujours limité les exploitations de Rive-de-Gier du côté de Saint-Étienne, on est dans l'habitude de désigner cette partie du bassin de la Loire sous la dénomination de *bassin de Rive-de-Gier*, comme si elle était en effet distincte et isolée de l'ensemble. Acceptons un moment cette hypothèse et cherchons les limites de ce bassin de Rive-de-Gier. Les lisières nord et sud sont parfaitement définies, et dans le sens de la direction, les couches se terminent, d'une part vers Tartaras, et, de l'autre vers la Grand'-Croix, mais avec des caractères bien différents. Du côté de Tartaras, on voit, en partant de Rive-de-Gier, la grande masse, amaigrie, affleurer au jour; viennent ensuite les affleurements des bâtardes, puis ceux d'une couche inférieure, composée d'un charbon maigre et nerveux qui doit représenter la Bourrue ou la Gentille : le bassin, fermé par un rétrécissement graduel des lisières nord et sud, se termine donc avec tous les caractères que présentent d'habitude les limites d'un bassin.

Vers la Grand'-Croix, les travaux établis dans la grande masse ont été limités, suivant la direction, par un relèvement de la couche amincie, terminé par une faille. Cette concordance, d'une courbure en allure de fermeture, avec un étranglement de puissance et une faille, fit conclure que le bassin de Rive-de-Gier se terminait réellement en ce point, et qu'il était illogique de rechercher la couche au-delà de la faille. Lorsqu'on vient à examiner de près cette opinion, on la trouve bien faiblement établie, mais elle était appuyée par quelques considérations théoriques sur la concordance de cette limite avec le relèvement du sol, et par la proximité de la ligne de partage des eaux de la Loire et du Rhône, ligne qui devait, disait-on, indiquer un relèvement intérieur du terrain primitif. On s'appuyait encore sur les perturbations nombreuses qui font varier les inclinaisons, et qui sont mises en évidence par les tranchées du chemin de fer. On ne remarquait pas que cette accidentation, résultat d'une série de soulèvements en forme de *selles*, détermine autant de pendages dans un sens que dans l'autre, et que si la cessation du bassin devait être attribuée à un relèvement du primitif et à sa proximité de la surface, l'allure eût présenté, comme vers Tartaras, un régime régulier de pendages inverses, un amincissement graduel des couches, et un relèvement des bâtardes et des sous-bâtardes.

Cette opinion, qui limitait les exploitations en créant une vaste lacune stérile, convenait aux exploitants de Rive-de-Gier et de Saint-Étienne, puisqu'elle diminuait le do-

maine des exploitations rivales, et l'on ne peut pas expliquer autrement qu'une hypothèse qui ne repose sur aucune observation sérieuse ait été si généralement acceptée.
M. Beaunier avait adopté ce système de deux bassins distincts, et ceux qui étudièrent après lui suivirent les mêmes
errements ; enfin, dans un travail récent, M. Meugy appuyait
encore dans les termes suivants la fermeture du bassin à
la Grand'-Croix :

« Quelques personnes pensent que les couches de Rive-
« de-Gier se prolongent jusqu'à Saint-Étienne, et elles se
« fondent sur ce que les couches se prolongent vers Saint-
« Chamond et vont en augmentant d'épaisseur en s'éloi-
« gnant de Rive-de-Gier ; mais il faut bien remarquer que
« la grande masse, qui atteint une puissance énorme à la
« Grand'-Croix, s'amincit successivement vers le sud-ouest,
« jusqu'au contact du crain qui la coupe en amont du puits
« Saint-Paul où elle n'a plus que 2 à 3 mètres d'épaisseur.
« D'un autre côté, il est bien vrai que cette couche plonge
« vers Saint-Chamond après s'être rapprochée de la sur-
« face du sol dans le voisinage du ruisseau de Dorlay ;
« mais il est très possible qu'avant le soulèvement qui a
« donné lieu à la vallée de ce nom, la grande masse, au
« lieu de présenter une protubérance dans cette partie de
« terrain houiller, formât au contraire une espèce de bassin
« dont les bords se relevaient vers le puits Saint-Paul.
« Il n'y a donc aucun motif pour admettre que la grande
« masse se poursuit jusqu'à Saint-Étienne. Les recherches
« entreprises dans la partie de terrain non concédée, com-

« prise entre Saint-Chamond et la Grand'-Croix, ten-
« draient au contraire à faire présumer que les couches
« de Rive-de-Gier n'existent plus dans cette localité, car
« les puits Saint-Marcellin et Saint-Jean, creusés au terri-
« toire de Combe-Rigal et du Plat-de-Gier, sont parvenus
« aujourd'hui à plus de 400 mètres de profondeur, sans
« avoir rencontré aucune couche exploitable. »

Ce passage a l'avantage de poser parfaitement la question, et de résumer les objections présentées contre la continuité des couches de Rive-de-Gier sous les territoires de
Saint-Chamond et de Saint-Étienne; or c'est précisément
cette continuité que nous nous proposons de démontrer.

Sans examiner encore la structure de l'ensemble du bassin, qui intéresse à un si haut degré l'avenir des exploitations, ramenons la question à sa plus simple expression,
qui est celle-ci : les couches qui forment le système de
Rive-de-Gier se prolongent-elles au-delà des points où
elles sont exploitées actuellement, c'est-à-dire au-delà de
la Grand'-Croix?

L'allure de la grande masse, citée par M. Meugy et dont
il tire une conclusion négative, n'est assurément pas sans
importance : cette grande couche, qui a 8 à 10 mètres de
puissance à Rive-de-Gier, va toujours en s'amincissant vers
Tartaras; elle n'a plus qu'un mètre à son affleurement, et
c'est bien là, en effet, l'allure d'une couche qui finit naturellement. Mais cette allure est précisément inverse vers
Saint-Chamond; la puissance se développe d'une manière
continue jusqu'à 18 mètres, et le nerf blanc qui la sé-

pare en deux se développe lui-même jusqu'à 10 mètres. Le rétrécissement cité vers la Grand'-Croix n'est qu'un fait isolé, et qui peut, à la rigueur, s'expliquer par l'existence même de la faille, les failles étant souvent précédées par des étranglements et même par des crains ; mais prenons la grande couche sur un point plus rapproché de Saint-Chamond, à la Gourle : ici, il y a un élément qui manquait à M. Meugy ; lorsqu'il fit son mémoire, le puits du Chêne n'avait pas encore trouvé la grande masse, et, probablement, s'il eût connu la coupe de ces travaux, ses conclusions eussent été différentes. Les travaux de la Gourle ont démontré que, sous le territoire de la Peronnière, la couche se dirige régulièrement suivant l'axe du bassin, c'est-à-dire parallèlement à la vallée du Gier, et la coupe transversale (Pl. II) fait apprécier le développement remarquable qu'elle atteint. Certes, une pareille puissance de couche, dans un bassin aussi régulier, ne peut pas se terminer brusquement suivant la direction de l'Est, tandis que sa direction du côté de l'Ouest aurait 1,500 mètres de continuité, avec une épaisseur graduellement décroissante.

Doit-on encore, après cette découverte, reporter la limite du bassin de Rive-de-Gier, entre la Gourle et Saint-Chamond ?

Les puits Saint-Jean-Plat-de-Gier et Saint-Marcellin n'ont pas encore trouvé la grande masse ; mais, au point où sont arrivés les travaux du puits Saint-Jean, il est évident qu'ils la rencontreront, développée ou dérangée, peu importe. Ces puits ont traversé plus de 400 mètres de terrain stérile ;

cela est vrai, mais ce terrain stérile est parfaitement connu comme étant supérieur au système des couches de Rive-de-Gier.

Si nous parvenons à démontrer les propositions que nous venons de poser, la question de continuité sera bien près d'être résolue. Mais, pour arriver à cette démonstration, il nous faut connaître le système des couches de Saint-Étienne, étudier toute l'épaisseur des dépôts houillers, et pouvoir établir une coupe complète du terrain. Nous laisserons donc un instant cette question importante, pour examiner ce qu'on appelle le bassin de Saint-Étienne, lequel comprend toute la partie du bassin de la Loire située à l'ouest de la division que nous avons tracée (Pl. XII) de Sorbier à Roche-Taillée; puis nous reviendrons dans la région centrale, ou de Saint-Chamond, qui contient, comme on le voit, la solution du problème.

Région de Saint-Étienne.

Transportons-nous à Saint-Étienne; nous voici au centre d'un bassin tout à fait nouveau. Autant il y avait, à Rive-de Gier, de simplicité dans l'allure et dans la classification des couches, autant nous trouverons ici de complication. Les couches sont multipliées, leur accidentation est tellement prononcée et complexe qu'on ne peut en suivre la stratification, et que, dans aucun centre d'exploitation, on n'a pu établir l'équivalence des couches avec celles des exploitations voisines.

La richesse du bassin stéphanois est immense, et pour

en avoir idée, il faut le parcourir perpendiculairement à son axe, en traversant, par exemple, les concessions de Terre-Noire, de Meons et de la Chazotte. Ou bien encore, il faut étudier les pentes de certains relèvements, tels que celles de la colline du bois d'Aveize, ou les versants de certaines vallées, tels que ceux des vallées du Cluzel ou de la Ricamarie.

Suivons une coupe transversale, en prenant pour point de départ la montagne du bois d'Aveize. Cette montagne, placée entre les deux concessions du Janon et de Terre-Noire, auxquelles son point culminant sert de ligne de séparation, présente, sur ses versants, une suite de lignes convexes et concentriques d'affleurements, qui ont fait donner au pays ce nom de *Terre-Noire*.

L'allure des couches qui affleurent ainsi autour de la montagne est assez fréquente autour de Saint-Étienne ; elles plongent en sens inverse des versants. Cette disposition résulte de ce que la montagne du bois d'Aveize se trouve précisément sur l'axe du ploiement principal du bassin et que les couches y forment un pli en fond de bateau. De plus, ces couches sont précisément les couches tout à fait supérieures, et leurs inclinaisons, soit qu'on se dirige vers le nord ou vers le midi, se maintiennent dans le sens indiqué par les pendages de la montagne d'Aveize (Pl. XV).

Il existe cependant une différence entre les deux pendages : en allant vers le nord, les inclinaisons indiquées par la coupe sont assez faibles ; elles dépassent rarement

20°, de sorte que les affleurements des divers dépôts se succèdent à la surface en occupant de vastes espaces par leurs tranches; vers le sud, au contraire, les inclinaisons sont d'autant plus rapides, qu'on s'approche davantage de la lisière du bassin, laquelle se trouve beaucoup plus rapprochée de l'axe que la lisière du nord. Cette différence entre les deux pendages existe également à Rive-de-Gier; le relèvement du sud a donc été plus rapide, et la compression plus considérable sur toute la longueur du bassin. Si donc, nous voulons étudier la série des couches en traversant le bassin à partir du sommet d'Aveize, il faut marcher vers le nord, car les dépôts, mieux développés, y présentent leurs tranches successives, et régulièrement imbriquées.

Du sommet d'Aveize à Latour, on passe en revue des mines célèbres, telles que celles de Côte-Thiollière, Meons et la Chazotte.

La coupe de la galerie d'écoulement, percée à travers bancs (Pl. XV), nous permettra d'abord de suivre avec détail les couches du système d'Aveize; elle précise leur puissance, leur allure, et les travaux à l'aide desquels on les a mises en exploitation.

La première couche, dite du *Mouriné*, a été explorée par un puits supérieur et n'a pas encore été coupée par la galerie d'écoulement qui traverse toutes les autres; c'est une couche de 5 mètres de puissance, composée d'un charbon dont la dénomination de *mouriné* indique la nature un peu terreuse. La *Rouillière*, de 2 mètres, est la seconde couche du système; elle fournit un charbon rouillé, c'est-à-dire parsemé de taches ferrugineuses. Vient ensuite la couche dite du *bon menu*, de trois mètres d'épaisseur, et qui a été la plus exploitée à cause de sa qualité supérieure pour les usages de forge. *La petite couche* de 1^m,50 est la cinquième, et précède la *grande couche* d'Aveize, dont la puissance est de 7 mètres. Le système se termine par la couche *des trois planches*, ainsi nommée parce qu'elle est divisée en trois parties par des schistes interposés; enfin, les *petites veines* constituent une même couche, divisée en deux par une barre. Les épaisseurs réunies des trois planches sont de 4^m,50 et celles des petites veines sont de 1^m,80.

Tel est le système des couches d'Aveize proprement dit; nous y ajouterons la couche *des Rochettes*, de 7 mètres d'épaisseur, qui a été reconnue en profondeur et dont l'affleurement a été rejeté plus au nord par une faille. Cet ensemble de couches, dont les épaisseurs réunies donnent plus de 36 mètres de houille exploitable, se trouve dans un système d'alternances de grès et de schistes dont la puissance est d'environ 300 mètres. La houille y est remarquable par ses qualités favorables à la fabrication du coke.

Ce système est celui des couches supérieures; il n'occupe qu'une partie très circonscrite de la surface du bassin, soit en longueur, soit en largeur, et on peut le suivre depuis la montagne de Terre-Nnoire jusqu'à la Chauvetière. En dehors de cette ligne centrale qui marque l'axe des dépôts, les couches supérieures n'existent plus, et l'on ne rencontre que des couches inférieures. Si l'on pouvait supprimer, par la pensée, les failles qui ont disloqué le terrain et porté ces couches supérieures à des niveaux très différents, on verrait qu'elles devaient former un bassin elliptique très allongé, dans les limites indiquées par la Pl. XII, et ayant environ 8,000 mètres de longueur sur 1,200 de largeur. Ce bassin, au lieu de se trouver dans le milieu du bassin principal, est, comme on le voit, très rapproché de la lisière sud ; de plus, les failles en ont accidenté la stratification de telle sorte que, sur chaque versant que présente la surface, il a fallu chercher à établir la série des couches par la comparaison de leurs caractères minéralogiques, des circonstances de leur gisement et de l'ordre de leur superposition. C'est ainsi que, près des hauts fourneaux du Janon, sur le versant sud de la montagne d'Aveize, on exploite une grande couche fortement inclinée qui, d'après sa position, semblerait être le relèvement de la couche du Mouriné, mais que l'on suppose être, en réalité, la couche des Rochettes.

Au système supérieur du bois d'Aveize succède le système moyen, que l'on peut appeler de Côte-Thiolière du Treuil et de Bérard. Ce système se compose d'une série de neuf couches qui, depuis trente ans, ont été les plus suivies par les exploitations groupées autour de Saint-Étienne ; ces couches sont numérotées de un à neuf à partir de la plus élevée dans la série.

C'est dans la plaine du Treuil, au nord de Saint-Étienne, plaine qui, outre la concession de ce nom, comprend celle de la Roche, la plus grande partie de celle de Bérard et la portion de la concession de Terre noire appelée le Gagne-

Petit, que ce système des couches moyennes est le plus exploité et le mieux connu. L'allure générale du plan de la stratification est telle qu'on peut la comparer à la moitié d'un immense cône tronqué, dont la projection horizontale serait un demi-cercle grossièrement dessiné. Une grande faille, qui détermine une zone stérile de 100 à 200 mètres de largeur et qui a relevé les couches jusqu'au jour, forme le diamètre de ce demi-cercle. A partir de cette faille, reconnue sur près de 3,000 mètres de longueur, les couches s'enfoncent, en formant des nappes coniques découpées par des failles de moindre importance qui circonscrivent divers champs d'exploitation.

La direction de la grande faille est du S.-E. au N.-O. et, à l'ouest, se trouve la grande plaine du Treuil dans laquelle viennent affleurer les cinq premières couches supérieures. L'inclinaison est assez forte près de la faille, elle atteint 30°; mais elle diminue rapidement à mesure qu'on s'en éloigne, de telle sorte que la plaine présente les plus belles allures en *plateure* qu'on puisse citer dans le bassin (Pl. XVI).

Le puits des Flaches est très rapproché de la grande faille, et à peu près au milieu, de telle sorte que l'allure générale des couches représente une série de demi-cônes très évasés, emboutis les uns dans les autres, et dont les demi-cercles auraient leurs centres sur un même axe vertical, situé vers ce puits des Flaches. Trente-et-un puits ont été foncés dans ce système de couches ; la moitié seulement ont franchi la cinquième et pénétré jusqu'à la septième.

Le système du Treuil est le mieux connu des trois qui constituent la formation de Saint-Étienne; c'est en même temps celui qui peut fournir les meilleurs termes de comparaison pour le classement des couches dans les autres parties du bassin. Nous entrerons donc dans quelques détails sur les couches qui le composent.

La première, dite *rasarole* ou *première crue*, a peu d'importance; son épaisseur n'est que d'un mètre au plus, et elle ne fournit qu'un charbon *cru* ou nerveux, sans valeur dans la localité. La seconde, dite la *crue,* est aussi de qualité inférieure; elle a de $0^m,50$ à $1^m,20$ et se trouve généralement très rapprochée de la première, dont elle s'éloigne de 8 mètres au plus.

La troisième est importante, d'abord par sa puissance qui est de 3 à 5 mètres et qui dépasse 6 mètres à Côte-Thiolière, ensuite par sa qualité, qui est celle du demi-maréchal ou bonne seconde de Saint-Étienne. Ses affleurements, situés à 800 ou 1,200 mètres du point central, décrivent divers festons sur les coteaux du Treuil, et sont marqués par les traces de nombreuses fendues; presque tous les puits traversent cette couche, qui fournit un exemple frappant du gaspillage des premières exploitations. Après n'avoir attaqué que les 2 mètres adhérents au mur, on a laissé le toit supporté par des piliers affaiblis et en grande partie écroulés, de telle sorte qu'il est aujourd'hui bien difficile d'entrer dans toutes ces mines; le feu y existe d'ailleurs sur un grand nombre de points.

La quatrième couche, de $1^m,20$ à $2^m,50$ de puissance,

ne produit qu'un charbon médiocre ; elle a été presque partout abandonnée pour la *cinquième*, de 1^m,40 à 2 mètres, qui produit le type des charbons de forge. Cette cinquième couche est le meilleur horizon géognostique qu'on puisse choisir ; car elle est remarquable dans toute l'étendue du système, non-seulement par sa qualité, mais encore par la stabilité des circonstances de son gisement ; circonstances que nous avons déjà citées et qui peuvent être résumées ainsi qu'il suit : 1° son charbon est pur et maréchal ; 2° elle a 1^m,60 de puissance moyenne, et présente, à environ 0^m,50 du toit, un nerf de Gore ; 3° elle a un faux toit de 0^m,20 à 0^m,50 d'argile schisteuse, recouvert par le vrai toit qui est un banc de grès puissant, massif et très solide ; 4° elle donne des cendres rouges après la combustion. L'ensemble de ces caractères se conserve assez loin ; on les retrouve dans la vallée du Cluzel, où ils ont servi à classer la série des couches.

La *sixième* couche du Treuil est une petite couche de 0^m,20 à 0^m,30 de puissance, et, par conséquent, inexploitable. La *septième*, de 0^m,80 à 1^m,50 fournit un charbon dur, tombant bien en gros. Enfin, les deux autres restent inexploitées, à savoir : la huitième de 0^m,50 et la neuvième de 0^m,75, à cause de leur peu d'épaisseur.

Telle est la composition du système moyen, dont l'ensemble, formant une puissance de 12 mètres de houille, est stratifié dans une épaisseur de grès et de schistes de 60 mètres environ, depuis la première crue jusqu'à la neuvième couche, et de 200 mètres si l'on part de la dernière couche du système supérieur, celle des Rochettes.

Le système inférieur de Saint-Étienne se trouve au-dessous de celui du Treuil, mais séparé par une grande épaisseur de roches stériles, car on a approfondi un des puits du Treuil (celui de la pompe) de 200 mètres au-dessous de la septième couche, sans rencontrer les premières couches du système inférieur. Il nous faut donc, pour étudier ce système, marcher vers le nord, en suivant la coupe transversale des couches imbriquées qui forment la surface du sol houiller, vers Méons et la Chazotte.

Le système inférieur doit être lui-même divisé en deux étages : l'étage de Méons et celui de la Chazotte.

En marchant vers Méons, nous rencontrons d'abord l'exploitation du Monteil, établie dans deux couches qui ne sont probablement que les couches de Méons ramenées au jour par une grande faille, ainsi qu'il a été indiqué plus haut. Nous admettrons cette assimilation dont le bassin offre de fréquents exemples, et nous considérerons comme constituant l'étage de Méons : 1° La première petite couche, de 1^m,50 ; 2° la deuxième petite couche, de 1 mètre, laquelle serait la *crue de Monteil* ; 3° *la grande couche de Méons*, de 5 mètres d'épaisseur, remarquable par la qualité supérieure de son coke.

Sous la grande couche de Méons, on connaît encore une petite veine de 0^m,50 ; puis vient une épaisseur considérable d'alternances stériles qui séparent l'étage de Méons de

l'étage tout à fait inférieur de la Calaminière et de la Chazotte. Ce dernier étage se compose lui-même de trois couches qui sont : la *couche des roches*, de 1ᵐ,50 ; la couche
du *Moncel* ou *de la Calaminière*, de 3 mètres ; et la couche
de *Lavaure* ou de la *Chazotte*, également de 3 mètres. Les
charbons de cet étage inférieur sont moins gras que ceux
des étages supérieurs; cependant on fait encore du coke
avec la couche du Moncel, mais la couche de Lavaure fournit une houille tout à fait maigre comparativement aux
autres houilles du bassin.

Telles sont les trois formations développées dans ce que
l'on appelle le bassin de Saint-Étienne. Résumons-les, et
nous aurons :

		Noms des couches.	Puissance.
	1.	La couche du Mouriné.	5ᵐ,00
	2.	— de la Rouillière.	2ᵐ,00
	3.	— du bon Menu.	3ᵐ,00
FORMATION SUPÉRIEURE; système d'Aveize.	4.	La petite couche.	1ᵐ,50
	5.	La grande couche d'Aveize.	7ᵐ,00
	6.	Les Trois-Planches.	4ᵐ,50
	7.	La Petite-Veine.	1ᵐ,80
	8.	La couche des Rochettes.	6ᵐ,00
			——— 30ᵐ,80
	9.	Première crue.	1ᵐ,50
	10.	Deuxième crue.	2ᵐ,00
	11.	La troisième couche du Treuil.	6ᵐ,00
FORMATION MOYENNE; système du Treuil.	12.	La quatrième adhérente à la troisième.	0ᵐ,00
	13.	La cinquième du Treuil.	1ᵐ,50
	14.	La sixième.	0ᵐ,50
	15.	La septième.	0ᵐ,80
	16.	La huitième.	0ᵐ,50
	17.	La neuvième.	0ᵐ,75
			——— 13 ,55

<table>
<tr><td rowspan="7" style="writing-mode:vertical-rl">FORMATION INFÉRIEURE; système de Méons et de la Chazotte.</td><td>18. La première petite couche de Méons. . . . .</td><td>1^m,50</td></tr>
</table>

18. La première petite couche de Méons.	$1^m,50$
19. La deuxième ou crue du Monteil.	$1^m,00$
20. La grande couche de Méons.	$4^m,00$
21. La petite Veine..	$0^m,50$
22. La couche des Roches.	$1^m,50$
23. La couche du Moncel..	$3^m,00$
24. La couche de la Vaure.	$3^m,00$
	————— $14^m,50$

Total des épaisseurs : $58^m,85$

Certes, une pareille formation carbonifère n'a guère d'analogie avec celle de Rive-de-Gier, et nous verrons, en effet, qu'elle lui est nécessairement postérieure et superposée. Mais avant de chercher à apprécier ces relations, voyons si les mêmes caractères se soutiennent dans les autres parties du bassin de Saint-Étienne.

Nous avons dit que les points du développement des couches de la formation supérieure suivaient l'axe du bassin, depuis le sommet d'Aveize jusqu'à la Chauvetière; si l'on marche plus au nord, une ligne parallèle marquera à peu près les lignes d'affleurement du système inférieur, de la Chazotte au Moncel, à Chaney, Méons, Reveux, Lecros, la Chana et Villars, ligne beaucoup plus longue que la première; dans la partie intermédiaire se trouveront les affleurements du système moyen.

Au sud-ouest de Saint-Étienne, nous pourrons retrouver l'équivalent de la série des trois formations, soit sur le versant nord de Quartier-Gaillard jusqu'à la cime de Mont-Salson, soit sur les versants qui encaissent la vallée du Cluzel. Nous la retrouvons encore dans la concession de la Béraudière, depuis la Chauvetière jusque derrière les

Littes et Montrambert. Mais, plus on s'éloigne de Saint-Étienne, et plus les analogies deviennent difficiles à apprécier. Les caractères des couches changent, et quelquefois très rapidement ; la couche de Méons, par exemple, de qualité si supérieure à l'Étang, est déjà médiocre à Villars et la Chana ; sa structure et sa puissance n'ont plus les mêmes caractères, et l'on douterait de l'identité si l'on ne suivait en quelque sorte la stratification pas à pas.

Transportons-nous maintenant dans la vallée de la Ricamarie, et étudions de nouveau les caractères de la formation houillère.

La Ricamarie, situé dans la concession de la Béraudière, est un des points du bassin où les affleurements sont les plus nombreux et les plus saillants ; ils ont été mis en évidence par le développement des exploitations, et la plupart sont connus de temps immémorial. Ces affleurements sont traversés par une vallée assez profonde, autour de laquelle ils se contournent en forme de fer à cheval ainsi que l'indique la carte (Pl. XVII). Ici encore, les affleurements de la vallée présentent ce fait, déjà signalé comme fréquent, d'une inclinaison en sens opposé de celle des versants ; de plus, ils sont accidentés par des failles, dont une surtout, la *faille des Maures*, rejette horizontalement les couches à 120 mètres de distance.

Il y a trente ans, les couches de la Ricamarie n'étaient guère connues que par l'état d'incendie d'une partie de leurs affleurements, excavés par des travaux dont la tradition était à peine conservée, et qui formaient des espèces de solfatares, notamment au point désigné sous le nom de *montagne embrasée* ; toutefois, la reprise de ces exploitations n'avait été entravée que par la difficulté des communications, et M. Beaunier avait déjà signalé comme très remarquable la puissance houillère accumulée sur ce point.

M. Meynier, ingénieur de la compagnie générale, a fait une coupe de ce terrain qui en résume parfaitement la composition. Cette coupe (Pl. XVI) indique l'existence de vingt-et-une couches, formant une puissance totale de 47 mètres de houille, et occupant, à la surface, un espace de terrain de 1,400 mètres, dont l'épaisseur normale est d'au moins 800 mètres. Suivons les couches successives, reconnues, tant par les travaux de la Chauvetière, que par les tranchées du chemin de fer et les exploitations placées sur la ligne AB du plan, et nous trouverons :

1. Couche n° 1 du système de la Ricamarie, fouillée seulement aux affleurements. . . . . $1^m,00$
2. Couche n° 2 explorée par une fendue. . . . . . . $1^m,30$
3. Couche n° 3 explorée par le puits de la Chauvetière. . . $2^m,30$
4. Couche n° 4 connue par la traverse. . . . . $0^m,80$
5. Couche n° 5 traversée par le puits.. . . . . $0^m,60$
6. Les deux mines.. . . . . $0^m,50$
7. La mouillée.. . . . . $2^m,20$
8. Couche n° 8. . . . . $1^m,00$
9. Couche n° 9 anciennement exploitée.. . . . . $1^m,40$
10. La schisteuse. . . . . $1^m,30$
11. La crue. . . . . $1^m,00$
12. L'italienne (charbon cru et sulfureux). . . . . . . $2^m,20$
13. La petite couche des Littes (excellent charbon à gaz). . $1^m,80$
14. L'allemande.. . . . . $1^m,30$
15. Couche des trois Gores (divisée par trois nerfs). . . . $2^m,60$

16. La grande masse des Littes et de Montrambert. . . . 18^m,00
17. La première brûlante (bonne houille). . . . . . . 1^m,80
18. La deuxième brûlante .   Id.   . . . . . . 2^m,00
19. La troisième brûlante .   Id.   . . . . . . 3^m,30
20. La petite brûlante. . .   Id.   . . . . . . 1^m,00
21. La petite veine du fond. . . . . 0^m,50

47^m,90

Ce système représente un nombre de couches peu différent de celui des trois formations de Saint-Étienne, réunies dans une série de grès et de schistes analogues par leurs caractères et par la puissance de leur développement ; mais comment assimiler et classer des couches qui, prises isolément, n'ont plus aucun caractère commun ?

L'allure, non plus que la qualité des couches, ne fournissent aucune base à la comparaison qu'on a tenté de faire. Comment reconnaître, par exemple, la troisième du Treuil dans la grande masse des Littes et de Montrambert qui ne se présente ni avec la même composition, ni avec aucune analogie de gisement et de relations avec les couches inférieures ou supérieures. La série des couches de la Ricamarie ne ressemble à celle que nous présente la coupe transversale du bassin de Saint-Étienne, ni par les caractères des couches, ni par leur ordre de superposition. Quant à la qualité des houilles, elle est en quelque sorte en dehors de toutes celles que nous avons citées. La grande masse nous offre le type des charbons à gaz, et cette qualité est tellement prononcée aux Littes et à Montrambert, que l'on y trouve des bancs intercalés de véritable *cannel-coal*, et des passages minéralogiques très ménagés vers cette variété.

Il est évident que les couches de la Chauvetière représentent les couches de la formation supérieure, mais considérablement amaigries et d'une qualité médiocre; cela est naturel, car nous sommes ici à la fin de leur développement. Mais cette assimilation une fois admise, ne pouvons-nous considérer les couches du fond comme représentant la formation inférieure, de telle sorte que tout le dépôt serait représenté sur ce point, aussi bien qu'il l'est sur les versants opposés de Mont-Salson et du Cluzel? La vallée de la Beraudière se trouve en effet sur la lisière du bassin; et, derrière la petite Ricamarie, nous voyons le terrain primitif se montrer brusquement, en imprimant aux couches une forte inclinaison, et des perturbations qui ont été indiquées par la Pl. I.

Si la formation houillère de la Ricamarie représente réellement toute l'épaisseur des formations houillères de Saint-Étienne, nous devrons trouver des analogies dans les dépôts inférieurs qui les supportent. Cherchons donc à établir des coupes qui nous permettent d'étudier ces dépôts inférieurs : prenons-les au nord, c'est-à-dire au-delà de la Chazotte, sur la ligne qui conduit à la Tour; au sud-ouest, dans la direction de Roche-la-Molière ou de Firminy; enfin au nord-est, vers Saint-Chamond et Rive-de-Gier; examinons ainsi tout le périmètre du bassin dans lequel ont été déposées les trois formations de Saint-Étienne, et nous serons frappés de la régularité des dépôts.

La lisière septentrionale du bassin de Saint-Étienne, au nord de la Chazotte, nous présente, au-dessous des couches houillères, un grand développement de conglomérats et poudingues. Ces conglomérats et poudingues, composés de granites, gneiss, micachistes, en fragments roulés, peu ou point agrégés, sont séparés des conglomérats à blocs anguleux qui terminent le bassin total, par des alternances de grès, de schistes et de gores noirs, dans lesquels on a fait des recherches, notamment vers Bayard. Ces recherches n'ont pas été heureuses sous le rapport de l'exploitation, mais elles ont démontré l'existence d'un système de grès fins et de schistes carbonifères placé entre les deux conglomérats. Or, ce système est, suivant nous, celui de Rive-de-Gier, situé au-dessus des gros conglomérats *anguleux* de la base, et au-dessous du conglomérat *roulé*, sur lequel reposent les formations de Saint-Étienne.

En détaillant les couches dont cette lisière nord du bassin présente les affleurements, nous ferons encore une remarque importante. Les conglomérats inférieurs sont sujets à être très ferrugineux, et, vers la Fouillouse, les blocs sont cimentés par une pâte rouge, argilo-sableuse, qui semble empruntée au minerai de fer de la Tour. Au-dessus des poudingues à gros éléments qui forment la base des dépôts de Saint-Étienne, on remarque également des couches de poudingues et grès rouges ; mais ce caractère, au lieu d'être accidentel comme dans les conglomérats de la base, est assez constant pour qu'on puisse s'en servir comme d'un horizon géognostique marquant les points où la formation de Saint-Étienne se sépare de celle de Rive-de-Gier.

En effet, la fin de la série des couches de grès et de schistes dans laquelle se trouvent comprises les vingt-deux couches de houille de la Ricamarie, est indiquée par un développement considérable de grès rouges ou bariolés, qui sont considérés comme la base de la formation ; toutes les fois que les travaux de recherche ont atteint les grès rouges, on les arrête comme devant être désormais infructueux. Ces grès reposent sur le primitif, et marquent la fin des couches houillères, vers les coteaux qui dominent la plaine de Villebœuf, ainsi que près du Chambon.

Ces grès ont 20 à 30 mètres d'épaisseur, et sont très nettement caractérisés. Aussi, bien qu'on retrouve d'autres grès et conglomérats rouges à la base du système de Rive-de-Gier, on ne peut guère les confondre avec ceux du Chambon, qui sont tellement ferrugineux, et contiennent des parties si complétement imprégnées, qu'on les a considérées un instant comme pouvant servir de minerais. Cette grande quantité de fer répandue dans une certaine épaisseur de la formation annonce que les actions sédimentaires furent, à une certaine époque, modifiées par des sources ferrugineuses abondantes et énergiques qui pénétrèrent tout le dépôt. Des actions analogues ont pu exister à d'autres moments de la période houillère, mais elles furent locales, tandis qu'il y a, dans cet étage, un caractère de généralité, qui peut aujourd'hui servir de plan de repère à l'étude des dépôts.

Après avoir établi qu'il existe une assise de grès rouge, inférieure à la formation houillère de Saint-Etienne et reposant sur le terrain primitif en plusieurs points de la lisière du bassin, nous arrivons à poser cette question importante : existe-t-il des dépôts houillers inférieurs aux grès rouges, et ces dépôts renferment-ils des couches de houille ?

Pour résoudre cette question, il faut étudier les terrains qui constituent le sol, depuis les grès rouges du Chambon jusqu'à Fraisse et au Pertuiset, où se montre le primitif. Dans toute cette partie, on voit, après les grès rouges, affleurer une succession de dépôts qui ont le même pendage, c'est-à-dire qui plongent vers Saint-Étienne, et sont par conséquent évidemment inférieurs aux grès rouges ; ces dépôts se composent des grès et des schistes houillers, dans lesquels sont comprises : 1° la grande couche de Firminy, couche de houille de 15 mètres de puissance, exploitée à ciel ouvert au Breuil, et, à la Malafolie, par travaux souterrains ; 2° deux couches inférieures, de 2 à 3 mètres de puissance ; 3° enfin, vers le village de Fraisse, au lieu dit les Planches, trois couches de charbons raffort, de 1 à 3 mètres de puissance, auxquelles succèdent bientôt les derniers grès houillers, puis le sol primitif.

Il serait bien extraordinaire que l'analogie de cette série de couches, avec la série de Rive-de-Gier, ne fût que l'effet du hasard. En effet, le système des couches de Rive-de-Gier, coupé suivant l'axe du bassin, nous offre aussi une grande couche de 10 à 18 mètres de puissance de bonne houille grasse, à laquelle succèdent les deux bâtardes, puis les couches de la Bourrue et de la Gentille.

Ainsi donc, puisqu'aux deux extrémités opposées de l'axe, le bassin de Saint-Étienne finit de la même manière, on est bien autorisé à penser que la grande couche du Breuil, ses deux bâtardes et les rafforts des Planches, correspondent à la série des couches de Rive-de-Gier?

Cette opinion, conclue par analogie, se trouve confirmée par ces considérations : 1° que le bassin de Rive-de-Gier, ou plutôt que le système des couches exploitées dans cette partie du bassin de la Loire, est inférieur au système des couches exploitées à Saint-Étienne et à la Ricamarie; 2° que les grès rouges signalés dans la partie occidentale comme servant de limite aux deux formations, se retrouvent précisément entre la Grand'-Croix et Saint-Chamond, dans une position analogue à celle des grès du Chambon, avec des caractères identiques, et séparant comme eux le système de Saint-Étienne (représenté ici par les couches exploitées à Saint-Chamond, à Rigodin et au Fay) du système inférieur (représenté par la grande masse exploitée à la Gourle).

Les couches inférieures à la grande masse seraient plus puissantes à l'extrémité occidentale du bassin qu'à l'extrémité orientale; mais cela n'a rien qui surprenne si l'on considère que le terrain houiller est plus large et plus développé dans cette partie, que dans la partie orientale. On peut cependant opposer à l'équivalence que nous admettons ici diverses objections que nous allons discuter.

L'analogie de gisement, signalée entre le système de Rive-de-Gier et le système de Firminy, qui l'un et l'autre seraient inférieurs aux grès rouges qui supportent la formation de Saint-Étienne, existe-t-elle en réalité? Si l'on prend pour point de départ la couche du Breuil qui représenterait la grande masse, les couches du puits Saint-Charles seraient les bâtardes, et les couches des Planches, représenteraient la Bourrue et la Gentille, plus développées et améliorées en qualité aussi bien qu'en puissance. Mais les couches de la Malafolie, situées en avant de celles du Breuil, ne sont-elles pas supérieures et ne viennent-elles pas rompre l'analogie? Nous ne le pensons pas, parce que nous assimilons la grande couche de la Malafolie à celle du Breuil, et les deux couches inférieures, à celles du puits Saint-Charles; seulement, les couches de la Malafolie ont été rejetées en avant par une grande faille, dont la faille des Maures est un exemple. Ici le rejet horizontal serait encore plus considérable; mais nous l'admettons, parce qu'il n'est pas possible qu'une couche aussi puissante que celle du Breuil soit instantanément perdue : or, où la retrouver, si ce n'est à la Malafolie où elle se montre avec ses deux petites couches sous-jacentes?

Comme il faut tirer parti de tous les indices, nous signalerons encore la structure maillée du charbon à la Malafolie. Les délits naturels y sont clivés et striés *obliquement* à la stratification, et ces caractères, imprimés sur presque tous les fragments, indiquent un charbon qui a subi des mouvements et des pressions considérables.

Une seconde objection se présente, c'est la non existence des affleurements du système inférieur sur la lisière méridionale du bassin, au-dessous des grès rouges ; mais elle tombe d'elle-même, si l'on étudie la construction de la formation de Saint-Étienne qui, sur la lisière méridionale, recouvre évidemment celle de Rive-de-Gier. En d'autres termes, les deux bassins ont été excentrés, et le bassin supérieur a débordé sur la limite méridionale du bassin inférieur. Les mouvements du sol qui ont eu lieu entre les deux formations de Saint-Étienne et de Rive-de-Gier sont d'ailleurs attestés par les gros conglomérats signalés à la base du système de Saint-Étienne, et le déplacement de l'axe des dépôts, vers le sud, a été une des conséquences de ces mouvements.

(La carte (Pl. XII) indique notre hypothèse dans tous ses détails, par le tracé des quatre étages superposés qui ont rempli le bassin.)

Mais si les affleurements du système de Rive-de-Gier ont été recouverts sur la lisière sud, ceux de la lisière nord ont dû rester visibles ; aussi les avons-nous déjà signalés vers la Tour-en-Jarest, où ils sont représentés par le système carbonifère de Bayard. Nous l'avons vainement cherché, il est vrai, le long du chemin de fer d'Andrézieux, mais là, le terrain est trop peu accidenté, trop couvert par la végétation et les terrains meubles de la surface, pour que l'on puisse en conclure aucune objection ; d'autant plus, qu'au-dessous des couches de Roche-la-Molière, et au-dessus des conglomérats de la base, on connaît encore un système carbonifère non exploré, dont la position géognostique est tout à fait analogue à celle des couches de Bayard.

Nous ajouterons encore une considération, tirée de la forme générale du bassin houiller. Lorsqu'on examine ses contours sur la carte, on voit que la région de Rive-de-Gier constitue, à l'extrémité nord-est de l'axe, une espèce de golfe étroit et très allongé ; or, l'extrémité sud-ouest de l'axe, derrière les affleurements de Firminy, se trouve dans une situation identique, relativement à la partie centrale. C'est un golfe qui, dans sa forme et dans sa composition, reproduit exactement les conditions symétriques du golfe de Rive-de-Gier.

Pour discuter cette hypothèse si importante, qui ferait passer tout le système de Rive-de-Gier sous celui de Saint-Étienne, et doublerait en quelque sorte l'épaisseur qu'on attribuait à la partie centrale des dépôts, transportons-nous sur le seul point où le problème puisse être résolu, dans la région moyenne, comprise entre celles de Rive-de-Gier et de Saint-Étienne, c'est-à-dire à Saint-Chamond.

Nous avons dit que l'accident de la Grand'-Croix avait été considéré comme la limite du système de Rive-de-Gier. Sur le pendage opposé, cette limite était encore plus restreinte ; les travaux avaient été arrêtés par des failles dans la concession du Ban, assez loin encore du ruisseau de la Faverge, qui, lui-même, marque problablement l'emplacement d'une faille très prononcée. Mais nous avons dit aussi que l'hypothèse qui considérait cette limite comme définitive et déterminée par un relèvement du sol primitif, ne paraissait établie sur aucun fait probant, et qu'elle était combattue surtout par les ingénieurs qui avaient étudié le terrain pas à pas, comme M. Brochin. En effet, dans cette région, on voit tous les dépôts qui forment le système de Rive-de-Gier disparaître sous une assise de *grès rouge* qui affleure transversalement dans toute la largeur du bassin, et qui forme la lisière de la seconde formation, suivant le périmètre indiqué par la carte. Ces grès rouges, qui reproduisent les caractères des grès du Chambon, viennent affleurer précisément vers la limite méridionale de la concession de la Peronnière. Prenant ces grès pour horizon géognostique, on devait donc trouver au-dessous, dans la concession de la Peronnière, tout le système des couches de Rive-de-Gier : la grande masse, les bâtardes et les sous-bâtardes, tandis qu'au-dessus on devait rencontrer le système des couches de Saint-Étienne. Or, ce système de Saint-Étienne existe en réalité à Saint-Chamond, au-dessus des grès rouges ; il est exploité à Lavieux, à Lavarizelle, à Rigodin, et si les puits de ces diverses exploitations étaient foncés à une profondeur suffisante, ils rencontreraient les couches du système de Rive-de-Gier.

Telle était la théorie qui fut vivement discutée ; voyons ce que démontrèrent les faits.

S'il eût été vrai que le bassin de Saint-Étienne fût séparé de celui de Rive-de-Gier par un relèvement du terrain primitif, ceux qui foncèrent des puits pour rechercher la grande couche de Rive-de-Gier au delà des limites qu'on lui assignait, devaient rencontrer les brèches inférieures du terrain

26.

houiller, à gros fragments anguleux, sur lesquelles repose le système de Rive-de-Gier dans toute la partie connue. Il n'en fut pas ainsi : le puits ouvert à Faverge, près du ruisseau de ce nom, le puits Piney et le puits du Chêne, au lieu dit la Gourle, dans la concession de la Peronnière, enfin le puits Saint-Jean du Plat-de-Gier et le puits Saint-Marcellin, situés plus près de Saint-Chamond, sont entièrement dans le terrain houiller. Tous ces puits ont traversé des alternances de grès et de schistes, parmi lesquelles se trouve l'assise de grès rouge avec une puissance de 20 mètres. Il est à remarquer qu'on ne trouva pas les conglomérats qui supportent la base du système inférieur de Saint-Étienne, conglomérats qui s'observent sur la lisière nord, mais qui sont changés en grès vers l'axe du bassin. Dans quelle partie du terrrain se trouvait-on ? Pour le savoir, on chercha s'il n'existait pas, au-dessus de la couche de Rive-de-Gier, quelque banc de roche bien caractérisé qui pût servir d'horizon pour déterminer à quelle hauteur on était dans la série des dépôts.

Nous avons déjà signalé, parmi les schistes du bassin de Rive-de-Gier, une roche d'un blanc grisâtre, dite *gore blanc*. Cette roche, qui forme une assise au-dessus de la grande masse, est une sorte de poudingue, dont la pâte, grise et serrée, est parsemée de petits nodules stéatiteux qui lui donnent l'apparence d'une amygdaloïde ou d'un porphyre, et dont les plans de stratification sont souvent enduits de stéatite. Les puits de recherche rencontrèrent tous ce gore blanc, et M. Brochin, ayant examiné avec soin si on l'avait traversé dans les puits de Rive-de-Gier, le retrouva dans plusieurs d'entre eux ; il nous montra, entre autres, des échantillons provenant d'un puits foncé dans la concession du Couloux, où le gore était tellement stéatiteux qu'il était verdâtre et doux au toucher. Les épaisseurs de ce gore paraissent très variables ; peut-être manque-t-il en quelques points, mais partout où il a été reconnu, il est nettement caractérisé, non seulement par sa composition, mais aussi par sa position géognostique à 100 mètres au moins au-dessus de la grande couche.

Le puits Piney et le puits du Chêne, foncés dans la concession de la Peronnière, atteignirent tous deux le gore blanc : le premier presque immédiatement, et le second à 120 mètres de profondeur. Tous deux traversèrent ensuite des alternances analogues de schistes et de grès ; à 155 mètres, le puis Piney recoupait une petite couche de houille de $0^m,30$ d'épaisseur, connue dans le bassin sous la dénomination de *petite mine de la découverte*, et qui précède ordinairement la grande couche, dont elle séparée par 15 à 55 mètres de grès ; cette petite mine avait été rencontrée par le puits du Chêne à 290 mètres, c'est-à-dire à une distance du gore blanc analogue à la première.

A ce point, la probabilité de la grande couche devenait bien grande ; elle était pourtant encore niée, lorsque le puits du Chêne la rencontra enfin à 340 mètres de profondeur, à 36 mètres en contre-bas de la *petite mine*. Il la trouva d'abord brouillée, mais ce dérangement fut bientôt traversé, et l'on constata enfin 16 mètres de puissance et une excellente qualité. Le puits Piney eut le même succès : la couche, traversée à 16 mètres au-dessous de la petite mine, était parfaitement réglée ; elle a 14 mètres d'épaisseur. Des galeries percées en direction ont reconnu l'allure de cette grande couche et l'ont trouvée régulière, et divisée en deux par le nerf blanc, qui est très dilaté sur ce point (Pl. II).

La prétendue limite assignée au système de Rive-de-Gier fut donc franchie ; il fut démontré que ce système de couches continuait vers Saint-Étienne avec toute son épaisseur et toute sa richesse ; mais jusqu'à quelle distance continuait-il ?

Avant de répondre à cette nouvelle question, constatons que le puits de la Faverge arrivait à la même démonstration. Ce puits traversait, à 321 mètres, la petite mine, et à 376 la grande couche, dont la qualité était, il est vrai, failleuse et altérée, mais avec 10 mètres de puissance et des caractères qui ne permettent pas de douter que ce ne soit bien encore la grande masse de Rive-de-Gier.

Marchons toujours vers Saint-Chamond, et établissons les faits reconnus par le puits de Saint-Jean du Plat-de-Gier. Ce puits est peu élevé au-dessus du Gier, mais une faille a abaissé le niveau du terrain, de sorte qu'il a dû recouper toute la série des dépôts supérieurs au gore blanc ; il a même traversé le grès rouge, qui affleure au-dessus des puits de la Peronnière, et n'avait pas été rencontré par eux.

A 80 mètres de profondeur, ce puits recoupa les grès rouges, qui ont 16 mètres de puissance ; à 200 mètres, il atteignit le gore blanc, dont l'épaisseur était de 24 mètres, et au-dessous duquel il trouva les grès et les schistes analogues à ceux des puits de la Gourle. A ce point, M. Brochin fit le calcul approximatif des distances auxquelles le puits devait rencontrer d'abord la petite mine, puis la grande couche. Pour la petite mine, son calcul se vérifia; elle fut atteinte à 510 mètres, c'est-à-dire à 200 mètres environ du gore blanc; enfin, vers 600 mètres de profondeur, le puits a trouvé du charbon nerveux et mal réglé que l'on suppose appartenir aux bâtardes, le plan de la grande masse ayant été probablement traversé en faille. Il devient donc presque certain que la grande couche existe sur ce point, dans sa position normale; le puits la trouvera-t-il puissante ou étranglée, régulière ou dérangée? On ne peut encore avoir d'opinion absolue à cet égard, mais il doit nécessairement la trouver; car la coupe du puits Saint-Jean, comparée à celle des autres puits, ne peut laisser subsister aucun doute.

Tel est aujourd'hui l'état de la question ; nous pensons qu'il reste démontré, par les conditions de développement du terrain du bois d'Aveize à la Tour, par les observations faites dans les territoires de la Ricamarie et de Firminy, par les travaux exécutés ou entrepris entre Saint-Chamond et Rive-de-Gier, *que tout le système houiller de Rive-de-Gier se trouve en dessous des territoires de Saint-Chamond et de Saint-Etienne.*

Au surplus, cette hypothèse n'était pas nouvelle, et déjà, en 1838, nous trouvions le passage suivant dans une lettre écrite par M. Feneon à M. Deville, lettre devenue publique :

« Le système inférieur qui se rapporte assez exacte-

« ment aux couches de Rive-de-Gier passerait donc sous
« des concessions où, jusqu'à présent, l'on n'avait pas
« soupçonné son existence. Parmi celles qui le contien-
« draient et présenteraient le développement complet du
« terrain houiller, on doit citer particulièrement Montram-
« bert, la Ricamarie, le quartier Gaillard, le Treuil et la
« Chana. »

Citons encore, à l'appui de cette opinion, quelques observations faites sur le territoire de Saint-Chamond.

Dans toutes les explorations nouvelles que nous avons
signalées sur la rive gauche du Gier, on trouve la stratification dirigée suivant l'axe du bassin et présentant le pendage normal du fond de bateau dont le Gier marque à peu
près la ligne d'ennoyage. Si l'on monte vers Saint-Chamond,
on rencontre une nouvelle formation houillère supérieure
aux grès rouges, et c'est en étudiant l'allure de cette formation qu'on peut conclure celle de la formation sous-jacente;
car on ne peut pas admettre que ces deux formations
soient totalement discordantes. Examinons donc le terrain
houiller, dans cette vaste concession qui renferme à elle
seule 3,560 hectares, et dans laquelle les travaux n'ont
jamais été développés.

La houille a été exploitée à Saint-Chamond probablement avant qu'elle le fût à Saint-Étienne. L'ancien château
est, en effet, adossé aux principaux affleurements de la
contrée, et l'on y connaît, dans une zone assez étroite, six
couches distinctes ; l'une de 4 mètres de puissance, les autres de 1 à 2 mètres. Ces couches forment un faisceau dont

les affleurements courent suivant la direction générale du bassin, mais en formant un crochet assez prononcé qui a conduit quelques observateurs à les considérer comme constituant un petit bassin spécial, supérieur aux couches de Saint-Étienne. M. de Reuss a, le premier, démontré que l'allure des couches rentrait dans les conditions générales de l'allure du bassin, bien qu'elles eussent été ployées horizontalement en un point de leur parcours, de manière à présenter l'apparence d'un fond de bateau particulier (Fig. 41, p. 298).

Ce fait accidentel expliqué, il est facile de reconnaître que la direction générale des couches de Saint-Chamond est parallèle à l'axe du bassin, depuis les exploitations du Fay, jusqu'à la Varizelle et Ricolin ; c'est-à-dire que ces affleurements se développent au-dessus des grès rouges, et s'arrêtent seulement à la grande vallée de Langonand, qui est déterminée par une faille, et au-delà de laquelle se trouvent les couches de la Calaminière et du Moncel. Le pendage des couches est vers l'axe du bassin, de telle sorte que ces couches appartiennent au relèvement nord du bassin de Saint-Étienne ; l'allure générale observée à Rive-de-Gier et à Saint-Étienne se représente donc ici, car nous retrouvons le relèvement sud en sens opposé, vers Saint-Martin en Coallieux : là, plusieurs affleurements qui n'ont jamais été explorés, ont été constatés par des excavations ; leur pendage est rapide et en sens inverse des couches de Saint-Chamond. Ces affleurements sont inférieurs aux grès rouges, lesquels sont visibles sur toute la lisière sud, et notamment près du village d'Izieux, et peuvent être suivis sur une très grande longueur. Le régime régulier de l'allure est interrompu par un grand nombre de failles perpendiculaires à la direction, et par quelques plis qui déterminent des variations de pendages; mais, dans ses conditions générales, il concorde parfaitement avec l'allure des couches de Rive-de-Gier et de Saint-Étienne.

En résumé, les conditions de structure et de composition de toutes les parties du bassin houiller de la Loire nous paraissent se réunir pour nous autoriser à conclure :

Que ce bassin résulte de la superposition de deux formations distinctes : 1° la formation inférieure ou de Rive-de-Gier, comprenant environ 400 mètres d'épaisseur de dépôts, vers la base desquels se trouvent quatre à cinq couches de houille, dont les épaisseurs réunies sont, de 8 à 25 mètres; 2° la formation supérieure ou de Saint-Étienne, qui embrasse une épaisseur de 800 à 1,200 mètres de dépôts, dans lesquels se trouvent vingt-deux à vingt-quatre couches de houille, dont les épaisseurs réunies sont de 47 à 58 mètres. Cette formation supérieure constitue le sol depuis Saint-Chamond et Terre-Noire jusqu'à Montrambert et Roche-la-Molière, sur une longueur d'environ 20,000 mètres, suivant l'axe du bassin. La formation inférieure est à découvert depuis Tartaras jusqu'à la Gourle et la Grand-Croix, points où elle disparaît sous les grès rouges qui supportent la formation supérieure; elle reparaît à l'autre extrémité de l'axe du bassin, à Firminy, Unieux et Fraisse, en se dégageant de dessous les grès rouges du Chambon. La longueur totale des dépôts est de 32,000 mètres, et leur puissance de 1,200 à 1,600 mètres, avec une épaisseur maximum de houille de 78 mètres, répartie en 27 couches.

La formation supérieure de Saint-Étienne est subdivisible en trois étages, et les quatre systèmes qui en composent l'épaisseur totale paraissent avoir été déposés sur des surfaces elliptiques de plus en plus étroites, et dont les axes étaient successivement moins longs. Cette concentration progressive des dépôts s'explique par le remplissage des parties les moins profondes du bassin, de sorte qu'il est naturel de trouver la formation inférieure, découverte aux deux extrémités du grand axe du bassin. Mais la concentration a été déterminée aussi par des mouvements du sol contemporain des dépôts, mouvements qui sont marqués par les gros conglomérats, intercalés à la base de la formation de Saint-Étienne, et par les émissions de fer olygiste qui ont donné naissance aux grès rouges. Ces mouvements ont eu pour effet principal de rejeter les dépôts supérieurs vers la lisière sud, où ils ont recouvert la formation inférieure, tandis que, sur la lisière nord, les affleurements de cette formation occupent de grandes largeurs.

L'accidentation des dépôts résulte de deux phénomènes distincts. D'abord, une compression générale exercée principalement par des forces perpendiculaires à l'axe, et dont l'effet a été de ployer les couches suivant des inclinaisons plus ou moins fortes; ces inclinaisons sont, le plus souvent, simples, et présentent la forme de fond de bateau, mais quelquefois elles sont complexes et déterminent plusieurs fonds de bateau accolés. En second lieu, des failles nombreuses, parallèles et perpendiculaires au grand axe, ont découpé les dépôts, et produit des dénivellations et des rejets considérables. Ces failles ont été généralement postérieures aux ploiements, et, comme ceux-ci avaient eu pour effet de rendre les plans des couches concaves, et que les soulèvements ont créé à la superficie du sol des surfaces convexes, il est résulté cette disposition, si souvent remarquée à Saint-Étienne, des inclinaisons en sens opposé de celles des versants.

Telles sont nos conclusions théoriques; les conséquences pratiques peuvent en être ainsi formulées : les surfaces recouvertes par la formation supérieure de Saint-Étienne, sous lesquelles se développe la formation inférieure de Rive-de-Gier, comprennent un minimum de 8,000 hectares. En évaluant à 10 mètres seulement d'épaisseur moyenne les couches de houille comprises dans cette formation inférieure, on aurait environ un milliard de tonnes réservées aux recherches et aux exploitations de l'avenir, et tout à fait en dehors des richesses connues et exploitées aujourd'hui.

Division du bassin en concessions.

Il est difficile d'étudier le gisement de la houille dans un bassin houiller sans s'occuper en même temps des conditions générales des exploitations, et par conséquent de la division de ce bassin en concessions. Le bassin de la Loire présente, sous ce rapport, un intérêt tout particulier; les discussions relatives au groupement des concessions y ont été très passionnées, et les conditions de structure et d'allure du terrain houiller, qui, dans ces discussions, auraient toujours dû être consultées avant tout, ont été beaucoup trop négligées.

Si les études relatives au gisement de la houille dans le bassin de la Loire avaient été prises en considération lors de la division des concessions, elles auraient nécessairement conduit à partager le bassin par des lignes perpendiculaires au grand axe, en zones qui auraient embrassé toute la largeur du bassin. Ce mode de division aurait eu l'avantage d'attribuer à chaque concession une portion des deux pendages opposés et du fond de bateau, c'est-à-dire d'établir des conditions aussi comparables que possible, et d'intéresser tous les exploitants à l'exploration des profondeurs. Quant à la largeur des zones, elle eût été graduée suivant la richesse des gîtes découverts.

Cette division présentait encore l'avantage de donner, à largeur égale des zones, plus de richesse aux concessions de Saint-Étienne, où le bassin est très grand, qu'aux concessions de Rive-de-Gier où le bassin est très étroit; et c'eût été justice, puisque l'exploitation des gîtes de Rive-de-Gier, grâce à la proximité de Givors et de Lyon, était bien plus avantageuse que celles des gîtes de Saint-Étienne.

Enfin, on aurait attribué ainsi, à chacune des concessions, une partie traversée par les voies de communication qui suivent toutes le grand axe du bassin, axe qui coïncide avec les thalwegs des vallées principales.

Les divisions établies ne satisfont à aucune de ces conditions ; elles semblent tracées au hasard, tant sous le rapport de leur étendue comparative, que sous celui de l'allure des gîtes et de leur situation relativement aux voies de transport. Aussi, pour se rendre compte des causes qui ont amené cette irrégularité, est-il nécessaire de revenir sur l'historique des exploitations.

Nous avons rapporté, dans le chapitre Ier, ce que la tradition avait conservé sur les premières exploitations de ce bassin ; la plupart sont bien antérieures à la loi des mines de 1810, et les titres en ont été établis sous le régime de législations diverses. Le principe de toutes ces législations avait été le privilége des propriétaires de la surface sur la richesse du tréfonds, et la loi de 1791 avait elle-même maintenu ce droit jusqu'à la profondeur de 50 mètres.

Lorsque la loi de 1810 eut constitué la propriété minière sur des bases précises et plus logiques, il fallut instituer définitivement les concessions, en mettant d'accord les droits anciens avec les principes nouveaux ; mais c'est alors que commença une lutte qui dura environ quatorze ans, et dont les effets furent des plus funestes à l'industrie du bassin. Les propriétaires de la surface réclamaient les concessions, de préférence aux véritables exploitants qui, jusqu'alors, n'avaient agi que comme amodiataires. Ceux-ci répondaient, qu'ils avaient en réalité couru, seuls, tous les risques des recherches, qu'ils avaient créé, par leurs capitaux et leur travail, une industrie nouvelle, et qu'eux seuls étaient aptes à l'exploiter. D'après l'esprit de la loi leurs droits étaient évidents ; mais le gouvernement, trop faible, alors, pour résister aux réclamations des propriétaires du sol, accorda aux plus importants la concession de leur tréfonds, et adopta, en faveur des petits propriétaires, le principe de la redevance, principe évidemment contraire à la loi.

Les résultats de cette faiblesse administrative furent déplorables. D'abord, les concessions furent divisées, suivant des convenances territoriales, sans aucune intelligence, sans avoir égard ni à la configuration du sol, ni à l'allure des couches de houille ; en second lieu, la loi de 1810 fut en quelque sorte abrogée, et l'exploitant, frappé d'une *dîme* en faveur de la superficie, vit consacrer un état de choses qui grevait son travail, augmentait son prix de revient, restreignait le cercle de ses débouchés et, par conséquent, les chances du développement dans l'avenir [1].

Le bassin de la Loire fut donc divisé en soixante con-

[1] Les redevances sont fixées ainsi qu'il suit :

	Couches d'1 à 2 m.	de 3 m. et au-dessus.
Jusqu'à 50 mètres de profondeur..	$\frac{1}{5}$	$\frac{1}{6}$
De 50 mètres à 100 mètres.	$\frac{1}{12}$	$\frac{1}{8}$
De 100 mètres à 150 mètres..	$\frac{1}{15}$	$\frac{1}{10}$
De 150 mètres à 200 mètres..	$\frac{1}{18}$	$\frac{1}{12}$

Le résultat moyen est environ $\frac{1}{10}$ du produit brut ; en effet de 1824 à 1844 il fut extrait 183,000,000 de quintaux métriques, sur lesquels la part des tréfonciers fut de 15,210,000 quintaux. Au prix moyen de la vente, 0,74, ils ont dû réaliser 11,253,600 francs de bénéfice, alors que presque toutes les exploitations ont éprouvé des pertes.

cessions, à peu près toutes réglées vers 1824, et les exploitations s'organisèrent avec des moyens généralement médiocres, mais assez rapidement toutefois, grâce à la facilité des travaux et aux avantages que présentait la disposition de certaines parties du bassin. Sur beaucoup de points, les couches s'offraient, en effet, à une faible profondeur, avec une grande régularité et une qualité telle, que les houilles de maréchalerie, ainsi que celles destinées à la fabrication du coke, s'exportaient jusqu'à Paris.

Il résulta de cette facilité d'exploitation que les extractions eurent bientôt dépassé le chiffre des consommations normales, et dès lors les vices du morcellement exagéré furent mis en évidence. Dans l'impossibilité de vendre tous les produits extraits, on laissa cette charge à chaque intéressé : le charbon était remis à chacun d'eux, aussi bien qu'aux propriétaires de la surface, auxquels on avait ouvert des parcs spéciaux sur chaque halde ; certains travaux étaient donnés à l'entreprise aux ouvriers, et on leur livrait en payement le charbon qu'ils extrayaient, en les jetant eux aussi dans l'arène de la concurrence. C'est alors que l'antagonisme, atteignant sa dernière limite, avilit les prix et détermina une misère si profonde et si générale, que la pensée de l'association germa dans tous les esprits et fut bientôt la question qui domina toutes les autres.

Ce fut vers 1832 que cette plaie déplorable fut mise en évidence, par l'inondation progressive de la plus grande partie des mines de Rive-de-Gier.

Les concessions n'étaient nulle part aussi restreintes

qu'à Rive-de-Gier; les mines commençaient à s'approfondir, et comme aucun concessionnaire n'avait un matériel suffisant pour épuiser ses eaux, les mines placées sur le fond de bateau, c'est-à-dire au point le plus bas des inclinaisons, étaient inondées par les eaux de toutes les concessions supérieures. Des procès s'engagèrent, procès inextricables, dont la solution se faisait attendre de telle sorte que les eaux, montant chaque année davantage, envahissaient, dans un désastre commun, les accusés et les accusateurs. Le mal se propageait, et l'administration, qui avait regardé avec indifférence tant de misères industrielles, fut bien forcée de sortir de son apathie lorsque la production fut menacée. On reconnut alors les funestes effets du morcellement, et il fut constaté que ce bassin, le plus riche de la France, avait été déplorablement aménagé. L'administration fut obligée d'exposer elle-même tous les désordres de l'exploitation, et elle obtint des Chambres la loi de 1838, qui consacra le principe de l'association, et le rendit obligatoire pour parer aux inondations.

Dans cette période de 1832 à 1838, les discussions firent connaître l'état réel du bassin. C'est à peine si quelques exploitants s'étaient enrichis, parmi ceux qui possédaient les premières qualités; vingt-sept concessions étaient en médiocre bénéfice, et quarante-et-une étaient en perte. Si l'on eût réuni tout le bassin comme appartenant à un seul producteur, ce producteur aurait pu être considéré comme ruiné.

27

En comparant les moyens d'extraction et d'épuisement mis en usage dans le bassin de la Loire à ceux des mines belges et anglaises, à ceux des mines d'Anzin, etc., on reconnut combien les méthodes étaient vicieuses; on vit que les exploitants abandonnaient les menus dans les mines, qu'ils sacrifiaient souvent la moitié et les trois quarts des couches quand ils les trouvaient trop médiocres à la vente; nulle marche uniforme ne réglait les exploitations, nul souci de l'avenir, tout était sacrifié au bon marché et à la vente du moment.

Le remède était difficile, l'administration restait impuissante; les détenteurs, presque tous embarrassés, ne l'étaient pas moins. Les antipathies personnelles rendaient toute association impossible; il fallait que les concessions changeassent de main.

C'est ce qui fut fait en 1838 et 1839, par la mise en société de presque toutes les concessions. Rive-de-Gier, qui de temps immémorial envoyait ses produits à Lyon, y trouva des acheteurs pour ses mines, et Saint-Étienne fut bientôt entre les mains de sociétés parisiennes. A cette époque, quelques abus eurent lieu, sans doute; mais un immense bien fut créé. On construisit du matériel; on améliora les méthodes d'exploitation; le chemin de fer se ramifia par des embranchements importants; des chemins vicinaux furent créés.

Mais si la production fut plus convenablement armée, les inconvénients du morcellement et de l'isolement ne se firent sentir qu'avec plus d'énergie, et bientôt il n'y eut plus de salut que dans l'association [1]. Il se forma bien des syndicats de vente, auxquels chaque société dut fournir ses produits, dont l'importance fut fixée à l'avance suivant ses moyens et son capital; mais ces sociétés laissaient encore en dehors d'elles des concessions dissidentes, et, si elles améliorèrent la situation, elles n'arrivaient pas à une organisation complète, puisque la production restait toujours dans le même isolement. Enfin, en 1845, vingt-sept concessions, formant une superficie de 4,700 hectares, se réunirent en une seule compagnie. Ces concessions étaient les plus productives de toutes, et leur association souleva beaucoup de réclamations auxquelles la nouvelle compagnie ne répondit que par l'exposé des faits : de 1824 à 1845, pendant vingt et une années, le bassin avait extrait 184 millions de quintaux métriques, et, sur ce nombre, 159 millions seulement avaient été vendus avec un bénéfice de 0,08 ; le reste avait constitué l'ensemble de l'opération en perte. 23 1/2 concessions seulement avaient réalisé un bénéfice de 640,000 fr. par an, soit 27,000 fr. par concession ; 38 1/2 avaient occasionné des pertes qu'on n'avait pu constater, mais que chacun savait être considérables. N'était-il pas permis, dans une situation pareille, de se réunir, lorsque l'union seule pouvait assurer le salut, et devait-

---

[1] En 1841, la condition des compagnies d'exploitation s'était encore empirée, comparativement à ce qu'elle était précédemment ; il y avait seize concessions en bénéfices et quarante-cinq en perte. Il fut extrait, pendant cette année, 11,048,000 quintaux, dont 4,818,000 se sont vendus avec 390,000 francs de bénéfice (0,087 par quintal), et 6,230,000 se sont vendus avec perte de 850,000 francs (soit 0,130 par quintal).

on se laisser imposer la perpétuité d'une situation reconnue vicieuse et intolérable? La société avait d'ailleurs la loi pour elle ; elle s'organisa et marcha.

Tel est aujourd'hui l'état des choses. La compagnie générale a été, sous le rapport industriel, un véritable progrès ; elle a fait disparaître les abus du morcellement et de l'amodiation ; elle a perfectionné les méthodes d'exploitation et l'aménagement du bassin ; mais, sous le rapport commercial, elle est encore vivement attaquée par les intérêts locaux, qui voient dans sa constitution une menace constante de monopole et d'élévation dans les prix.

On comprend que, dans des conditions de production aussi agitées et aussi pénibles, il ait été fait peu de choses pour les recherches. Les couches de houille offraient des affleurements nombreux, qui, sur plus d'un point, furent attaquées d'abord à ciel ouvert, et, lorsqu'on pénétra dans l'intérieur du sol par des travaux souterrains, les découvertes se succédèrent presque toujours par le fait même de l'exploitation.

Cette marche explique comment il se fait que les couches de houille ne sont bien connues que dans la région de Rive-de-Gier, qui a toujours été celle qui exportait le plus facilement, ou dans les environs mêmes de Saint-Étienne, dont les exploitations furent stimulées par la consommation locale et le voisinage du chemin de fer. Partout où la sortie des houilles était difficile, comme dans la vaste concession de Firminy ; partout où les recherches devaient procéder à priori et s'étendre en profondeur, comme vers Saint-Chamond et le Plat-de-Gier, on se contenta de quelques couches offertes par affleurement, et l'on préféra la médiocrité des produits aux chances des travaux qui exigeaient de fortes dépenses. Eût-il été logique de hasarder de grands capitaux alors qu'on n'avait d'autre perspective que d'entrer dans une lutte dont on voyait chaque jour les effets désastreux ?

Par suite de cette lenteur dans les recherches, le bassin de la Loire offre le contraste d'une accumulation énorme de travaux sur une certaine partie de sa surface, tandis qu'une plus vaste partie est à peine connue et exploitée. La compagnie générale ne réunit que 4,744 hectares sur 21,000 qui sont concédés, et pourtant elle a 235 puits sur environ 340 que contient le bassin. Elle calcule que, sur une richesse minérale reconnue de 4,883,000,000 quintaux métriques, elle en possède 3,399,000,000.

Est-il vrai que cette inégalité de répartition existe réellement dans le bassin ? Les concessions associées sont celles de Rive-de-Gier et celles qui entourent Saint-Étienne, c'est-à-dire qui, du bois d'Aveize à Montrambert, possèdent les trois étages de la formation supérieure. Mais nous avons démontré que la plus grande partie des 16,000 hectares qui sont en dehors de la compagnie générale possède des ressources importantes. Sans doute les détenteurs de ces surfaces auront des dépenses considérables à faire pour mettre leurs ressources en évidence, et les rendre accessibles à l'exploitation ; mais alors ils seront riches par le fait même de l'activité passée du reste du bassin, dont certaines parties sont déjà épuisées, surtout dans le bassin de Rive-de-Gier, et où le prix de revient sera surchargé par l'entretien d'une masse considérable de travaux.

La constitution de la compagnie générale améliore donc les conditions d'existence des compagnies dissidentes. Ces compagnies, désormais garanties contre toute concurrence passionnée, ont pu ouvrir des travaux de recherche dans des conditions favorables, et se créer des voies de communication. Le développement rapide de la consommation leur permettra d'accroître progressivement leurs extractions, sans nuire aux existences acquises.

Ceux qui cherchent le remède à la situation actuellement créée peuvent donc, en réalité, le trouver dans la constitution même du bassin. Encourager la recherche de la formation houillère inférieure, dans les régions où elle n'est point connue et où elle doit cependant exister ; arrêter dès aujourd'hui les adhésions à l'association en compagnie générale, mais donner aux exploitations dissidentes une force plus grande, en les réunissant par groupes nouveaux, afin qn'elles puissent jouir des mêmes avantages que cette compagnie, telles sont les mesures à prendre.

Si l'on examine la distribution comparative des richesses houillères, on trouve que ces nouveaux groupes sont naturellement indiqués. La compagnie générale s'est formée par la réunion des concessions les plus actives en production ; elle n'a pas tenu compte des surfaces, du nombre des couches et de leur puissance, des espérances qui pouvaient être basées sur les recherches ultérieures, toutes choses qui, cependant, déterminent ce qu'on peut appeler le capital houiller et la véritable valeur des concessions.

Il est résulté de ce mode d'appréciation que les concessions à grande surface, qui n'avaient pas tiré grand parti de leurs richesses à cause de leur position inférieure relativement aux voies de communication, comme la concession de Firminy et Roche-la-Molière; ou bien qui n'avaient pas encore mis en évidence les richesses qu'elles contenaient, comme celle de Saint-Chamond, durent rester en dehors de l'association. Or, ce sont ces deux grandes concessions qui doivent devenir, dans un temps donné, les centres des nouveaux groupes.

Les mines de Rive-de-Gier ont sur celles de Saint-Étienne un avantage de position qui se résume par une économie de 1,20 à 1,60 par tonne, pour les expéditions dans la direction du Rhône; or, ces mines ont encore une durée d'environ dix ans, et lorsque leur exploitation sera assez avancée pour forcer à une élévation de prix, les terrains de Saint-Chamond, autour desquels se groupent ceux de la Peronnière, du Moncel, de Saint-Jean, etc., se trouveront en première ligne, avec un avantage d'environ un franc par tonne, sur la moyenne des grandes mines groupées autour de Saint-Étienne; les travaux s'y développeront donc naturellement.

En un mot, il nous paraît évident que le seul moyen d'obtenir un bon aménagement de l'immense richesse

minérale du bassin de la Loire, c'est d'y former des groupes
étendus, qui soient tous comparables entre eux sous le
double rapport des gîtes houillers, et de leur position relativement aux voies de transport.

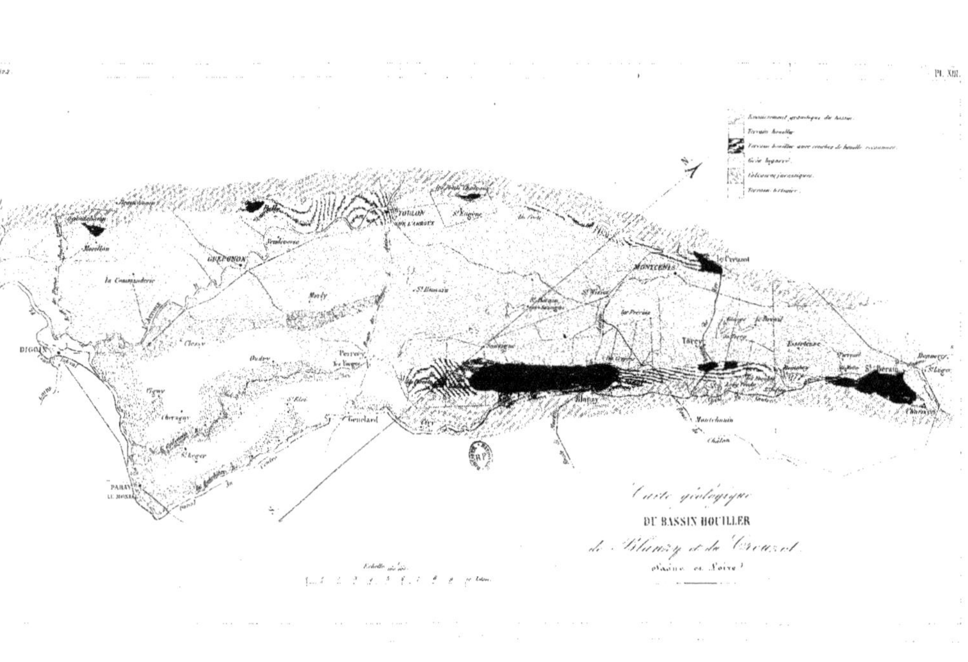

Carte géologique
DU BASSIN HOUILLER
de Blanzy et du Creusot
(Saône et Loire)

Échelle

CHAPITRE VII

ÉTUDES SUR LE GISEMENT DE LA HOUILLE DANS LE BASSIN DE BLANZY ET DU CREUZOT.

Forme du bassin de Blanzy. — Composition des parties du terrain houiller restées à découvert. — Allure générale des gîtes houillers connus. — Gîtes de la zone du nord : le Creuzot, les Petits-Châteaux, Pully, Beauchamp. — Gîtes de la zone méridionale : les Porrots, la Theurrée-Maillot, le Monceau. — Série des trois étages reconnus au Monceau, à Lucy et à Blanzy; allures des couches, leur succession, leurs caractères. — Gîtes du Ragny, de Montchanin, de Longpendu, de Saint-Bérain et Saint-Léger. — Allure particulière des couches du bassin dans la partie comprise entre Montmaillot et le Ragny. — Prolongement probable des grandes couches du Monceau, au sud-ouest et au nord-est. — Stérilité de certaines lacunes. — Les principaux gîtes houillers ont été déposés dans des bassins circonscrits subordonnés et semblables au bassin principal. — Variations de la nature des houilles suivant la position stratigraphique des couches, et suivant leur éloignement des lisières du bassin. — Division du bassin en concessions.

Le bassin houiller de Blanzy et du Creuzot, situé dans la partie méridionale du département de Saône-et-Loire, présente quelques analogies remarquables de forme et de position avec le bassin de la Loire. Comme lui, il est situé sur le versant oriental du plateau de la France centrale; il est également très allongé, et son grand axe est dirigé, de même, du nord-ouest au sud-ouest; enfin, comme le bassin de la Loire, il est divisé en deux versants opposés, par la ligne de partage des bassins hydrographiques de la Saône et de la Loire, qui le traverse obliquement. Mais, si les deux bassins se rapprochent par ces analogies, ils diffèrent essentiellement en ce que le bassin de Blanzy est presque entièrement recouvert par les grès bigarrés, et que, dans les zones littorales qui sont restées découvertes, les gîtes houillers ont des caractères tout à fait spéciaux.

Le bassin du Creuzot et de Blanzy a été déjà décrit plusieurs fois[1] ; mais les documents sur lesquels sont basées ces descriptions datent de 1840, et, depuis cette époque, les travaux souterrains se sont étendus de manière à résoudre beaucoup de questions restées jusqu'alors incertaines. Ces travaux, dus à l'initiative de M. Jules Chagot, gérant des mines de Blanzy, et à M. Siraudin, ingénieur, ont mis en évidence des richesses considérables, et placé ce bassin parmi ceux qui présentent le plus d'avenir.

Nous avons indiqué précédemment la concordance qui existait entre les lignes géologiques qui limitent le bassin, et les lignes hydrographiques qui déterminent les thalwegs

---

[1] *Mémoire sur le gisement de la houille dans le bassin de Saône-et-Loire,* par Am. Burat, 1842. — *Etudes sur les bassins houillers de Saône-et-Loire.* par Manès, 1844.
Nous avons indiqué dans le chapitre V (p. 335) les conditions générales de la forme de ce bassin houiller, et la probabilité de continuité souterraine, qui nous fait considérer les diverses parties restées à découvert, comme appartenant à un seul et même dépôt. Ces parties forment deux zones, dont la carte ci-jointe (Pl. XIII) indique les contours et la situation; cette carte est réduite d'après celle de MM. Manès et Tarnier, qui a été insérée dans le travail de M. Manès sur la géologie du département de Saône-et-Loire.

et les lignes de faîte ; il résulte de cette concordance que les deux zones houillères se trouvent dans des conditions bien différentes relativement aux voies de communication. La zone méridionale suit les thalwegs des vallées de la Dheune et de la Bourbince, qui ont servi à l'établissement du canal du Centre, et trouve sur ce canal une voie d'exportation facile ; aussi est-elle couverte de travaux dans toute sa longueur, et alimente-t-elle exclusivement le commerce d'exportation. La zone septentrionale, au contraire, éloignée du canal, n'a pu fonder ses exploitations qu'en organisant des consommations sur place, et peut-être est-ce de cette différence de situation que résulte la pénurie de cette zone, où les travaux de recherche ont été beaucoup moins développés.

Les roches qui composent les deux lisières visibles du bassin ont tous les caractères ordinaires du terrain houiller. Ce sont des grès et des schistes formant un grand nombre de variétés. Les grès dominants sont grossiers, composés de grains arrondis de quarz et de feldspath ordinairement kaolineux, micacés, grisâtres et souvent charbonneux. Ces grès alternent avec des grès fins et compactes, avec des psammites schistoïdes, et des argiles schisteuses grises, plus ou moins délitables, accidentellement très chargées d'empreintes végétales. Au contact du terrain houiller avec les terrains anciens, se trouvent des conglomérats composés de galets et de blocs de granites et gneiss. Peu développés sur la lisière méridionale, ces conglomérats le sont beaucoup plus sur quelques points de la lisière du nord, où le mélange de blocs de lydiennes et de débris de roches compactes métamorphiques leur donne un caractère particulier, qui les a fait désigner, par MM. Manès et Tarnier, sous la dénomination de grauwacke. Il est arrivé accidentellement que l'on a rencontré des conglomérats et d'énormes blocs entassés même dans les parties supérieures du terrain houiller, et nous avons cité le puits du Magny, près Lucy, comme ayant traversé des blocs d'une dimension telle que l'on aurait pu se croire dans le terrain primitif, si l'on ne se fût évidemment trouvé dans les étages supérieurs du terrain houiller.

On n'a pas encore reconnu, dans ce bassin, un banc de roche assez distinct, et dont les caractères fussent assez soutenus pour servir de plan de repère ou horizon géognostique. On pourrait attribuer ce résultat négatif à la configuration physique du sol houiller, qui ne présente ni escarpements ni dénudations sur lesquels il soit possible de l'étudier à loisir, si l'on n'avait en même temps constaté, dans des puits très voisins, une grande instabilité dans les coupes. Tel banc de grès, reconnu quarzeux et compacte dans un puits du Monceau, se trouve remplacé dans un autre, situé à 4 ou 500 mètres de distance, par un grès feldspathique, kaolineux et sans consistance, quelquefois même par un banc de schiste. Cependant, les puits les plus éloignés des bords du bassin commencent à présenter des coupes plus comparables entre elles, et tout porte à croire que cette instabilité des roches n'existe que vers les lisières.

C'est aussi à l'influence du voisinage des encaissements

granitiques qu'il faut attribuer l'apparence toute particulière de certains grès houillers de Saint-Bérain. Ces grès sont surchargés de feldspath rose en grains peu déformés, et de quarz hyalin en gros grains cristallins, de telle sorte qu'ils ressemblent à de véritables granites. En réalité, ce sont des granites remaniés par les eaux, car ils sont stratifiés et superposés à des schistes et à des couches de houille ; mais toujours est-il que plusieurs ingénieurs s'y sont trompés, et ont confondu certaines portions du terrain houiller avec l'encaissement granitique.

Comme dans tous les terrains houillers, les parties supérieures des dépôts se surchargent de psammites et de schistes. Parmi ces schistes, le bassin de Blanzy en présente, sur plusieurs points, qui sont très bitumineux, gris et noirs, à pâte très fine et homogène ; ces schistes bitumineux, qui se distinguent par une structure en feuillets sonores et quelquefois flexibles, résistent beaucoup mieux aux agents atmosphériques que les argiles schisteuses ordinaires, et sont généralement aussi plus charbonneux ; en outre ils brûlent avec une flamme longue et blanche, et l'on peut, en réalité, les considérer comme une variété des combustibles minéraux.

Les parties supérieures du terrain houiller se lient généralement, par des passages assez bien ménagés, aux grès bigarrés qui les recouvrent, et, dans la plupart des puits placés sur les grès bigarrés, on passe au terrain houiller sans pouvoir tracer d'une manière précise la ligne de séparation des deux terrains. Cette incertitude rend les lignes de contact des deux formations très difficiles à déterminer, d'autant que la stratification des deux terrains paraît présenter peu de discordances. Les inclinaisons sont toujours dans le même sens, et il n'y aurait de différence saisissable que dans le chiffre de ces inclinaisons ; mais les grès bigarrés présentent des lignes de stratification si vagues, que le fait de la discordance n'est même pas bien démontré.

Les couches du terrain houiller sont généralement inclinées : sur la zone méridionale, le pendage dominant est au nord-ouest, de 10, 20, 30, 45 degrés et rarement au delà ; sur la zone du nord, le pendage est au sud-est, et avec des chiffres d'inclinaison de 60 à 80 degrés, depuis le Creuzot jusqu'au delà des Petits-Châteaux. Ces inclinaisons décroissent ensuite à mesure qu'on s'avance vers les parties moins accidentées de Beauchamp.

Les pendages dominants, en vertu desquels les deux zones houillères plongent sous les grès bigarrés et tendent en quelque sorte l'une vers l'autre, conduisent naturellement à admettre que l'allure des couches est en fond de bateau. Cette allure, qui résulte évidemment de l'ensemble des mouvements, ne doit pas cependant être considérée comme absolue, car lorsqu'on vient à considérer isolément une portion du terrain houiller, beaucoup d'accidents viennent la troubler. Nous citerons, par exemple, toute la lisière méridionale du bassin, depuis les exploitations du Monceau, jusqu'au-delà de celles du Ragny, où, par l'effet d'un pli en selle, le terrain se termine par un pendage au sud-est, inverse au pendage normal. Les mouvements de la stratification, vers l'axe longitudinal du bassin, présentent probablement plusieurs de ces plis et contre-pendages, qui tendent à ramener les couches vers la surface, ainsi que cela a été observé dans tous les bassins qui ont une grande largeur.

La direction générale des couches de houille suit le mouvement des deux zones parallèles qui limitent le bassin ; mais cette direction éprouve elle-même quelques déviations, soit par les contournements de la stratification, soit par des failles ou des plis obliques qui rejettent diagonalement les plans des couches.

Les deux zones houillères qui limitent le bassin ont une largeur qui varie depuis quelques centaines de mètres jusqu'à quatre et cinq mille ; leur surface n'atteint pas 10,000 hectares, pour un bassin que nous avons supposé en avoir au moins 60,000. Malgré cette faible proportion des surfaces découvertes, on aurait pu encore définir l'allure probable des couches du bassin, si les gîtes houillers avaient eu quelque régularité ; mais, dans aucun bassin, ces gîtes ne présentent un caractère aussi prononcé d'instabilité et d'intermittence. Des lacunes stériles y séparent les couches les plus puissantes, à tel point que nous serons obligés d'étudier isolément chacun des gîtes connus ; nous examinerons ensuite s'ils sont réellement séparés par des lacunes stériles, ou bien s'il est possible d'établir un lien entre eux, et de supposer qu'ils appartiennent aux mêmes couches, disloquées par des accidents postérieurs.

Zone houillère septentrionale.

Sur la zone du nord se présente d'abord le gîte du Creuzot, situé à l'extrémité nord-est ; il est le plus important de toute cette zone, par sa puissance et par les travaux d'exploitation dont il est l'objet.

Ce gîte se trouve dans une vallée assez profondément encaissée, au nord par les granites de la Marolle, au sud par un relèvement du terrain houiller lui-même ; il consiste en une couche de 10 à 12 mètres de puissance moyenne, appuyée sur les granites du nord, et dont elle n'est séparée que par 40 à 50 mètres de grès et grauwacke. Cette couche, dont le pendage est de 70 degrés, se prolonge régulièrement depuis la naissance de la vallée jusqu'au-delà du puits Manby, où elle s'amaigrit et se termine, après un parcours en direction de plus de 1,600 mètres, précisément lorsque la vallée, en s'élargissant, perd son caractère d'encaissement distinct. En haut de la vallée, la couche, après avoir subi un renflement considérable, se brise et se contourne de manière à prendre un pendage inverse ; mais ce relèvement, qui indique un commencement d'allure en fond de bateau, se divise et se perd par un chapelet de gîtes amygdalins, de telle sorte que les travaux établis dans ce contre-pendage n'ont jamais eu qu'une faible importance. On a pu, cependant, suivre les traces de ce retour de la couche, sur environ 400 mètres en direction.

Si l'on compare l'allure de ce gîte à l'ensemble du bassin, on est frappé de sa disposition circonscrite : il commence et se termine dans cette petite vallée du Creuzot. Il est évident que cette couche ne forme pas un plan de stratification régulier et continu dans la portion de terrain houiller laissée à découvert, car, s'il en était ainsi, après s'être infléchie, elle reprendrait, par un nouveau pli, la direction littorale du bassin, et se retrouverait dans les terrains houillers qui affleurent au-dessous de mont Cenis. On voit, au contraire, en examinant le relief du sol et les lignes géologiques, que l'anfractuosité dans laquelle le gîte a été formé devait, en grande partie du moins, exister à l'époque houillère, et qu'il est naturel d'admettre que les dépôts qui s'accumulèrent dans cette anse subirent l'influence de conditions particulières dont la grande couche de houille fut un des épisodes.

L'allure de la grande couche du Creuzot présente quelques caractères particuliers qu'il importe de signaler, parce qu'ils se reproduisent sur beaucoup d'autres points du bassin. Le plus saillant de ces caractères est l'enchevêtrement de la houille dans les grès du toit et du mur. Ainsi, la grande couche forme bien une ligne de stratification assez précise, lorsqu'on en suit l'axe principal, mais, si l'on suit le toit ou le mur, on voit qu'il se produit des ramifications telles que, sur plusieurs points, la couche se divise en deux ou trois. Après un parcours plus ou moins long, parallèle à celui de la stratification, ces branches latérales s'interrompent, et la couche reprend la simplicité de son allure.

La coupe faite sur un de ces points ramifiés (fig. 30)

précise ces conditions d'allure, les intercalations rocheuses qui s'y trouvent indiquées ne devant pas être considérées comme des amygdales noyées dans la houille, mais comme de véritables couches, soudées à l'une de leurs extrémités avec le toit ou le mur.

Ce sont donc les ramifications de la houille dans les roches encaissantes qui donnent à la couche du Creuzot ce caractère d'enchevêtrement et d'indécision de stratification qui semble venir à l'appui de l'idée précédemment émise sur sa formation locale et circonscrite. En effet, l'on peut dire à l'avance que toutes les fois qu'un gîte houiller a ce caractère d'irrégularité et d'enchevêtrement dans les roches du toit et du mur, comme, par exemple, le gîte de Montchanin, il prend aussi le même caractère de non continuité et d'isolement; lorsqu'au contraire les couches se règlent de manière à présenter de belles lignes de stratification, comme à Blanzy et au Monceau, l'allure des gîtes se prolonge sur des étendues considérables et reprend les caractères de généralité et de régularité théoriques.

Les houilles du Creuzot, quoique provenant toutes d'une même couche, sont sujettes à de grandes variations de qualité. Sur certains points, elles sont maréchales et très propres à la fabrication du coke, tandis que sur d'autres elles se rapprochent des houilles maigres à longue flamme. Ces variations se sont présentées dans le sens de l'inclinaison de la couche aussi bien que suivant sa direction, de telle sorte que cette instabilité de qualité et de pureté ne paraît suivre aucune loi. Ces inégalités dans la nature des dépôts concordent avec tous les autres caractères du gîte pour le signaler comme local et non continu, car la régularité de la composition est toujours solidaire de la régularité de stratification.

La zone houillère qui contient la couche du Creuzot contourne le promontoire schisteux qui encaisse le vallon du côté du sud-ouest, puis elle reprend la direction générale du bassin et passe au-dessous de mont Cenis (Pl. XIII). Mais la couche de houille, après avoir suivi la première courbe de ce mouvement, semble abandonner le terrain au moment où il quitte le vallon du Creuzot, et c'est en vain qu'on a cherché, parmi les roches de cette zone, un indice de sa continuation ; peut-être eût-on été plus heureux si l'on eût pratiqué quelques travaux importants au-dessous des grès bigarrés, car les poudingues stériles, inférieurs aux véritables grès houillers, constituent la plus grande largeur de cette zone, et l'on n'y aperçoit plus que quelques îlots circonscrits qui soient formés de grès houillers identiques à ceux du Creuzot.

C'est seulement vers Saint-Eugène-la-Platte, dans la concession dite des Petits-Châteaux, qu'on a trouvé de nouveaux gîtes houillers.

Le terrain houiller forme, sur le versant de Saint-Eugène-la-Platte, un petit îlot resserré entre les granites et le grès bigarré, et dans lequel on a reconnu une couche en chapelet, formée d'une série de véritables boules de houille. Cette couche, dont la puissance a varié de 0 à 4 mètres,

28.

a été suivie jusqu'à près de 100 mètres de profondeur sans que son allure se fût modifiée, de telle sorte que les travaux durent être abandonnés. Ce gîte rappelle, sous certains rapports, celui du Creuzot ; il affecte la même inclinaison, et n'est séparé des granites que par une faible épaisseur de grès très micacés. La houille en est grasse et pénétrée de grisou ; seulement, elle porte dans sa structure l'empreinte des accidents qui en ont rompu l'allure ; elle se mélange même, sur plusieurs points, aux schistes du toit et du mur, avec lesquels elle semble avoir été pétrie.

Plus loin, de Toulon-sur-l'Arroux à Pully, au-dessus de Gueugnon, le terrain houiller forme une large zone qui n'a présenté que des gîtes de peu d'importance. C'est près de Pully que se trouvent les travaux qui ont motivé une concession ; mais ces travaux n'ont rencontré qu'une couche de $0^m,18$ à 2 mètres de puissance et d'une allure irrégulière. La houille y est grasse et analogue à celle des Petits-Châteaux.

A Granchamp, près Neuvy, où se terminent les affleurements houillers de cette zone, on compte au moins trois couches d'un à deux mètres de puissance ; plusieurs bancs de fer carbonaté, compris dans le même étage houiller, donnent à cette partie du terrain un intérêt tout particulier. Cette région extrême de la zone septentrionale est, après le Creuzot, celle où les gîtes houillers paraissent avoir le plus d'importance et de régularité ; on peut en conclure que la partie intermédiaire doit probablement renfermer des gîtes plus considérables que ceux de Pully et des Petits-Châteaux, et que des recherches convenablement placées sur l'aval-pendage du terrain, auraient quelques chances de réussite. Mais la situation géographique de cette zone éloignée des voies de transport, et la richesse bien supérieure de la zone méridionale, ôtent, quant à présent, tout intérêt à ces recherches.

Gîtes de la zone méridionale.

Les parties de la zone méridionale qui font face aux terrains houillers de Toulon et de Gueugnon sont les plus riches de tout le bassin. Ainsi, de la Theurrée-Maillot jusqu'au-delà de Blanzy, les exploitations se succèdent à des intervalles très rapprochés, et l'allure des couches annonce plus de régularité que dans toute autre partie du bassin. La diversité des conditions de puissance et de qualité de ces gîtes démontre en même temps qu'ils appartiennent à des couches distinctes ; de telle sorte que si l'on peut arriver à une classification stratigraphique des divers étages du bassin, la région comprise entre Mont-Maillot et Blanzy sera la seule qui pourra en fournir les éléments. Ajoutons que les travaux souterrains ont été développés en raison de la multiplicité et de la richesse des gîtes houillers, et que les mines de Lucy, du Monceau et de Blanzy offrent les plus grandes ressources pour l'étude du terrain.

Le terrain houiller qui constitue la zone méridionale du bassin commence à se montrer au nord des étangs de

Perrecy, mais avec des apparences d'une richesse d'abord très médiocre, car dans la concession des Porrots, on n'a reconnu qu'une seule couche de houille, de 0^m,70 à 1 mètre de puissance, et que des accidents multipliés ont obligé d'abandonner. Mais les indices de la richesse du terrain augmentent à mesure que l'on s'avance vers le nord-est; ainsi, l'on connaît à la Theurrée-Maillot trois couches de 1^m,50 de puissance moyenne, et, sur le territoire des Badeaux, des affleurements situés en arrière de ces trois couches, indiquent l'existence probable de couches inférieures.

Ces travaux de Mont-Maillot et des Badeaux sont placés, en effet, sur les premiers affleurements d'un grand système houiller, développé principalement sur le territoire de la concession de Blanzy; les grandes exploitations établies dans cette concession nous permettront d'y constater et d'y suivre la composition de ce système de couches, le plus riche du bassin.

Les exploitations de Blanzy sont échelonnées sur toute la longueur du canal du centre; elles se rapportent à trois groupes distincts qui, du sud-ouest au nord-est, sont : *Lucy, le Monceau et Blanzy*. Le Monceau est au centre des travaux, et l'on y trouve le résumé de la composition du terrain houiller, du moins pour toute l'épaisseur connue jusqu'à ce jour.

On sait que c'est par l'étude et la comparaison des coupes, qu'il est possible de reconnaître les caractères et l'ordre de superposition des dépôts qui ont rempli un bas-

sin. Lorsque ce bassin n'est pas exploré par des travaux
souterrains, on cherche à établir la succession des dépôts
par l'étude des coupes naturelles et de la succession des
affleurements imbriqués ; mais s'il existe des mines, les
puits et les galeries fournissent toujours des coupes beaucoup plus complètes. La condition la plus importante est
alors de porter son attention et ses études sur celles qui
sont les mieux placées. Or, dans les mines de Blanzy, qui,
depuis Blanzy jusqu'au Monceau et à Lucy, poursuivent les
couches suivant leur direction, les coupes les mieux placées
sont évidemment celles qui sont les plus avancées vers le
centre ; ce sont donc les puits les plus rapprochés de l'axe
longitudinal du bassin, et les plus profonds, qui fourniront
les documents les plus complets et les plus utiles.

Deux puits satisfont à cette double condition de manière
à donner, par leur réunion, la coupe de toutes les épaisseurs traversées. L'un, connu sous la dénomination de puits
Cinq-sous, fut entrepris pour couper la première grande
couche du Monceau, au-delà de la faille dite *Pied-droit*,
c'est-à-dire sur le point le plus avancé de l'aval-pendage.
Or, ce puits, avant de recouper la grande couche, rencontra
un premier système de trois petites couches, lequel est évidemment le système reconnu, à la fois, à Blanzy et à la
Theurrée-Maillot. Il recoupa ensuite, à 200 mètres de profondeur la grande couche connue par les travaux ouverts
sur l'amont-pendage.

Cette grande couche du Monceau avait longtemps suffi
aux mines de Blanzy, mais elle ne donnait pas complète

satisfaction aux exploitants, qui soupçonnaient que le terrain houiller, dont on ne connaissait en quelque sorte que l'écorce superficielle, devait renfermer d'autres couches en profondeur. Le puits *Ravez* fut donc entrepris et foncé jusqu'à 320 mètres, profondeur à laquelle il pénétra dans une couche toute nouvelle, ainsi que l'indique la coupe verticale (Planche XIII).

En réunissant les documents fournis par tous les travaux de la concession de Blanzy, documents résumés par les deux puits que nous venons de citer, on reconnaît que le terrain houiller se trouve composé de trois étages ou systèmes distincts, qui sont :

1° Le *système supérieur* ou des petites couches, qui comprend cinq à six couches dont la puissance moyenne est de $1^m,50$ à 3 mètres. Ces couches sont sujettes à des étranglements, à des mélanges de schistes qui les interrompent sur des longueurs assez considérables, ou à des renflements qui portent leur puissance à 4 et 6 mètres.

On rapporte à ce système les trois couches reconnues par le puits *Cinq-sous*, au-dessus de la grande couche du Monceau, les deux couches supérieures traversées par le puits du *Magny* foncé sur l'aval pendage de la couche de Lucy, la couche assez puissante des puits de *l'Ouche*, et enfin les couches traversées par tous les puits situés aux environs de *Blanzy*.

Outre ces couches reconnues par les travaux souterrains, on connaît, par affleurements, des couches encore supérieures, notamment aux Georgets et à Rions au-delà du

Magny, au bois du Verne, situé au-delà du puits cinq-sous ; ces couches du premier système sont donc au nombre de cinq ou six dans la zone du terrain houiller qui n'est pas recouverte par le trias, zone qui, dans la concession de Blanzy, a environ 3,000 mètres de largeur moyenne.

Ce premier système des couches supérieures comprend au moins 250 mètres d'épaisseur de dépôts, dans lesquels la puissance moyenne de la houille peut être évaluée à 7 ou 8 mètres. On n'en a tiré qu'un faible parti, parce que les étages inférieurs présentent des conditions plus avantageuses, et que, pour explorer avec avantage le système supérieur, il eût fallu s'écarter beaucoup du canal et se rapprocher de l'axe longitudinal du bassin. De plus, la houille de ces couches supérieures est généralement maigre et sujette à se mélanger de nerfs schisteux.

Le *système moyen* est celui dans lequel se trouvent la plupart des puits du Monceau ; il comprend la partie supérieure des dépôts traversés par le puits Ravez, sur une hauteur de 180 mètres. Sa richesse houillère est concentrée en une seule grande couche exploitée à la fois à Lucy et au Monceau. Cette couche a une puissance variable de 10 à 20 mètres ; elle est divisée en deux par une barre, située à $4^m,50$ du toit, et qui se soutient dans toute son étendue avec une régularité remarquable. Les travaux souterrains y occupent une longueur d'environ 3,000 mètres en direction, depuis Lucy jusqu'aux puits de la Pelouse et de Cinq-sous au Monceau ; on y a parcouru, suivant l'inclinaison, depuis les affleurements jusqu'à la faille dite *Pied-droit,*

450 à 500 mètres, longueur à laquelle le puits Cinq-sous a ajouté 300 mètres en recoupant la couche sur son aval pendage, au-delà du Pied-droit.

Grâce au développement de ces travaux, cet étage est le mieux étudié et le mieux défini de tous, et, quoique les grès et schistes houillers aient peu de stabilité dans leurs caractères minéralogiques, on a pu remarquer dans la composition et la stratification des dépôts plusieurs circonstances qui ont servi à établir des plans de repère. Ainsi, il existe, à environ 50 mètres au-dessus de la grande couche, une petite veine de $0^m,50$ à 1 mètre de puissance, laquelle a été reconnue par les principaux puits du Monceau : la grande couche elle-même est recouverte d'abord par un faux toit de schiste, surmonté d'une couche puissante de grès blanc, à grains fins, moucheté d'une multitude de petites impressions végétales. Ces caractères, joints à la continuité des travaux sur des espaces considérables, ont servi à démontrer l'identité de l'étage moyen sur une grande partie de la concession de Blanzy.

Le *système inférieur* est indiqué par la coupe du puits Ravez ; il comprend environ 120 mètres de dépôts, parmi lesquels les schistes jouent le rôle principal, et l'on n'y connaît, jusqu'à présent, qu'une seule couche de 12 à 14 mètres d'épaisseur.

Ce dernier étage a donc la plus grande analogie avec le précédent ; aussi son existence n'a-t-elle été complétement démontrée que lorsque les travaux souterrains eurent défini la superposition des deux grandes couches sur des espaces considérables. Un second percement, le *puits Sainte-Hélène*, a été foncé sur l'amont pendage des couches, à 450 mètres du puits Ravez ; il a recoupé la première à 40 mètres et la seconde à 130, et mis hors de toute discussion l'existence distincte des deux étages.

Ajoutons, d'ailleurs, qu'il existe des différences notables dans la composition des deux couches. La grande couche de l'étage moyen, depuis ses affleurements jusqu'à la grande faille, est exclusivement composée de charbons maigres à longue flamme, ou de charbon à gaz ; tandis que la grande couche de l'étage inférieur est composée, sous la même surface, d'une houille demi-grasse, fortement chargée de grisou, propre à la fabrication du coke, et dont la qualité s'est élevée, sur quelques points, jusqu'à la houille maréchale. Enfin, le toit est tout à fait différent de celui de la couche supérieure, et composé d'une grande épaisseur de schistes.

Cette grande couche de l'étage inférieur a été suivie jusqu'à la profondeur de 320 mètres, ainsi que l'indique la coupe faite par le puits Ravez (Pl. XIV) ; les travaux n'ont pas traversé les roches qui lui servent de mur, et il est presque certain qu'il existe au-dessous d'autres couches de houille. En effet, l'ensemble des caractères de cet étage, la finesse des grès, la prédominance des schistes, indiquent que l'on est encore loin du fond du bassin, et si la progression des qualités de la houille suit la même loi que dans la plupart des bassins houillers, on arrivera à rencontrer des couches exclusivement maréchales.

En réunissant les épaisseurs des trois systèmes ou étages houillers, on voit que la partie explorée comprend au moins 500 mètres d'alternances de grès et de schistes, dans lesquels les épaisseurs moyennes des couches de houille peuvent être évaluées de 30 à 36 mètres, c'est-à-dire à une proportion de 1/15 à 1/18, proportion la plus forte que nous ayons pu citer dans la comparaison des divers bassins (page 110).

Quelle est l'étendue recouverte par ces trois étages houillers? Cette question est loin d'être résolue ; mais d'après les travaux qui ont été exécutés, on peut, sinon en fixer les limites, du moins les présumer.

Les trois couches exploitées à la Theurrée-Maillot sont évidemment celles de l'étage supérieur ; pour s'en convaincre, il suffit d'en suivre les directions ; l'on voit alors que, de Blanzy au puits Cinq-sous qui a rencontré trois couches, au puits du Magny qui en a recoupé deux, et jusqu'aux puits Pansemont à Mont-Maillot, on a suivi une ligne droite qui est la véritable direction du terrain. Les couches exploitées au Ragny se trouvent également sur la même ligne et appartiennent au même système, car les mines du Ragny et celles des communautés à Blanzy se sont trouvées en communication.

Cette ligne de direction, couverte par l'étage houiller supérieur, a 5,000 mètres de longueur.

La grande couche de l'étage moyen n'a pu être suivie sur toute cette étendue. Vers Lucy, l'exploitation a été arrêtée par un crain qui n'a pas encore été franchi, mais le puits du Magny, placé à 500 mètres sur l'aval-pendage, en dehors de cet accident, doit recouper la couche à 180 mètres de profondeur, et résoudre le problème de la continuation de cet étage au-dessous des couches supérieures de la Theurrée-Maillot.

On a pratiqué autrefois quelques recherches sur le territoire des Badeaux, en arrière des affleurements des trois couches de Mont-Maillot; ces recherches ont rencontré des indices de houille qui doivent probablement être rapportés au prolongement de la couche du Monceau.

Du côté du nord-est, les travaux de la grande couche du Monceau ont été arrêtés bien avant Blanzy, par des accidents que l'on n'a pas encore cherché à franchir, et, comme, en marchant sur cette direction, les couches de l'étage supérieur recouvrent complétement les affleurements de l'étage moyen, on n'a plus aucune donnée sur l'étendue probable du système, à moins de supposer que l'existence de l'étage supérieur est une preuve de celle de l'étage moyen.

Quant à l'étage inférieur, il n'est encore connu que sur une longueur en direction d'environ 1,200 mètres.

On voit combien il est difficile, avec des éléments aussi incomplets, de préciser les limites de cette riche formation houillère; cependant, il résulte de l'ensemble des travaux, que ces limites ne peuvent guère dépasser les points marqués par les puits de Mont-Maillot et du Ragny. Aucune des recherches faites au-delà, soit vers le sud-ouest, soit vers le nord-est, n'a obtenu même une apparence de succès, et le terrain houiller, après avoir atteint son maximum de richesse dans la concession de Blanzy, présente ensuite le contraste d'une stérilité presque absolue.

On a souvent répété que si l'on n'avait rien trouvé, c'est que les recherches n'avaient pas été suffisantes ; mais il est facile de répondre à cette objection. Quelles différences présentaient aux premiers explorateurs les diverses parties de cette zone houillère? La position, relativement aux voies de communication, était partout la même ; les caractères superficiels n'attiraient même pas vers Lucy ou le Monceau plutôt que sur tout autre point, car les affleurements des couches sont partout cachés par une épaisseur d'alluvions, de telle sorte que les découvertes successives sont toutes dues aux travaux souterrains. Or, de nombreux travaux de recherche ont été entrepris, à plusieurs époques, sur les territoires des Porrots et du Ragny, sans qu'aucuns résultats aient pu faire admettre la prolongation souterraine des grandes couches.

On doit remarquer, au contraire, que les compagnies du Ragny et de la Theurrée-Maillot ont eu une tendance continuelle à se rapprocher de la concession de Blanzy et qu'elles n'ont obtenu quelques succès qu'en se plaçant sur le prolongement des couches du système supérieur, bien que ce prolongement soit déjà bien amoindri sous le double rapport de la puissance et de la qualité. Cet amoindrissement des couches semble indiquer qu'elles ne tardent pas à cesser dès que l'on s'éloigne des territoires de Lucy, du Monceau et de Blanzy où leur développement est complet.

Les limites des couches, suivant leur direction, se trouvant ainsi posées, on est conduit à se demander quelle peut être leur étendue dans le sens transversal.

Les pendages de la lisière opposée au territoire de Blanzy ne présentent, avec lui, aucune analogie, ni sous le rapport des gîtes houillers, ni sous le rapport de la nature minéralogique des grès et des schistes qui les accompagnent. Il y a entre les deux lisières autant de dissemblance qu'on en peut admettre entre deux terrains houillers, et, partant, il n'y a aucun motif de supposer que les couches de Pully ou des Petits-Châteaux soient les relèvements de celles de Blanzy. En un mot, puisque les gîtes houillers sont limités et isolés suivant le sens de la direction, il est probable qu'ils le sont également dans l'autre sens. On ne peut donc, pour évaluer l'étendue transversale des gîtes du Monceau et de Blanzy, s'appuyer utilement que sur les observations faites sur la lisière méridionale, en cherchant à déterminer le centre de cette formation locale, enclavée dans l'ensemble du bassin.

Sur toute la largeur de la zone houillère, depuis le canal du Centre jusqu'à la ligne de recouvrement du terrain par le grès bigarré, on voit se succéder les affleurements imbriqués des deux étages houillers supérieurs; ainsi la première grande couche de Lucy et du Monceau affleure à peu près suivant la ligne du canal; puis on voit se succéder les affleurements des petites couches supérieures vers le Magny, le bois du Verne, les Georgets et Rions, jusqu'à ce que ces affleurements disparaissent sous la ligne parallèle des grès bigarrés. D'après cette disposition, il est très probable que le centre de ces dépôts houillers doit se trouver au-dessous du grès bigarré, qui recouvrirait ainsi une richesse encore supérieure à celle qui est connue aujourd'hui.

Les gîtes de Lucy, du Monceau et de Blanzy nous paraissent donc constituer un bassin spécial et subordonné au bassin général, dont les limites se trouveraient marquées, au nord-est, par les exploitations du Ragny et des Crépins, ouvertes dans les couches supérieures. Au-delà de cette limite, on ne connaît plus aucun gîte dans le terrain houiller, bien qu'il continue à former une zone de même largeur, et ce n'est qu'à 5,000 mètres plus loin, au Bois-Bretoux sous Montchanin, que se retrouve la houille.

Le gîte de Montchanin a lui-même des caractères prononcés d'isolement; d'après la description que nous en avons donnée, page 261, nous avons été conduits à le considérer comme une couche limitée à une longueur de 600 mètres, suivant sa plus grande direction, et dont l'inclinaison présente aussi tous les symptômes d'une faible étendue. Le contraste de la grande puissance de ce gîte qui se renfle jusqu'à 60 mètres (ainsi que l'indiquent les figures 31 et 32), avec son peu de continuité; son allure, ramifiée par le développement de plusieurs couches latérales qui ne se réunissent que par une de leurs extrémités à la couche principale, lui donnent un caractère tout à fait particulier, qui résume les conditions d'irrégularité du gisement de la houille dans la plus grande partie du bassin de Saône-et-Loire.

En continuant à suivre la zone méridionale dans la direction du nord-est, on traverse encore, à partir du gîte de Montchanin, une longueur de plusieurs kilomètres dans laquelle on n'a trouvé aucun autre gîte; la houille ne reparaît qu'au-delà des étangs de Longpendu, avec des caractères encore tous différents.

Le gîte de Longpendu, situé à Motteville, est nettement défini par la coupe verticale que nous en avons donnée (Pl. VIII). On voit qu'il se compose d'une série de six couches ployées en fond de bateau. Cette coupe est prise à peu près suivant la direction du bassin; une coupe transversale présenterait une disposition analogue; de telle sorte, que le gîte forme un fond de bateau complet et isolé, dont l'allure est seulement modifiée par des failles.

Cette allure, relevée dans tous les sens, n'est certes pas une preuve d'isolement absolu, et les couches pourraient se prolonger, au-delà des pendages connus, par des pendages en sens inverse, ainsi qu'il a été indiqué pour le fond de bateau des couches du château près Saint-Chamond, fig. 41; mais le caractère de limitation résulte de ce que ces prolongements n'ont pu être retrouvés, et de ce que la houille a une tendance prononcée à s'enchevêtrer et à se perdre dans les roches. Que si l'on compare ce gîte à celui de Montchanin auquel on a voulu le relier, on trouve que tous les caractères en sont aussi différents que possible : la houille de Montchanin est demi-grasse, friable, rassemblée en une couche puissante, bien détachée des roches

encaissantes par une argile délitable; la houille de Longpendu est une houille maigre, nerveuse, dure, très divisée
par des bancs de rochers auxquels elle se soude et se mélange continuellement. Enfin, les deux gîtes sont séparés
par une lacune dans laquelle les recherches ont été toujours infructueuses.

Le gîte de Longpendu a donc tous les caractères d'une
formation locale, d'autant plus que la concession des Fau-
ches qui lui est accolée présente tous les symptômes d'une
lacune stérile. La houille ne se retrouve plus que dans
les territoires de Saint-Bérain et de Saint-Léger qui terminent la zone méridionale.

Le terrain houiller qui, sur toute la longueur de cette
zone, était resté, dans les vallées de la Bourbince et de la
Dheune, au niveau des plaines, s'élève, sur les versants de
Saint-Bérain et de Saint-Léger, à des hauteurs considérables. Cette disposition accidentée a mis en évidence un
grand nombre d'affleurements; aussi les travaux de cette
partie du bassin sont-ils les plus anciens. Les mines de Saint-
Bérain ont été ouvertes en même temps que celles du Creuzot; néanmoins l'importance des produits n'y paraît pas en
rapport avec la multiplicité des affleurements. Dans toute
la partie tourmentée du terrain, on n'a trouvé que des
couches peu puissantes, interrompues par un grand nombre
d'accidents, et ce n'est que dans la plaine située au-dessus
de Saint-Léger, vers les Puits-Jumeaux, qu'on a rencontré
des champs d'exploitation assez suivis et assez réguliers
pour qu'on ait pu créer des travaux productifs. On con-

naît sur ce point deux couches de $1^m,50$ à 4 mètres de puissance.

Il semble exister, dans cette partie du bassin, une certaine solidarité entre l'allure des couches et les accidents de la surface ; les exploitations qui ont été établies sur les terrains mouvementés de Saint-Bérain et des Quatre-Bras n'ont, en effet, trouvé que des renflements de couches qu'il a fallu abandonner, tandis que les puissances et les pendages ont pris de la régularité dans la plaine des Puits-Jumeaux. Ce fait est d'ailleurs conforme à ce qui se passe dans les couches de Blanzy, qui sont également plus accidentées près de leurs affleurements que sur leur aval pendage.

On voit, en résumé, que dans toute la longueur des deux zones houillères les gîtes conservent le même caractère sporadique, et que, partout, ils sont séparés par des lacunes stériles, ou dont la richesse est, du moins, très problématique.

Que conclure de ce caractère d'isolement répété sur tous les points des deux zones, pour les gîtes les plus puissants aussi bien que pour les gîtes circonscrits : au Creuzot, à Blanzy, à Montchanin, à Longpendu, si ce n'est que les houillères ont été réellement clair-semées à l'époque de leur formation, et qu'elles ont constitué des bassins particuliers, subordonnés au bassin principal?

Si maintenant on considère que ces bassins subordonnés ont tous une forme analogue au bassin principal, c'est-à-dire qu'ils sont elliptiques et que leur grand axe suit la di-

29.

rection générale des couches, qu'il paraît même exister une proportion d'à peu près 1 à 3, entre les rapports des deux axes, on voit qu'il serait possible de déduire de nos conclusions un grand nombre d'applications locales. Ainsi, en suivant, à partir du Monceau, une ligne perpendiculaire à la direction des couches, on pourrait s'avancer sur les grès bigarrés, placer un puits à un kilomètre des puits les plus avancés, et être encore certain de rencontrer la houille. Sur les lacunes que nous avons signalées comme stériles, il n'existerait, au contraire, que des chances très faibles, précisément parce que, dans ces bassins, le caractère du gisement de la houille est d'offrir un perpétuel contraste entre de grandes accumulations de combustibles sur certains points, et leur suppression complète sur d'autres. Tandis que la houille s'accumulait là sous des épaisseurs de 20, 30 et 60 mètres, ici il ne se déposait que des grès et des schistes.

Il résulte du parallélisme de dépôts si différents un point de comparaison assez intéressant, sur la lenteur avec laquelle certains dépôts arénacés ont été formés. Ainsi, en se reportant aux calculs de M. Élie de Beaumont sur la formation de la houille, le gîte de Montchanin, dont la puissance moyenne est de 40 mètres, aurait exigé une période d'environ cinq mille siècles pour sa formation; or, les dépôts de grès, équivalents à cette couche de houille et enchevêtrés avec ses extrémités, dépôts qui ont dû former le littoral de la houillère, ne se sont élevés que de la même épaisseur dans cette longue période de temps. Dans certains cas, les dépôts arénacés peuvent donc représenter des périodes fort longues, tandis que, dans d'autres cas, lorsque, par exemple, ils contiennent des bois verticaux conservés sur 8 ou 10 mètres de hauteur, il est certain qu'ils se sont accumulés très rapidement.

Allure des couches de houille.

On voit que les principaux accidents qui modifient, dans ce bassin, l'allure normale des couches de houille, et constituent les traits les plus caractéristiques du gisement, sont inhérents au mode de formation des couches. Il en existe beaucoup d'autres, mais qui sont postérieurs à cette formation, et nous avons déjà cité les plus saillants, tels que les failles indiquées par la coupe du puits Ravez (Pl. XIV). Ces failles ont donné lieu à des problèmes intéressants, et l'un d'eux, celui qui consiste à retrouver les deux grandes couches au-delà de la faille principale qui limite l'inclinaison, est encore à résoudre. Cette grande faille est probablement celle que nous avons précédemment citée sous la dénomination de *pied-droit*, au-delà de laquelle la couche a été retrouvée par le puits Cinq-Sous.

Les couches du Monceau et de Blanzy sont affectées, sur toute la longueur de leur parcours, par un pli dont la disposition est assez exceptionnelle et qui a longtemps jeté beaucoup d'incertitude sur leur allure réelle. Ce pli est un pli en selle, dont le plan d'ennoyage croise la direction du terrain, sous un angle de 15°, et change, par conséquent, la direction réelle des couches. L'intersection de ce plan d'ennoyage avec le plan de la surface passe à Lucy, aux

Étivaux, au puits Giroux et sépare les deux concessions du Ragny et des Crépins.

C'est ce ploiement des couches qui a causé les bouleversements considérables que nous avons indiqués dans la partie supérieure des inclinaisons du Monceau; il détermine, en outre, une allure toute particulière sur le littoral du bassin, car les couches ainsi ployées par un pendage anormal, viennent buter en sens contraire du versant granitique qui les encaisse. Si, par exemple, on se reporte au plan de la couche des communautés, que nous avons figuré Planche III, page 251, on voit que le pli en selle est en d, et que le pendage normal, qui est au nord, est indiqué par $d\,e$. Le pendage acg est donc au sud, et se trouve limité en profondeur par la rencontre du granite sans que la couche se relève. Cette disposition anormale a été mise en évidence par les travaux du puits de l'Ouche, près Blanzy, qui sont arrivés au granite en suivant le pendage du sud.

Mais la couche qui est exploitée au puits de l'Ouche fait, comme celle du puits des Communautés, partie du système supérieur, ou des couches de Blanzy; si donc on a trouvé leur pendage buté contre le granite, c'est que les grandes couches qui leur sont inférieures n'affleurent pas au jour; en d'autres termes, c'est qu'il y a eu excentration des divers étages.

Cette excentration est, en effet, facile à vérifier; car, du Ragny jusque vers le Monceau, le système supérieur est immédiatement en contact avec l'encaissement granitique, et cette disposition a longtemps retardé la découverte de la grande couche du Monceau, qui n'affleure au jour qu'entre le Monceau et Lucy.

Quant à la couche inférieure du puits Ravez, il paraît probable qu'elle n'affleure pas du tout, et qu'elle est partout recouverte par les étages supérieurs. Si l'on compare cette excentration à celle que nous avons indiquée dans le bassin de la Loire, on sera frappé d'un rapprochement assez remarquable, c'est que toutes deux ont eu lieu dans le même sens, de manière à déterminer le recouvrement du littoral méridional par les étages supérieurs; les deux bassins obéissaient évidemment à des soulèvements contemporains, qui les déversaient dans le même sens.

Variations de la qualité des houilles.

Si l'on compare les conditions du gisement de la houille dans le bassin du Creuzot et de Blanzy à ce qu'elles sont dans le bassin de Saint-Étienne et de Rive-de-Gier, on trouve les différences les plus prononcées, et ces différences concordent avec un contraste également complet dans la nature des houilles. Dans le bassin de la Loire, la houille normale est la houille grasse et les diverses variétés ne diffèrent guère entre elles que par des détails. Dans Saône-et-Loire, les houilles dominantes sont éminemment gazeuses, et se rapportent au titre des houilles maigres à longue flamme; et lorsque ces qualités passent à la houille grasse et deviennent propres à la fabrication du coke, elles sont encore surchargées d'une proportion de gaz considérable qui en diminue le rendement et doit les faire classer parmi les demi-grasses à flamme longue et claire, et surtout parmi les houilles à gaz.

Les houilles de Saône-et-Loire sont donc sujettes à des variations fréquentes, et cette mobilité de qualité a souvent fait rechercher si les variations avaient lieu suivant quelques conditions particulières de gisement, qui pussent guider les recherches.

Un premier fait résulte de ce que les gîtes houillers de toute la lisière septentrionale se rapportent aux variétés demi-grasses. Les houilles du Creuzot, des Petits-Châteaux, de Pully, etc., sont toutes propres à la fabrication du coke, toutes assez friables, toutes plus ou moins pénétrées de grisou. La couche du Creuzot présente, il est vrai, une assez grande instabilité dans ses caractères minéralogiques, et, suivant le plan de la direction aussi bien que suivant l'inclinaison, on y rencontre des passages qui se rapportent plutôt à la houille maigre, mais ce sont des variations de détail, et l'ensemble du caractère est évidemment demi-gras.

Sur la lisière méridionale, au contraire, le caractère dominant paraît être la nature maigre et flambante. Ainsi, les houilles de Saint-Bérain, de Longpendu, du Ragny, de Blanzy, celles des couches supérieures du Monceau, de Lucy, de Mont-Maillot, ne sont que des variétés du type de la houille maigre à longue flamme. Ces houilles contrastent en outre avec celles de la lisière opposée, par leur structure plateuse et solide, et par l'absence du grisou.

On est donc conduit à supposer que les houilles de la lisière septentrionale appartiennent à peu près à la même époque et au même plan de stratification, et qu'il en est tout autrement pour les gîtes situés sur la lisière méridionale.

Cette hypothèse paraît confirmée par la succession des couches qui forment les trois étages du Monceau, car, lorsque le puits Ravez pénétra dans la grande couche inférieure, l'abondance du grisou, la nature friable et maréchale de la houille, indiquaient évidemment que l'on se trouvait dans un étage inférieur, et que la succession des qualités de houille suivait la même loi stratigraphique que dans la plupart des bassins.

Ces premiers aperçus semblent établir que, si l'on continue à explorer les parties inférieures du bassin, on arrivera à des houilles maréchales, puis à des houilles anthraciteuses.

Il est vrai que les variations que présentent les houilles suivant leur ordre stratigraphique, se combinent avec d'autres éléments de transformation qui paraissent quelquefois porter un certain désordre dans cette succession normale. En effet, si l'on examine les couches, depuis leurs affleurements jusque sur les points les plus éloignés connus sur l'aval-pendage, on trouve que partout où les travaux ont embrassé des distances de 500 à 800 mètres, la qualité de la houille a subi une transformation progressive. A Lucy, les parties voisines des affleurements sont composées des houilles les plus maigres du bassin; elles sont éminemment plateuses, ternes et présentent des analogies frappantes avec les lignites parfaits. Au fond de la grande descenderie de 450 mètres, le charbon a sensiblement changé, il a plus de pureté et de qualité. La même progression existe au Monceau, où les charbons du puits de la Pelouse sont évidemment d'une qualité plus maréchale que ceux de l'amont-pendage ; mais la transformation devient encore plus sensible par la comparaison des charbons du puits Cinq-Sous. Ce puits, situé à 300 mètres en aval de la grande faille, fournit des charbons, à la fois très gazeux et demi-gras, comparables aux meilleures qualités des Littes et de Montrambert.

La grande couche inférieure du puits Ravez a présenté les mêmes caractères. Le charbon est plus gras et plus pur au point où le puits a traversé la couche, que sur l'amont-pendage recoupé par le puits Sainte-Hélène. La couche diminue donc de qualité et de puissance à mesure qu'elle remonte l'inclinaison.

Cette loi d'une amélioration progressive des charbons, suivant l'inclinaison des couches, et à mesure de l'approfondissement des travaux, ne doit être considérée que comme une loi locale, mais elle s'explique par les influences littorales, qui, pendant la formation de ces grandes couches, ont agi de manière à diminuer la pureté et la qualité des houilles.

Division du bassin en concessions.

Grâce à l'isolement des gîtes houillers, la division du

bassin de Saône-et-Loire s'est faite d'une manière beaucoup plus facile et plus régulière que celle du bassin de la Loire. Les concessions ont circonscrit, autant que possible, chacun des gîtes connus, de sorte que les exploitations de deux concessions se trouvent rarement en contact.

Le trait le plus remarquable de cette division, c'est que les concessions ont occupé une grande partie de la région centrale recouverte par les dépôts du trias. On peut dire que l'existence sous-jacente du terrain houiller a été pressentie par les premiers exploitants qui, dès le principe, avaient observé les analogies de gisement des deux terrains. Cette solidarité les avait même tellement frappés qu'ils avaient considéré les grès bigarrés comme formant la partie supérieure du terrain houiller.

L'application de la loi de 1810, dans le bassin du Creuzot et de Blanzy, obligea les exploitations préexistantes à se limiter au-dessous du maximum fixé, et ces exploitations durent alors mettre à profit toutes les connaissances acquises sur l'étendue et l'allure des gîtes houillers. Les travaux de Blanzy, sans être très développés, avaient cependant déjà démontré, à l'époque de cette division, l'importance du pendage au nord, et les limites de la concession furent tracées de manière à comprendre cette inclinaison des couches sur la plus grande longueur possible; en même temps que l'on cherchait à circonscrire, suivant la direction, les gîtes déjà connus.

La concentration de cette richesse minérale en une seule

concession a été l'élément principal des progrès et des développements commerciaux qui ont été accomplis à Blanzy ; elle a fourni un nouvel exemple des avantages des grandes exploitations, avantages déjà démontrés par les compagnies d'Anzin, de la Grand'-Combe, etc...

Supposons, en effet, que ce riche dépôt ait été fractionné en plusieurs concessions, et les désordres qui ont entravé les exploitations de la Loire se seraient reproduits.

Les concessions de ce bassin n'en occupent pas toute la largeur ; elles forment deux zones distinctes, comme le terrain houiller découvert, et il en est résulté des conditions bien différentes. Celles qui se trouvent sur la zone septentrionale, étant séparées des voies de navigation, n'ont pu servir de base à aucune exploitation notable, le Creuzot excepté, qui consomme tous ses produits sur place. Les exploitations de la zone méridionale, au contraire, situées le long du canal du Centre, se sont trouvées toutes à peu près dans les mêmes conditions commerciales, et l'importance relative des gîtes a pu seule établir des différences entre elles. Dans la concurrence qui s'est nécessairement établie, toutes les concessions qui possédaient de petites couches, telles que celles de la Theurrée-Maillot, le Ragny, Saint-Bérain, ont successivement succombé, ou sont restées dans des limites d'une production très médiocre, tandis que celles qui renfermaient les gîtes puissants de Blanzy, du Monceau et Montchanin ont atteint de grands développements.

Aux prix où sont actuellement les houilles dans les bassins, les petites couches ne sont réellement exploitables qu'à la condition d'une grande continuité et d'une régularité parfaite, et ce n'est guère que dans le bassin de la Belgique et du nord de la France qu'on trouve ces deux conditions réunies.

CHAPITRE VIII

GISEMENT DE LA HOUILLE DANS LE BASSIN DU NORD DE LA FRANCE ET DE LA BELGIQUE.

Ce bassin forme une zone qui s'étend sur 400 kilomètres, en France, en Belgique et en Prusse rhénane; unité des conditions du gisement de la houille et des dépôts arénacés sur toute cette étendue. — Caractères du calcaire carbonifère; il représente dans la mer houillère les dépôts arénacés qui ont exhaussé et nivelé le fond des bassins lacustres. — Caractères généraux de la formation houillère; sa composition; répartition et classification des couches, à Liége, à Charleroi, à Mons, à Valenciennes. — Structure et accidents des couches de houille.

Nous avons pris tant de fois pour exemples les houillères du nord de la France et de la Belgique, qu'il ne nous reste plus que quelques faits à ajouter pour compléter les caractères généraux du gisement de la houille dans ce bassin.

Dans le chapitre V, page 360, nous avons examiné les conditions de forme et d'étendue de cette longue zone houillère et placé le centre des dépôts à Mons. De ce point central, le terrain houiller se prolonge, à l'est jusqu'à Duren en Prusse, où il disparaît sous les terrains modernes de la vallée du Rhin, pour reparaître ensuite en Westphalie dans la vallée de la Ruhr; à l'ouest, il a été reconnu sous les territoires de Valenciennes, Douai, et paraît devoir se relier aux terrains du Boulonnais. Sur cette ligne, longue de plus de 400 kilomètres, la zone houillère présente quelques solutions de continuité, et il est probable qu'aux deux extrémités elle se termine par des bassins isolés et sporadiques ; mais, partout, les couches de houille et les dépôts arénacés où elles sont comprises, conservent les mêmes conditions de gisement et les mêmes caractères.

Cette unité est d'autant plus remarquable, que les caractères des dépôts sont tout à fait différents de ceux que nous ont présentés les bassins du centre et du midi de la France ; mais elle s'explique par l'identité de position de tous ces bassins qui, avec ceux de l'Angleterre, marquaient le littoral d'une mer intérieure, autour de laquelle le dépôt des calcaires carbonifères et des roches arénacées qui les accompagnent, avaient multiplié les hauts fonds et les lagunes.

Formation du calcaire carbonifère.

Le calcaire carbonifère forme le premier terme des dépôts identiques et concordants qui marquent ce périmètre ; il paraît avoir couvert toute la surface, et isolé les lagunes dans lesquelles les étages houillers se sont développés ; quelquefois même il contient les premières couches anthraciteuses qui annoncent le passage à la formation houillère dont il est la base. Sous certains rapports, donc, le calcaire carbonifère et les dépôts arénacés, quarzo-schisteux avec lesquels il alterne, a rempli la même fonction que les gros conglomérats et poudingues qui, dans les terrains houillers du centre, ont exhaussé et nivelé le fond des bassins. Il y a seulement cette différence, que les conglomérats qui forment la base des terrains houillers du centre résultent de phénomènes locaux et circonscrits qui ont eu lieu dans de petits bassins lacustres, tandis qu'ici ce sont des dépôts arénacés et calcaires, formés dans une vaste mer par des phénomènes agissant sur une très grande étendue.

Le calcaire carbonifère est un calcaire compacte, gris bleuâtre, gris, quelquefois noir, souvent sillonné de veines spathiques, et dont certains bancs abondent en fossiles devoniens. Il est stratifié en grandes assises, ordinairement inclinées et contournées, qui forment les principaux accidents montagneux des encaissements houillers, ou des rochers escarpés et pittoresques dont les bords de la Meuse, de Namur à Huy, Chockier et Liége présentent les traits caractéristiques. Ces calcaires sont remarquables comme pierre d'appareil, et, lorsqu'on traverse les contrées où ils se montrent à découvert, on les voit employés partout et sous toutes les formes. Sur les flancs dénudés de ces masses rocheuses, une multitude de carrières étagées les unes au-dessus des autres vont chercher les bancs bleus, bien sains, pour les débiter en dalles, en pierres de construction, en meules, en auges, en pavés, etc. Ce calcaire est encore la pierre à chaux par excellence, et Tournay en tire un grand profit. Enfin, sur toutes les routes du pays, on le retrouve employé à l'empierrement. Il est donc difficile de rencontrer une roche plus universellement utilisée.

Sous le rapport minéralogique, la formation houillère est complétement distincte de celle du calcaire carbonifère ; bien qu'il y ait concordance de gisement, elle lui est superposée avec assez de netteté pour qu'on puisse fixer leur plan de séparation ; mais il est difficile de les isoler l'une de l'autre sous le rapport géologique. Si nous examinons, en effet, la superposition de ces deux formations, nous trouvons qu'il existe, sur beaucoup de points, un véritable passage de l'une à l'autre.

Nous avons déjà cité la concession de Château-l'Abbaye comme ayant présenté un exemple de ces passages, par le fait de l'intercalation des couches de houille anthraciteuses inférieures dans les alternances des calcaires carbonifères supérieurs. Le même fait se reproduit aux environs de Namur, où les calcaires noirs supérieurs contiennent souvent de petites couches de terroule. M. Alexandre Brongniart a cité depuis longtemps les houillères de la Rochette, près Liége, comme présentant, en alternance avec la houille et les schistes houillers, des bancs qui contiennent de gros rognons de calcaire coquiller. Le fait se reproduit en plusieurs autres localités, et notamment à Houlleux, près de Jupille, et dans les déblais de Gérardclos, du Trou-Souris, des Makets près Jemmapes, du Val-Benoît, etc. Les coquilles que l'on trouve dans ces calcaires sont indentiques à celles qui existent dans l'ampelite alumineux de Chockier. Ce sont, d'après M. Davreux, des unios (*aculus* et *antiquus* de Sowerby), des peignes (*papyraceus*), semblables à ceux qui ont été signalés dans le terrain houiller de Verden sur la Ruhr.

Mais ce qui établit surtout une liaison géologique entre la formation du calcaire carbonifère et la formation houillère, c'est l'existence des poudingues, grès et psammites, qui alternent avec les calcaires, et que M. Dumont a désignés sous la dénomination de systèmes quarzo-schisteux. En étudiant ces couches arénacées, dont les éléments sont généralement grossiers et dans lesquels dominent les cailloux roulés de quarz laiteux, on ne peut s'empêcher de les assimiler aux grès houillers, qui sont composés des mêmes éléments et dont les grains sont seulement plus fins. Si l'on supprimait les couches calcaires en alternance avec ces étages quarzo-schisteux, on n'y pourrait voir en réalité que des assises correspondantes aux conglomérats et poudingues qui forment les premiers dépôts des bassins houillers lacustres.

Les véritables grès houillers supérieurs au calcaire sont, en effet, formés des mêmes éléments, mais réduits à une plus grande ténuité; ce sont les mêmes cailloux quarzeux, les mêmes éléments schisteux. Enfin, le développement des deux formations est tout à fait simultané; celles-ci partagent les mêmes accidents, si ce n'est que le système calcareo-schisteux forme l'encaissement des roches houillères, et que celles-ci occupent ainsi des surfaces plus restreintes. Si donc les grandes divisions géognostiques doivent correspondre aux perturbations principales de la surface du globe, il est difficile de ne pas considérer comme appar-

tenant déjà aux dépôts de la période houillère ces poudingues et psammites qui alternent avec les calcaires carbonifères, surtout lorsqu'il arrive, comme sur la rive
gauche de la Meuse au-dessous de Huy, que le terrain
houiller, superposé d'une manière concordante au calcaire,
commence immédiatement par ces argiles schisteuses,
noires et pyriteuses, appelées schistes alunifères. N'est-il
pas évident que, si l'on sépare les deux formations, il
manque une base à ces schistes fins, d'autant plus qu'à
20 mètres de leur contact avec les calcaires carbonifères,
les couches de houille commencent à se développer.

Formation houillère.

Les exemples de passages que nous venons de citer,
entre la formation du calcaire carbonifère et la formation
houillère, n'ont de valeur que sous le rapport géognostique;
car, d'une part, ce n'est que par exception que l'on trouve
quelques petites veines d'anthracite ou de terroule dans les
calcaires; et, d'autre part, il existe un contraste aussi complet que possible entre les caractères minéralogiques des
deux formations.

Ce contraste se manifeste d'abord par l'aspect superficiel:
la formation houillère ne constitue généralement que des
plateaux ou des collines arrondies comme celles des environs de Charleroy, de Namur et de Liége, dont les pentes
recouvertes de terres meubles et végétales sont bien distinctes des surfaces rocailleuses et dénudées de la formation

30.

calcaire. Vient-on à entamer le sol houiller, par des puits, galeries ou tranchées, on n'y trouve que des roches à structure plateuse et schisteuse, résistantes lorsqu'on les entame, mais se délitant à l'air, et prenant l'aspect jaunâtre de la rouille, lorsque le carbone divisé ne les a pas colorées en noir.

Nous avons précédemment indiqué les caractères généraux de cette formation houillère, qui, de Liége à Valenciennes, est remarquable par son uniformité. Les grès appelés *kuerelles*, les schistes dits *rocs* ou *escailles*, sont en réalité la reproduction des grès fins, psammites et argiles schisteuses de nos bassins lacustres; seulement, ils y sont plus plateux et plus stratifiés en *petits bancs*, et il est fort difficile d'y trouver des couches assez spécialement caractérisées pour servir d'horizons géognostiques. Les schistes alumineux de la vallée de la Meuse, placés à la base de la formation, les quarzites ou grès compactes qui accompagnent la veine *ayeurie* dans le terrain de Charleroi, fournissent des horizons locaux, souvent mis à profit; mais en somme les roches houillères sont moins variées dans ces bassins marins que dans les bassins lacustres.

Mais ce qui donne surtout aux terrains houillers du nord un caractère tout spécial, c'est la manière dont la houille y est distribuée. La grande majorité des couches exploitées n'a qu'une épaisseur de $0^m,30$ à 1 mètre, et c'est par exception que quelques-unes atteignent des puissances de $1^m,50$ et 2 mètres. On peut donc dire de la houille, ce que nous venons de dire des grès et des schistes : elle est plus divisée en petits bancs et plus stratifiée. Le grand nombre des couches vient compenser leur faible puissance, et les épaisseurs réunies de toutes les veines, comparées à la puissance totale du terrain houiller, donnent des proportions qui s'approchent souvent de 1/30, c'est-à-dire qui sont analogues aux régions les plus riches des autres bassins. On appréciera ces conditions particulières du gisement de la houille, en examinant les coupes (Pl. V, VI, VII), et en les comparant à celles prises dans les bassins de la Loire, Saône-et-Loire, etc.

En cherchant les rapports qui peuvent exister entre les couches combustibles et les roches qui les encaissent, on a remarqué que les argiles délitables étaient souvent en contact immédiat avec la houille; que les kuerelles et psammites se trouvaient de préférence au mur des couches, tandis que les schistes quarzeux ou rocs étaient au toit, et d'autant plus colorés en noir qu'ils étaient plus voisins de la couche.

La stratification est tellement prononcée dans les couches de houille de ce bassin, que presque toutes sont divisées par de petits bancs de schiste-escaille, en plusieurs couches ou *sillons* distincts. Dans l'exploitation, ces divisions sont mises à profit pour les havages.

Nous avons indiqué comment les houilles varient de qualité, depuis les couches inférieures jusqu'aux couches supérieures, avec une généralité telle que cette qualité devient un horizon géologique qui permet de reconnaître si l'on se trouve dans l'étage inférieur qui ne contient que des houilles maigres anthraciteuses, dans l'étage moyen caractérisé par les houilles de forge, ou dans l'étage supérieur dont les charbons sont gazeux et flenus. Cette classification géognostique des houilles est à peu près la même dans toutes les parties du bassin.

Dans le terrain houiller de Liége, on compte 85 couches de houille, d'une puissance de $0^m,15$ à $1^m,50$ et même 2 mètres. Ce terrain est divisé en trois étages : l'étage inférieur, contenant 33 couches de houille maigre anthraciteuse, souvent terreuse et chargées de pyrites; l'étage moyen, comprenant 21 couches de houilles demi-grasses; enfin, l'étage supérieur, dans lequel se trouvent 31 couches de houilles grasses, les plus estimées de la localité[1]. Si l'on cherche à se rendre compte des proportions qui existent entre les couches combustibles et les roches dans lesquelles elles se trouvent stratifiées, on trouve qu'à Saint-Gilles, 1340 mètres de terrain houiller contiennent 61 couches, qui représentent à peu près 40 mètres d'épaisseurs réunies. C'est donc une proportion de 1/35.

A Charleroi, les conditions de gisement de la houille sont à peu près les mêmes. D'après la classification de M. Bidault[2], l'ensemble du terrain houiller y serait divisible en quatre étages, qui seraient, à partir de la base : 1° le système des couches de *Lambusart,* ou de la province

---

[1] *Description géologique du pays de Liége,* par M. Dumont. — *Cartes et coupes,* par M. Mohren.

[2] *Etudes minérales,* par M. Eugène Bidault (arrondissement de Charleroi).— *Idem,* Exploitation de la houille dans la province de Namur.

de *Namur*, comprenant 25 couches de houilles maigres; la nature anthraciteuse de ces couches diminue sensiblement à mesure qu'on s'élève de la base vers la partie supérieure de l'étage, de telle sorte que les dernières se rapprochent sensiblement du demi-gras. 2° Le système des *Ardinoises*, qui contient 13 couches d'une nature assez variable; elles sont maigres dans les maîtresses-allures du territoire des Ardinoises, tandis que, dans la concession de Trieu-Kaisin et Petit-Foret, elles sont demi-grasses. 3° Le système de *la Sablonnière* et de *Lodelinsart*, composé de 11 couches demi-grasses. 4° Le système de *Mambour* et de *Monceau-sur-Sambre*, comprenant 20 couches de houilles tout à fait maréchales. On voit, qu'en réunissant le système des Ardinoises au système inférieur, on aurait trois étages comparables à ceux du pays de Liége.

Un puits foncé près de Monceau-sur-Sambre recouperait toutes les couches exploitables des quatre étages; celles qui ont une puissance de $0^m,30$ à $1^m,50$ sont au nombre de 73; il y en aurait 82 si l'on comprenait les veinettes au-dessous de $0^m,25$. Ce puits devrait avoir, suivant toute probabilité, de 1,200 à 1,400 mètres de profondeur.

A Mons, la série des couches de houille est plus nombreuse et plus complète. Elle se compose de 116 veines ou veiniats, formant quatre étages distincts dont nous avons déjà indiqué la classification. Ce sont, à partir de la base : 1° le système des charbons maigres, comprenant 15 couches; 2° le système des fines forges ou de *Grisœuil*, exploité en grande partie pour la fabrication du coke, et contenant 23 couches; 3° le système des charbons durs, qui ne sont autre chose que des demi-gras, plus solides que les *houilles de forges* proprement dites, et comprenant 29 couches; 4° enfin le système des flenus, contenant 50 couches, dans lesquelles sont placées les principales exploitations des environs de Mons.

On voit qu'à Mons l'étage des houilles maigres est beaucoup moins développé qu'à Liége et Charleroi; que l'étage des houilles de forge y est également amoindri, tandis que l'étage supérieur, caractérisé par les houilles gazeuses ou flenues, occupe la plus grande surface suivant l'axe du bassin. De ce que les couches de flenu sont à la fois les plus nombreuses et les plus puissantes, nous sommes conduits, ainsi que nous l'avons dit précédemment, à placer le centre des dépôts un peu à l'ouest de Mons.

Les divers étages de houilles maigres, demi-grasses et de forge ont été reconnus sous le territoire de Valenciennes, qui, à l'ouest de Mons, reproduit les conditions symétriques du territoire de Charleroi, situé à l'est. Ainsi, en se reportant aux indications données dans le chapitre précédent sur le système inférieur des houilles maigres de Vieux-Condé, Fresnes et Vicoigne, on peut voir que cet étage inférieur est, de même qu'à Charleroi, beaucoup plus développé qu'à Mons, tandis que l'étage des charbons flenus n'existe plus.

L'étage des houilles maigres est le mieux connu, et doit comprendre au moins trente couches distinctes, dont la puissance varie de $0^m,30$ à $1^m,40$. A Vicoigne, les galeries de traverse ont 1,000 mètres de longueur, et, d'après l'inclinaison des couches, elles ont exploré environ 600 mètres de l'épaisseur normale des dépôts; dans cette épaisseur, on a recoupé dix-sept veines qui, défalcation faite des nerfs intercalés, donnent une épaisseur totale de 11 mètres. C'est donc, comparativement à l'ensemble des dépôts, une richesse de 1/54.

Cet étage des houilles maigres est surmonté d'un étage caractérisé par des houilles plus ou moins demi-grasses, désignées sous les dénominations de charbons durs ou charbons secs. Ce second étage paraît varier dans son développement, et n'est bien connu qu'aux environs d'Aniche, où il comprend de 20 à 30 couches de $0^m,30$ à $0^m,80$ de puissance, et dont l'inclinaison générale est au sud, sous vingt à quarante degrés. Les fosses dites Saint-Louis et la Renaissance qui se trouvent dans la partie la plus riche, ont rencontré un faisceau de 14 veines représentant plus de 6 mètres d'épaisseur de houille, dans une épaisseur de 260 mètres de dépôts : c'est une proportion de 1/44. Ces charbons deviennent un peu plus gras à mesure qu'on s'élève dans la série géognostique des dépôts, et conduisent, de couche en couche, à l'étage des charbons gras, qui est recoupé par les fosses d'Aoust et d'Azincourt, et comprend au moins 16 veines exploitables.

L'étage des charbons gras est celui qui est exploité sur toute la ligne méridionale, par les lignes de Denain, Abscon, Saint-Vaast et Anzin; il y termine la série des dépôts, en s'appuyant immédiatement sur les poudingues de Burnot, par suite du déplacement de l'axe, que nous avons précédemment signalé.

Si l'on compare l'ensemble de ces trois étages houillers au terrain de Charleroi, on trouve encore quelques différences importantes. Les épaisseurs maximum des couches, qui sont de 1^m,40 pour la grande veine de Vicoigne, et de 1^m,10 pour la grande veine d'Anzin, sont notablement inférieures aux épaisseurs des grandes couches de Charleroi, car celles-ci atteignent et dépassent 2 mètres; la moyenne, surtout, des puissances est au dessous de celles de Charleroi; de telle sorte, que, bien que le nombre des couches paraisse aussi considérable, la richesse du terrain est beaucoup moindre. La comparaison est d'autant plus défavorable au terrain de Valenciennes, que l'épaisseur totale des dépôts y est plus considérable; il en résulte que les veines sont généralement plus distantes les unes des autres, et qu'un même puits, dans son rayon d'exploitation, en atteint un moins grand nombre. De là une grande différence dans la production d'un même puits; dans les charbonnages belges, un puits atteint souvent 4,000 hectolitres par jour, tandis que les puits les plus actifs d'Anzin, Denain ou Vicoigne ne dépassent pas 2,000. Il semble donc que la partie occidentale de la zone houillère soit moins riche que la partie orientale, et qu'on doive s'attendre à une décroissance progressive à mesure qu'on s'éloignera de Valenciennes et de Douai [1].

---

[1] Nous avons donné, dans les chapitres précédents, l'historique des principales recherches qui ont amené la découverte des parties de la

Structure et accidents des couches.

Nous avons dit que le bassin belge avait été comprimé de manière à réduire sa largeur aux deux tiers ou à la moitié de sa largeur primitive, et de telle sorte que les couches déposées horizontalement présentaient une série de plis en V et en Λ, parmi lesquels dominaient les maî-

zone houillère sous le territoire français; nous compléterons ces documents par l'extrait suivant d'un rapport de M. Kulmann, membre du jury pour l'Exposition des produits de l'industrie, en 1847.

La première découverte de la houille eut lieu à Fresne, et remonte à 1720. En 1734, la houille grasse fut découverte à Anzin, par la compagnie Desandrouin, Taffin et Mathieu, à qui l'on doit aussi l'invention du cuvelage, et l'introduction de la première machine à vapeur en France. En 1757, par suite d'une transaction entre diverses compagnies rivales, la compagnie d'Anzin prit naissance. En 1790, cette compagnie employait 4,000 ouvriers à extraire annuellement 3,750,000 quintaux métriques de houille. De 1734 à 1790, une foule de compagnies engloutirent des capitaux considérables dans des travaux de recherches; la houille fut trouvée à Aniche, à Saint-Saulve, à Notre-Dame-aux-Bois et à Forest. Aniche seul fut l'objet d'une exploitation régulière, mais peu profitable.

Lors de la révolution, en 1792, les Autrichiens détruisirent en partie nos établissements houillers. Après la tourmente de 93, l'exploitation eut lieu au nom de l'État; mais bientôt elle passa de nouveau à la compagnie actuelle des mines d'Anzin. Le gouvernement reconnut à cette compagnie quatre concessions, celle de Fresnes, celle de Raimes, celle d'Anzin et celle de Vieux-Condé. De 1790 à 1800, la production de cette compagnie s'est réduite de 3,750,000 à 2,200,000. En 1830, nous la trouvons de 4 millions, de 6 en 1840, et de 8,852,356 en 1847. L'extraction s'opère aujourd'hui au moyen de cinquante-six puits, munis de cinquante-trois machines d'une force totale de 1,403 chevaux, et à l'aide de 7,000 ouvriers, dont 6,000 employés aux fosses et 1,000 dans les chantiers.

Deux concessions nouvelles, celles d'Odomez et de Denain, avaient été accordées à cette compagnie en 1831 et 1832.

La compagnie d'Aniche, peu développée et peu prospère, ne produisait guère encore, en 1839, que 200,000 quintaux métriques de houille; elle en donnait 600,000 en 1844, 800,000 environ en 1846, et 960,000 en 1847. Elle est en voie de progrès. Les découvertes récemment faites à l'Estresses allures qui déterminent un fond de bateau et un ennoyage principal. La compression a été très prononcée sur la lisière du sud ; les allures y présentent des *zigzags* multipliés et des *droits* ou *dressants* très étendus ; tandis que, sur la lisière du nord, les allures en *plats* ou *plateures* sont dominantes et régulièrement se soutiennent sur des espaces considérables.

carpelle lui promettent un très long avenir ; elle est en effet assurée de trouver du charbon sur une étendue de 12 kilomètres environ, qui n'avait pas encore été explorée.

En 1832, le gouvernement accorda des concessions à deux nouvelles compagnies, celle de Douchy et de Bruille.

Les premiers travaux de la compagnie de Douchy furent suivis de peu de succès. En février 1833, ses actions, 1/26, avaient de la peine à se vendre 2,230 fr. ; mais bientôt l'engouement s'empara de ces valeurs, et en janvier 1834 l'action valait 300,000 fr. ; on ne saurait dire ce qui avait occasionné cette hausse incroyable, car on ne trouva de houille à Rœulx, près Lourches, qu'en mars 1834. Cette impulsion de hausse des actions fut suivie de loin par la compagnie de Bruille, et développa cette fièvre de spéculation à jamais déplorable, et dont les effets furent si désastreux. De toutes les compagnies qui se formèrent alors, quatre subsistent : celles de Douchy, de Vicoigne, de Fresnes-Midi et d'Azincourt. Celles de Bruille et de Marly trouvèrent bien de la houille, mais furent obligées d'abandonner leurs travaux.

En 1836, l'extraction des mines de Douchy donnait déjà près de 1 million de quintaux métriques de houille. Ce chiffre s'élève aujourd'hui à 1,625,000.

La concession de Vicoigne, accordée en 1841 seulement, donnait déjà, en 1840, 345,000 quintaux métriques de charbon ; elle en donne aujourd'hui 771,000.

La compagnie de Fresnes-Midi, formée par la réunion des trois compagnies concessionnaires de Thivencelles, d'Escaupont et de Saint-Aybert, et qui produisait en 1840 moins de 15,000 quintaux métriques de houille maigre, en produit aujourd'hui 120,000. La concession d'Escaupont est seule exploitée.

La compagnie d'Azincourt, limitée en 1840 à une production de 86,000 quintaux métriques de houille, produit aujourd'hui 400,000 quintaux.

En résumé, il y a dans le bassin de Valenciennes douze concessions

Ces plis transversaux, se combinant avec les plis longitudinaux dont nous avons également signalé l'existence,
donnent aux couches la forme d'une série d'entonnoirs ou

exploitées et six compagnies exploitantes, sur une étendue de 426 kilomètres carrés. Ces produits ont été successivement :

1790 —	3,790,000 quintaux métr.		1843 —	8,577,830 quintaux métr.
1800 —	2,400,000	id.	1844 — 9,271,763	id.
1810 —	2,318,382	id.	1845 — 9,458,027	id.
1820 —	2,386,792	id.	1846 — 10,391,726	id
1830 —	3.238,378	id.	1847 — 12,466,513	id.
1840 —	8,368,090	id.		

Deux compagnies de recherches méritent d'être citées.

La compagnie dite des Canonniers de Lille, qui poursuit depuis longues
années et avec une louable persévérance, des travaux qui malheureusement n'ont encore abouti qu'à la rencontre de trois couches peu épaisses
et peu régulières de houille maigre; la fosse de Marchiennes, que cette
compagnie a fait ouvrir, ne paraît pas destinée à l'indemniser des dépenses
considérables qu'elle a faites.

La compagnie de la Scarpe, dont le siége est à Cambrai, a été plus heureuse; c'est un fait de la plus haute importance que la découverte par
cette compagnie du terrain houiller à l'ouest de la commune d'Aniche.
Par suite, une fosse a été entreprise en 1848, près du fort de Scarpe, et
poussée avec la plus grande activité : on vient d'y rencontrer le terrain
houiller à la profondeur de 154 mètres. Quelques mètres plus bas on a percé
une couche de houille demi-grasse. Il paraît probable qu'on a enfin
découvert le prolongement vers l'ouest de la bande houillère. Cette bande
ne peut pas s'interrompre brusquement; il y a lieu de la chercher plus
au couchant encore, c'est ce que font deux sociétés différentes établies
dans le Pas-de-Calais, aux environs de Carvin.

L'influence des établissements houillers sur l'accroissement de la population est une chose à noter. Il y avait :

A Anzin,	en 1699, 221 hab.	En 1788, 2,982.		En 1846, 4,422.
A Fresnes.	— 248 —	— 1,875.		— 4,544.
A Vieux-Condé,	— — —	— 1,316.		— 4,595.
A Denain,	— — —	En 1831, 1,601.		— 7,272.
A Lourches,	— — —	En 1836, 739.		— 3,036.

Cette influence est également remarquable au point de vue du salaire bassins accolés, séparés les uns des autres par les points culminants ou les arêtes saillantes des plis ou selle.

Cette division en bassins distincts, ayant chacun leur centre et leurs axes, est encore rendue plus évidente par les dénudations que les dépôts houillers, ainsi ployés, ont dû subir. Les parties saillantes des plis en selle ont été généralement enlevées par les eaux ; en sorte qu'il y a interruption des couches, sur un parcours plus ou moins long, lorsqu'on passe d'un bassin dans l'autre.

Les parties détachées des zones littorales présentent surtout cette disposition, parce que les plis qui les isolent n'ont pu affecter qu'un certain nombre des couches inférieures, les couches supérieures occupant toujours la région centrale. Après le dépôt, et lors même qu'elles étaient encore horizontales, les couches devaient couvrir, en effet, des espaces décroissants à mesure qu'elles étaient plus

des ouvriers. Ce salaire augmente alors même que le bénéfice de l'exploitant est stationnaire ou même diminué.

Ainsi, un bon ouvrier mineur gagnait en 1790 1 fr. 67 cent. en douze heures de travail, et peut gagner aujourd'hui 3 fr. 30 cent. en huit heures. La moyenne du salaire journalier de l'ouvrier, tant au jour qu'au fond, enfants compris, était en 1790 de 0 fr. 90 cent. ; elle est aujourd'hui de 1 fr. 66 cent.

En 1790, la compagnie d'Anzin payait en salaires annuels, pour 4,000 ouvriers, 1,080,000 fr. ; elle paye aujourd'hui, à 7,000 ouvriers, 3,500,000 fr. Cependant les actionnaires d'Anzin se partageaient, en 1790, 1,200,000 fr. de bénéfices annuels, et aujourd'hui, avec un capital infiniment plus considérable, ils se partagent, en moyenne, environ 1,800,000 fr. Ainsi, avec des bénéfices moindres, eu égard au capital, avec des produits doubles, le nombre des ouvriers employés n'est augmenté que dans la proportion de 1 à 1 3/4, tandis que la somme des salaires s'est accrue dans la proportion de 1 à 2 3/4.

récentes, et présenter cette *structure imbriquée* que nous avons déjà signalée, notamment dans le bassin de la Loire.

Cette division en bassins isolés se complète par l'apparition de zones calcaires que les soulèvements ont souvent ramenées jusqu'au jour, ou que les dénudations ont atteintes. Ainsi, le bassin de Liége se compose de trois grands bassins distincts; celui de Liége qui est le principal, séparé par des failles en plusieurs groupes ou *trains de couches*; celui de Battice ou de Clermont, et celui de Huy. Outre cette distinction établie par les affleurements et les ennoyages principaux, on distingue quatre petits bassins latéraux, en partie détachés par des saillies de calcaire carbonifère, et ne présentant que quelques couches inférieures de houille maigre [1].

A l'est de Mons, dans les bassins de Charleroi et de Liége, la compression du terrain houiller a affecté, à peu près de la même manière, les deux lisières de la zone houillère, et les pendages du nord et du sud se trouvent dans des conditions analogues; mais, du côté de l'ouest, la différence que nous avons signalée se maintient sur toute l'étendue qui est connue, depuis Mons jusqu'au-delà de Valenciennes. Les travaux établis sur la lisière septentrionale, où les couches sont en plats réguliers, sont, par conséquent, dans des conditions différentes de celles de la lisière méridionale, où dominent les allures en droits, avec des plis multipliés. Vers les mines d'Aniche et d'Azincourt, l'allure se

[1] Davreux, province de Liége.

modifie, en ce sens que tous les pendages connus, même ceux du faisceau de houilles grasses, sont vers le sud. Le soulèvement de tout le terrain paraît ainsi avoir eu lieu dans le même sens, et l'épaisseur des morts-terrains, qui, au nord d'Aniche, n'est guère que de 110 à 120 mètres, est, au sud d'Azincourt, de 160 à 170 mètres.

Ce qui caractérise d'une manière toute particulière les couches de houille du bassin belge, c'est que, malgré tous les ploiements qui les ont affectées, et malgré leur puissance très faible comparativement à celle des houilles des bassins lacustres, elles conservent une grande régularité. Ainsi, il existe bien des étranglements ou étreintes, et même des couíllées, surtout dans les parties qui ont été relevées en droits, mais, généralement, le plan de la couche reste assez distinct pour guider les recherches. Rarement les couches sont interrompues par ces brouillages et ces lacunes stériles qui jettent tant d'incertitudes dans les études et les tracés géologiques. Aussi, malgré la complication de la distribution de la houille dans les dépôts houillers du nord, le tracé graphique des couches, en plan et coupes, est-il beaucoup plus avancé que dans nos bassins du centre. Ce rapprochement doit confirmer ce que nous avons dit précédemment, que la plupart des lacunes stériles qui interrompent les grandes couches lacustres résultent plutôt d'accidents contemporains des dépôts, que de perturbations postérieures.

Le principal accident des couches du nord est l'amaigrissement. Leur puissance est ordinairement si peu considérable, qu'une diminution de 25 à 50 centimètres rend l'exploitation tout à fait impossible, tandis que dans une grande couche ce ne serait qu'une ondulation insignifiante. Ces diminutions de puissance se maintiennent sur des espaces considérables, précisément à cause des conditions générales de régularité du terrain ; et de là des lacunes, non pas de stérilité mais de pauvreté, car dans la plupart des cas cet amoindrissement affecte à la fois tout un faisceau de couches.

Les failles secondaires, à rejets de 5, 10 et 20 mètres, sont assez nombreuses dans ce terrain houiller, et nous avons eu occasion d'en citer plusieurs exemples ; mais les grandes failles qui affectent toute l'épaisseur des dépôts sont, au contraire, très rares. Ces grandes failles ne se rencontrent guère que dans le pays de Liége, où elles sont aujourd'hui assez bien connues pour qu'on en ait pu faire le tracé [1]. Elles sont tantôt linéaires, tantôt onduleuses et branchues, avec des épaisseurs de 5, 10 et 50 mètres et se poursuivent sur des longueurs de plusieurs kilomètres. Ainsi, l'on cite une de ces failles qui part de la houillère de Sardavette, à l'est des Awirs, se divise en plusieurs branches au nord-est et au nord-ouest de la ville de Liége, et se dirige en ligne plus ou moins sinueuse sur Hermée, au-dessous de Herstal. Ces failles, remplies d'argile et de toute sorte de débris, donnent généralement beaucoup d'eau dans les mines ; aussi évite-t-on de les traverser par des galeries et même de les joindre par les travaux d'abattage.

[1] *Carte géologique de la province de Liége,* par M. Mohren.

Cette description rapide des principales conditions du gisement de la houille, dans les trois bassins où les conditions de ce gisement diffèrent le plus, fait voir qu'on retrouve cependant toujours à peu près les mêmes faits. Le nombre et la puissance des couches, et surtout leur continuité, sont les éléments les plus variables; quant aux accidents qui en modifient l'allure, ils ne diffèrent guère que par la prédominance des plis sur les failles, ou réciproquement. Lorsqu'on explore des surfaces houillères étendues, les conditions physiques de la surface viennent jeter une grande variété dans les observations; aussi, malgré les répétitions auxquelles on est entraîné, les études locales sur chacun des bassins présentent-elles toujours quelques traits particuliers qui l'individualisent. Les descriptions de la plupart de nos 58 bassins houillers seraient donc des appendices très utiles à ce traité, si le cadre que nous nous sommes tracé n'était déjà suffisamment rempli; mais nos lecteurs pourront l'étendre eux-mêmes en étudiant les nombreux travaux qui ont été publiés dans les divers ouvrages de géologie.

FIN.

Paris. — Imprimerie de GUSTAVE GRATIOT, 11, rue de la Monnaie.

Coupe verticale des deux grandes couches du Monceau
près le puits Chavez
Echelle $\frac{1}{2000}$

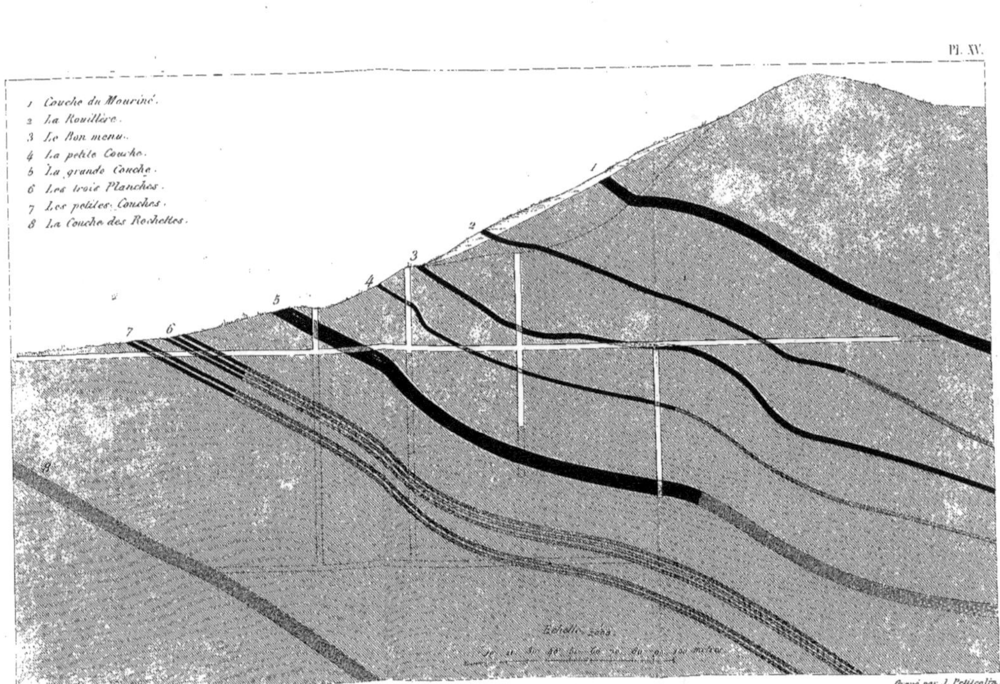

Coupe verticale des Couches de la montagne d'Aveize,
représentant le système supérieur de la formation houillère de St. Etienne, par Mr. Heurmot.

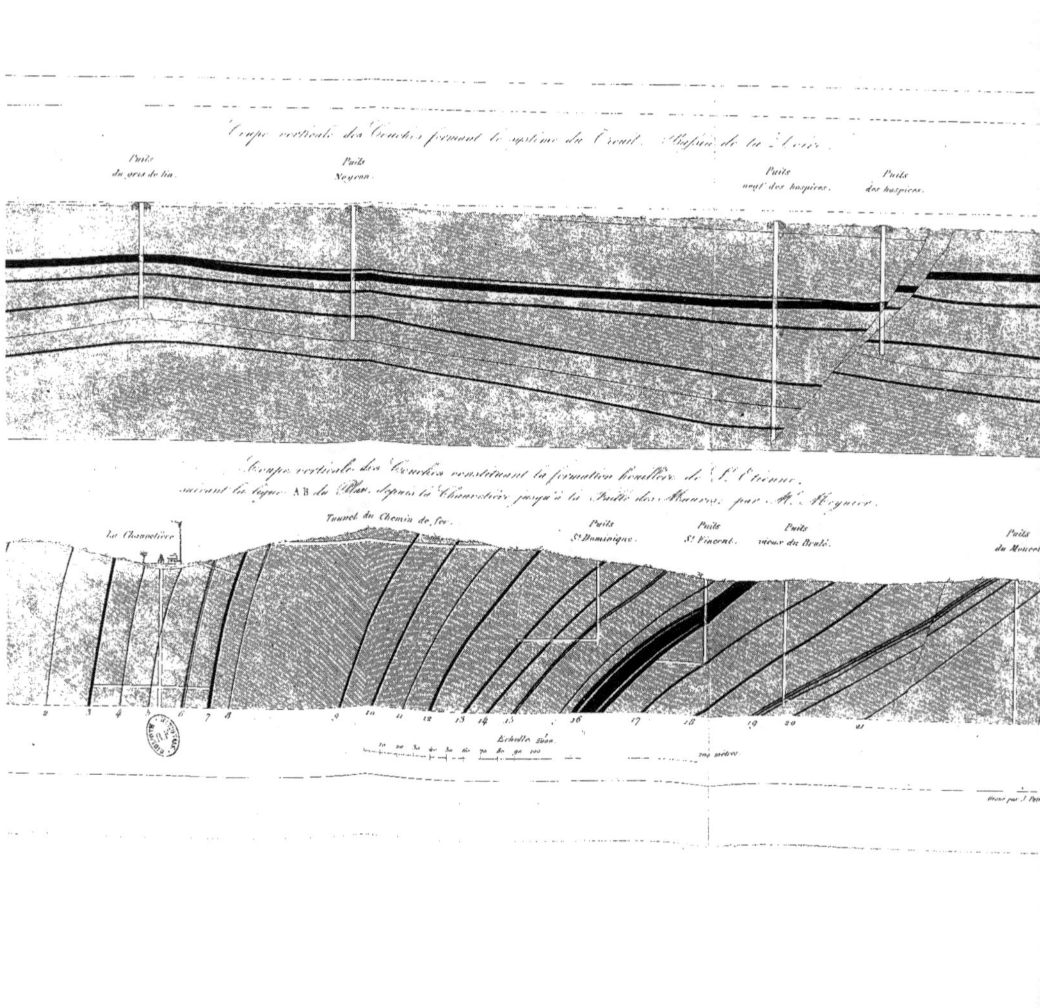

Coupe verticale des Couches formant le système du Creuset. Bassin de la Loire.
Puits du gros de tin.
Puits Neyron.
Puits neuf des hospices.
Puits des hospices.
Coupe verticale des Couches constituant la formation houillère de St Étienne,
suivant la ligne AB du Plan, depuis la Chauvetière jusqu'à la Faille des Mauves, par Mr. Reynier.
La Chauvetière
Tunnel du Chemin de Fer.
Puits St Dominique.
Puits St Vincent.
Puits vieux du Brulé.
Puits du Moncel.
Échelle.
gravé par J. Petit.

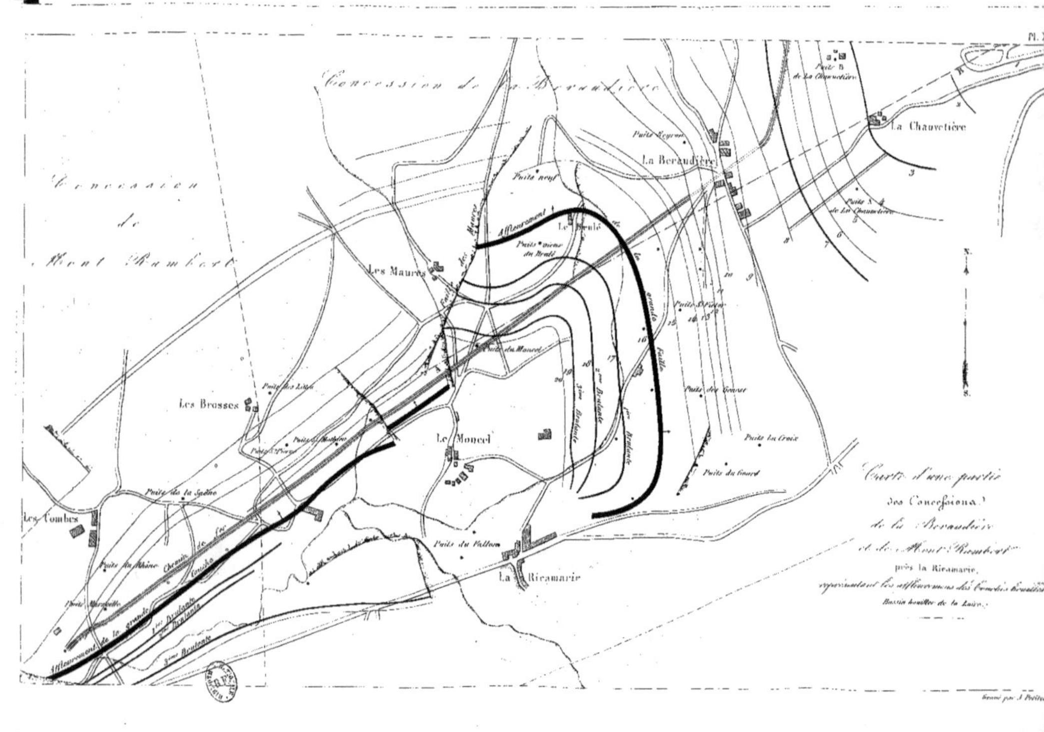

Pl. X
Concession de la Béraudière
Concession de Mont Rambert
La Chauvetière
Puits S. 5 de La Chauvetière
La Béraudière
Puits Reyran
Puits neuf
Affleurement
Le Brûlé
Puits vieux du Brûlé
Les Maures
Puits S. 4 de La Chauvetière
Puits S.t Pierre
Puits du Moncel
Les Brosses
Puits des Loups
Le Moncel
Puits S.t Mathieu
Puits S.t Pierre
Puits des Genêts
Puits la Croix
Puits de la Sagne
Puits du Renard
Les Combes
Puits du Vallon
Puits du Rhône
Chemin de fer
La Ricamarie
Puits Rambelle
1.ere Roulante
2.eme Roulante
3.eme Roulante
Affleurement de la grande faille
N.
S.
Carte d'une partie
des Concessions
de la Béraudière
et de Mont Rambert
près la Ricamarie,
représentant les affleurements des couches exploitées
Bassin houiller de la Loire.
Gravé par J. Poitevin

www.ingramcontent.com/pod-product-compliance
Lightning Source LLC
Chambersburg PA
CBHW051517060726
47597CB00001B/92